山东省水土保持与环境保育重点实验室基金资助

山水林田湖草生命共同体生态观与实践论

高 远 著

中国海洋大学出版社
·青岛·

图书在版编目(CIP)数据

山水林田湖草生命共同体生态观与实践论/高远著.—青岛:中国海洋大学出版社,2020.8
ISBN 978-7-5670-2559-2

Ⅰ.①山… Ⅱ.①高… Ⅲ.①生态环境建设－研究－中国 Ⅳ.① X321.2

中国版本图书馆 CIP 数据核字(2020)第 165343 号

出版发行	中国海洋大学出版社			
社 址	青岛市香港东路23号	邮政编码	266071	
出 版 人	杨立敏			
网 址	http://pub.ouc.edu.cn			
电子信箱	465407097@qq.com			
订购电话	0532-82032573(传真)			
责任编辑	董 超	电 话	0532-85902342	
装帧设计	青岛汇英栋梁文化传媒有限公司			
印 制	蓬莱利华印刷有限公司			
版 次	2020年12月第1版			
印 次	2020年12月第1次印刷			
成品尺寸	170 mm × 240 mm			
印 张	13.25			
字 数	226 千			
印 数	1—1000			
定 价	100.00 元			

如出现印装问题,请致电 0535-5651533 与印刷厂联系。

前言

"山水林田湖生命共同体"是习近平总书记于2013年11月9日在关于《中共中央关于全面深化改革若干重大问题的决定》中提出的,习近平总书记指出,"我们要认识到,山水林田湖是一个生命共同体,人的命脉在田,田的命脉在水,水的命脉在山,山的命脉在土,土的命脉在树。用途管制和生态修复必须遵循自然规律,如果种树的只管种树、治水的只管治水、护田的单纯护田,很容易顾此失彼,最终造成生态的系统性破坏"。

2017年7月19日,中央全面深化改革领导小组第三十七次会议审议通过了《建立国家公园体制总体方案》,在"山水林田湖"的基础上,将"草"纳入其中,形成更加全面、系统的共同体,即"山水林田湖草是一个生命共同体"。

党的十九大报告指出,"建设生态文明是中华民族永续发展的千年大计","统筹山水林田湖草系统治理,实行最严格的生态环境保护制度,形成绿色发展方式和生活方式,坚定走生产发展、生活富裕、生态良好的文明发展道路"。

2020年4月27日,中央全面深化改革委员会召开会议强调,推进生态保护和修复工作,要坚持新发展理念,统筹山水林田湖草一体化保护和修复,科学布局全国重要生态系统保护和修复重大工程。

在这一理念指导下,笔者撰写完成了《山水林田湖草生命共同体生态观与实践论》。本书分为三部分,第一部分为"沂蒙山区域生命共同体生态观与实践论",包括蒙山植物多样性的山坡地形格局研究、沂山植物多样性的山坡地形格局、蒙山温带典型人工林对土壤表层养分的中长期影响、蒙山森林土壤表层养分空间分布特征、蒙山乔木多样性小尺度种间维持机制研究和沂山人工林主要乔木种群特征和种间联结；第二部分为"沂沭泗流域生命共同体生态观与实践论"，包括芦苇与莲对沂河城市湿地季节影响研究、一个小型城市景观湖泊水质因子的年度动态、大青山赤松林和黑松林生态适应研究、山东塔山大面积赤松人工造林50年适生性评价、一种新发现的Cr超富集植物金银花及其抗性机理研究、中国北方三种典型松属植物的化感作用栽培研究和相邻黑松的亲缘识别与生理策略研究；第三部分为"他山之石：生命共同体生态观与实践论"，包括景区道路对昆嵛山森林植物多样性和土壤养分影响研究、泰山森林乔木植物多样性的山坡地形格局、新丝路东线典型景区生态环境、生态经济与生态文明调查、人类活动对古丝路青甘沿线生态环境影响调查、典型张家界地貌土壤养分和水质调查、典型喀斯特地貌峰丛流域水质调查研究和茶马古道滇藏线典型遗址生态环境调查。

本书取得了以下研究成果：① 新发现一种Cr超富集植物金银花，为全球首例木本Cr超富集植物。发现金银花最高可耐受3000 $mg·L^{-1}$ 的极端Cr（Ⅲ）浓度，是当前世界上Cr（Ⅲ）耐受性最强的植物，是Cr超富集植物李氏禾60 $mg·L^{-1}$ 极端Cr（Ⅲ）耐受浓度的50倍。本书的研究支持Cr超富集植物李氏禾"草酸分泌会增大Cr耐受性，而柠檬酸和苹果酸分泌基本不起作用"论断，共同揭示了草酸可能是铬超富集植物共同的耐受性来源。同时还新发现花青素和胡萝卜素分泌会增大Cr耐受性，可能也是铬超富集植物的耐受性来源。铬超富集植物金银花，与早前报道的四种铬超富集植物尼科菊、线蓬、李氏禾和互花米草相比，具有更强的生存适应能力，尤其适合作为各种干旱半干旱或贫瘠半贫瘠乃至各种高热高寒等极端铬污染土壤的植物修复工具种，具有很强大的推广应用前景。② 黑松、油松和红松三种松属植物的松针水浸液，能够显著抑制叶绿素a和叶绿素b，且这可能是一种常态，这将为中国北方针叶林的衰退提供新的解释。建议继续加强相关方向的研究，如精细划分松针凋落物水浸出液浓度，分离和鉴定更多的新的化感物质，从而揭示中国北方三种主要松属植物的植物生理生化反应和应对策略。③ 黑松与同种个体共存时，会显著提高松针的叶绿素a、叶绿素b、阿魏酸、香草酸和丁香酸含量，且近亲缘组显著高于远亲缘组。亲缘识别是本书的研究中近亲缘组及远亲缘组黑松松针初级生产能力和次级代谢产物分配差异的一个很好的解释，即在自然条件下，黑松能够识别邻株亲缘远近，并对应地调整生理策略。本书的研究中首次发现并证实黑松存在亲缘识别，为全球首例报道的存在亲缘识别的裸子植物。……这些首创性成果，揭示了山水林田湖草生态保护修复的核心是修复"人与自然的关系"，在选择路径上要最大限度采用近自然方法和生态化技术，建立以生态功能提升为目的的生态保护修复模式，对生态功能重要和脆弱地区进行保护保育和修复治理，以自然恢复为主，人工治理措施为辅，构建人与自然和谐格局。

本书得到了山东省水土保持与环境保育省级重点实验室基金（STKF201906）、山东省科普示范工程和临沂市社会科学规划项目（2020LX106）资助。

限于研究水平和条件，书中难免会有疏漏和错误，不当之处，敬请读者批评指正。

高远
2020.8.30

第一部分 | **沂蒙山区域生命共同体生态观与实践论** /001

蒙山植物多样性的山坡地形格局研究 /002

沂山植物多样性的山坡地形格局 /015

蒙山温带典型人工林对土壤表层养分的中长期影响 /029

蒙山森林土壤表层养分空间分布特征 /039

蒙山乔木多样性小尺度种间维持机制研究 /049

沂山人工林主要乔木种群特征和种间联结 /055

第二部分 | **沂沭泗流域生命共同体生态观与实践论** /063

芦苇与莲对沂河城市湿地季节影响研究 /064

一个小型城市景观湖泊水质因子的年度动态 /075

大青山赤松林和黑松林生态适应研究 /084

山东塔山大面积赤松人工造林50年适生性评价 /092

一种新发现的Cr超富集植物金银花及其抗性机制研究 /100

中国北方三种典型松属植物的化感作用栽培研究 /109

相邻黑松的亲缘识别与生理策略研究 /120

第三部分　他山之石：生命共同体生态观与实践论 /127

景区道路对昆嵛山森林植物多样性和土壤养分影响研究 /128

泰山森林乔木物种多样性山坡地形格局 /142

新丝路东线典型景区生态环境、生态经济与生态文明调查 /150

人类活动对古丝路青甘沿线生态环境影响调查 /166

典型张家界地貌土壤养分和水质调查 /176

典型喀斯特地貌峰丛流域水质调查研究 /185

茶马古道滇藏线典型遗址生态环境调查 /193

第一部分
沂蒙山区域生命共同体生态观与实践论

蒙山植物多样性的山坡地形格局研究

1 引言

生态系统演替是一个复杂的过程，是生物群落能量、生物群落结构、生活史、养分循环、选择压力和总动态平衡不断变化的过程。[1] 生态恢复中的一个关键成分是生物体，而森林植被是多数陆地生物赖以生存的最基本要素，因而植被的恢复一直是恢复生态学研究中的核心问题和首要解决目标。[2] 保护或恢复生态系统的关键在于保护或恢复其物种多样性，特别是主要功能群的保护与恢复。[3] 群落演替作为一个基础的生态过程，引起了许多森林生态系统过程（如水和养分循环，碳积累）的改变。[4] 理解和描述物种的地理分布是解决众多有关生态、生物地理和气候变化问题的前提，同时也是保护生物多样性的基础。许多因素影响物种的分布，包括构成物种基础生态位的环境因子，如海拔、温度、降水量、坡度、坡向、坡位。[5]

屹立于华北平原上的蒙山，为典型的暖温带落叶阔叶林区，以其丰富的野生植物资源，是山东中南部植物种类最丰富的地区。[6] 本研究以蒙山为研究对象，研究了蒙山森林植物多样性随着山坡地形梯度（坡度、坡向和坡位）变化的演变格局，揭示了不同群落间与不同层片间的影响差异，对蒙山森林演替与水土保持等进行评估，并提出建议。

2 研究区域与方法

2.1 蒙山自然环境状况

蒙山位于山东省南部，地处 35°10′～36°00′N、117°35′～118°20′E，面积为

1125 km², 主峰海拔 1156 m, 为山东省第二高峰, 境内多数山体海拔都在 600~1000 m。山体表面主要为片麻岩和花岗片麻岩, 山脚由石灰岩覆盖。土壤类型以棕壤为主, 中性至微酸。气候属暖温带大陆性季风气候, 四季分明, 光照充足。森林覆盖率在 85% 以上, 属国家森林公园、国家地质公园和 AAAA 级旅游区。[7]

印象中的蒙山雄伟宽广, 以丰富的森林资源供给着世世代代的沂蒙儿女, 以险峻巍然的山峰为中国红色革命的胜利提供了坚固的屏障。

2.2 研究方法

2.2.1 样方设置与野外调查

根据群落类型分布, 采用典型取样法, 进行常规调查[8], 共设置 40 个标准样方并分层取样。乔木层样方规格为 30 m×30 m, 在近中央处设置 10 m×10 m 的灌木层样方 1 个, 在近四角处设置 1 m×1 m 的草本样方 4 个。共得到乔木层样方 40 个, 灌木层样方 40 个, 草本层样方 160 个。选择的样方林相整齐, 能够代表群落的基本特征。调查时记录样方的环境信息, 包括样方纬度、经度、海拔、坡向、坡位、坡度、林冠盖度等。

群落层次按乔木层、灌木层、草本层划分, 进行分层统计。参照 "PKU-PSD 计划" 标准[8], 乔木层测定所有胸径>5 cm 的木本植物种类、单木胸径、高度及数量; 灌木层测定所有胸径<5 cm 的木本植物种类、单木胸径、高度及数量, 包括乔木幼苗和幼树; 草本层测定植物种类、高度、盖度及数量。物种鉴定主要在野外进行, 并采集标本送交植物分类学家鉴定确认。

2.2.2 数据分析与计算

采用通用多样性指数进行计算分析。[8] 本研究选用以下 4 个指数: 丰富度指数(S), Shannon-Wiener 多样性指数(H), Simpson 多样性指数(P), Pielou 均匀度指数(E)。

其计算公式分别为: $H = -\sum P_i \ln P_i$; $P = 1 - \sum P_i^2$; $E = H/\ln S$。其中, P_i= 物种重要值, S 为样方中的物种数, 乔、灌木重要值=(相对显著度+相对密度)/2, 草本重要值=(相对高度+相对密度)/2。

将坡度从 0°~60° 以 5° 为间隔进行连续排列为 0, 5d, 10d, 15d……60d(本研究中样地的调查实测中 5° 和 55° 缺乏)。对坡向进行转换定值: 正北到北偏东 45°=8p, 正北到北偏西 45°=7p, 正东到东偏北 45°=6p, 正西到西偏北 45°=5p, 正东到东偏南 45°=4p, 正西到西偏南 45°=3p, 正南到南偏东 45°=2p, 正南到南偏西 45°=1p，其数值越小，表示该地越向阳，越干热。将坡位分为山顶（1w）、上坡位（2w）、中坡位（3w）和下坡位（4w）。

3 结果与分析

3.1 坡度对植物多样性的影响

在 0°～35°，随着坡度增加，乔木层 S 指数呈现不连续降低状态；而在 35°～60°，随着坡度增加，S 指数呈现小幅度逐渐升高（图 1-1）。

在 0°～10°，随着坡度增加，乔木层 H 指数大致呈升高趋势；在 10°～45°，随着坡度增加，H 指数大致呈降低趋势；在 45°～60° 呈小范围升高。在 60° 呈现的反常趋势，是由于该样方地集中分布于水热条件优越的峡谷地带，植物多样性指数高于其他地区（图 1-1）。

在 0°～15°，随着坡度增加，乔木层 P 指数大致呈升高趋势；在 15°～50°，随着坡度增加，P 指数呈现降低趋势；在 50°～60°，P 指数呈小范围升高趋势（图 1-1）。

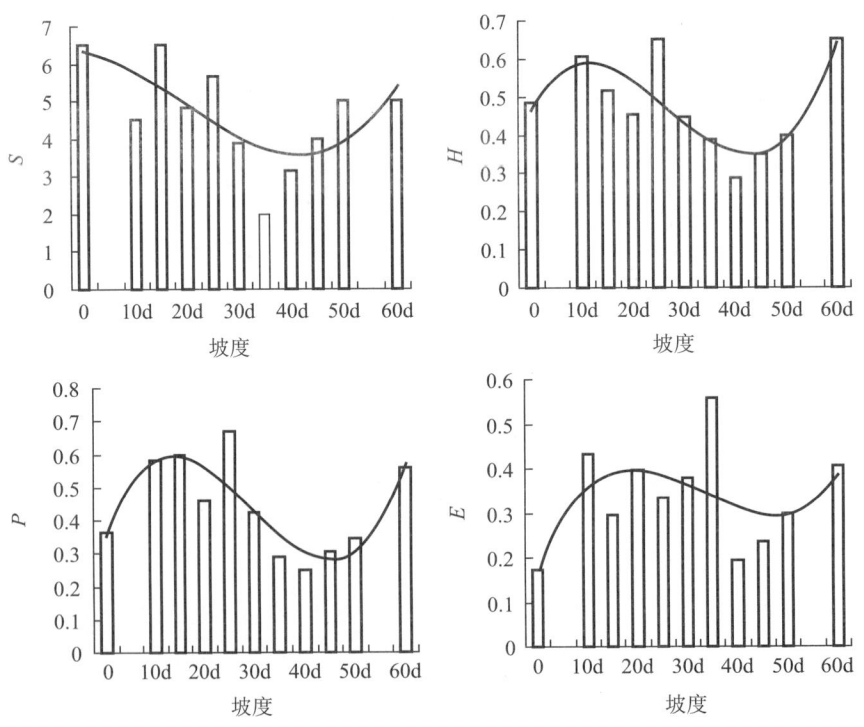

图 1-1 坡度与乔木层物种多样性（S、H、P、E）的相关性

在0°～20°，随着坡度增加，乔木层 E 指数呈现不连续升高；在20°～45°，随着坡度增加，E 指数迅速下降；在45°～60°，P 指数呈现小范围增加趋势（图1-1）。

从图1-2可以看出：在0°～15°，随坡度增加，灌木层 S 指数和 H 指数逐渐升高。在15°～45°，随坡度增加，S 指数和 H 指数呈现降低趋势。在45°～60°，随坡度增加，S 指数呈现升高趋势。在45°～60°，随坡度增加，灌木层 H 指数逐渐上升。60°样方地位于水热条件优越的峡谷地带，受坡度影响较小，H 指数仍很高。在0°～25°，随坡度增加，P 指数呈现升高趋势。在35°～60°，随坡度增加，P 指数坡度呈现升高趋势。坡度与灌木层 E 指数大致呈平滑抛物线关系，相关性不显著。

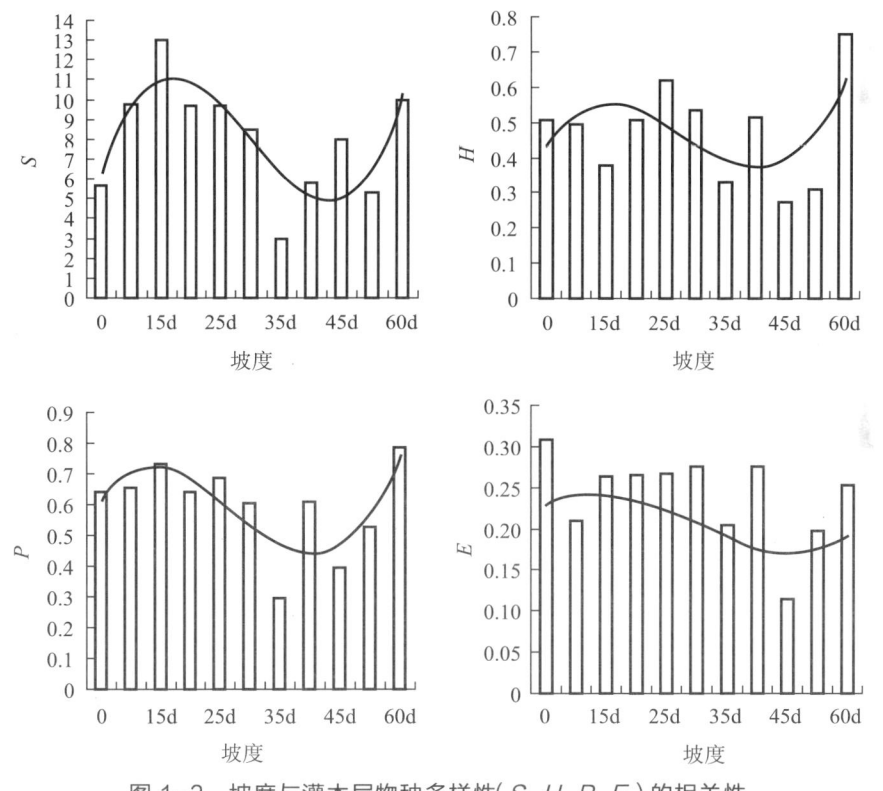

图1-2 坡度与灌木层物种多样性（S、H、P、E）的相关性

从图1-3可以看出：在0°～25°，坡度增加，草本层 S 指数、H 指数、P 指数基本呈现降低趋势；而在25°～60°，坡度增加，草本层 S 指数、H 指数、P 指数基本呈现升高趋势。坡度与 E 指数大致呈平滑抛物线关系，P 指数分布较均匀，坡度与 P 指数相关性不显著。

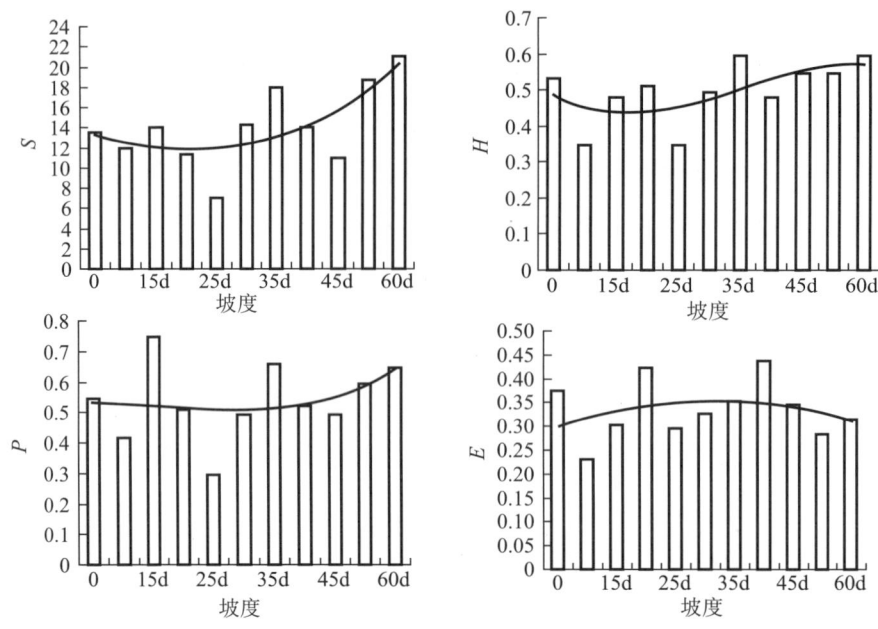

图 1-3　坡度与草本层物种多样性(S、H、P、E)的相关性

3.2 坡向对植物多样性的影响

在 1p～4p,坡向数值增大,乔木层 S 指数逐渐降低;而在 5p～8p,坡向数值增大,乔木层 S 指数呈现升高。其中在 5p,多数样方地土壤都潮湿肥沃,故物种多样性高于其他(图 1-4)。

在 1p～4p,坡向数值增加,乔木层 H 指数逐渐降低;而在 5p～8p,坡向对乔木层 H 指数影响不明显(图 1-4)。

在 1p～4p,坡向数值增大,乔木层 P 指数呈现降低;而在 5p～8p,坡向数值增加,乔木层 P 指数呈现升高趋势(图 1-4)。在 1p～8p,坡向数值增大,乔木层 P 指数呈现降低趋势(图 1-4)。

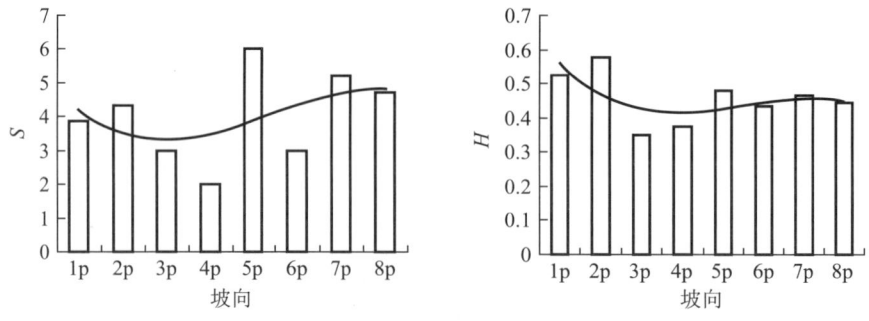

图 1-4　坡向与乔木层物种多样性(S、H、P、E)的相关性

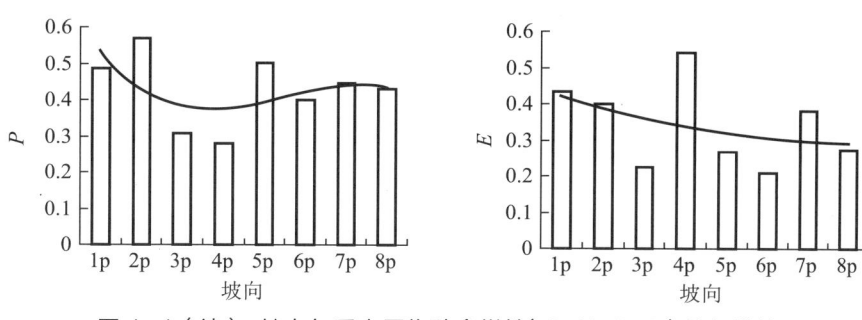

图 1-4（续） 坡向与乔木层物种多样性（S、H、P、E）的相关性

随着坡向数值升高,热量降低,灌木层 S 指数呈现不连续降低趋势；而在 6p～8p,随着坡向数值升高,热量降低,草本层 S 指数呈现升高趋势（图 1-5）。

在 1p～4p,随着坡向数值升高,灌木层 H 指数、P 指数、E 指数基本呈现逐渐降低趋势；而在 5p～8p,随着坡向数值升高,灌木层 H 指数、P 指数、E 指数基本呈现升高趋势（图 1-5）。

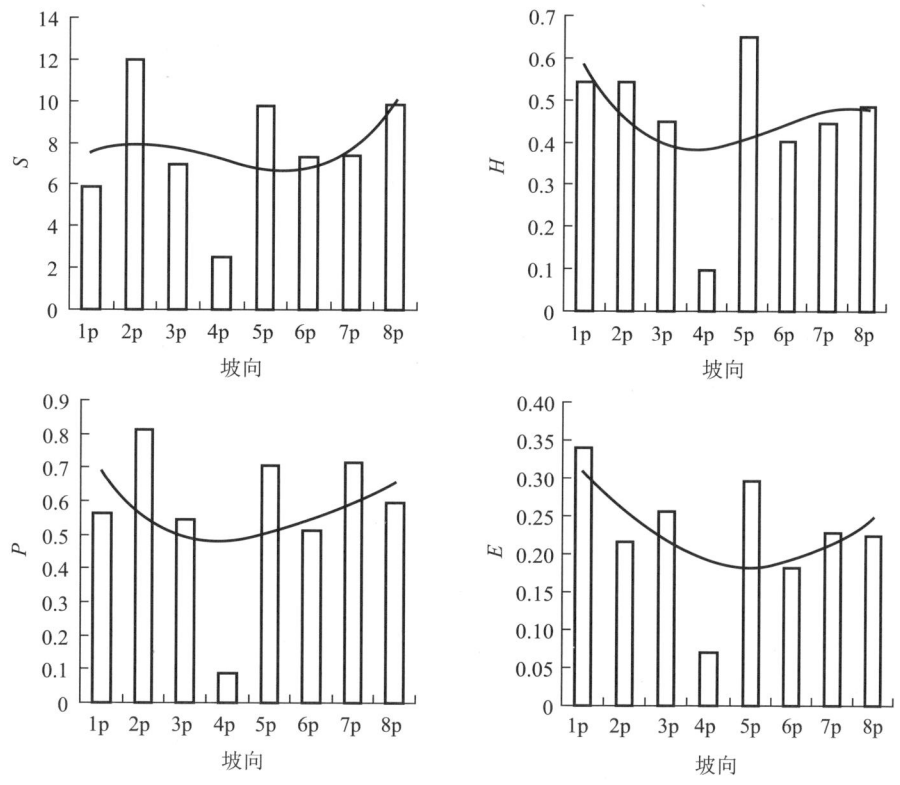

图 1-5 坡向与灌木层物种多样性（S、H、P、E）的相关性

随着坡向数值（≤7）升高,热量降低,草本层 S 指数呈现不连续升高趋势；

而在 7 以上，随着坡向数值升高，热量降低，草本层 S 指数呈现降低趋势（图 1-6）。

随着坡向数值升高，热量降低，草本层 H 指数呈现不连续升高趋势（图 1-6）。

随着坡向数值（≤3）升高，热量降低，草本层 P 指数呈现降低趋势；而在 3 以上随着坡向数值升高，热量降低，草本层 P 指数呈现升高趋势。

随着坡向数值（≤3）升高，热量降低，草本层 E 指数呈现升高趋势；而在 3～6，随着坡向数值升高，热量降低，草本层 E 指数逐渐降低；在 6 以上，随着坡向数值升高，热量降低，草本层 E 指数逐渐升高（图 1-6）。

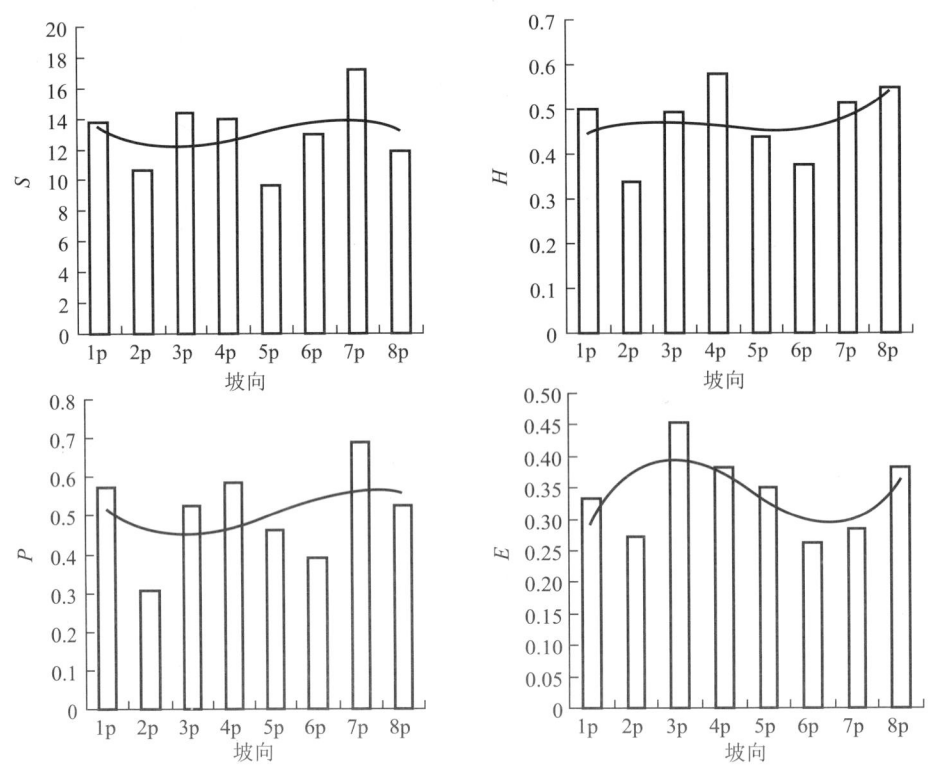

图 1-6　坡向与草本层物种多样性（S、H、P、E）的相关性

3.3　坡位对植物多样性的影响

从图 1-7 可以看出：乔木层 S 指数在上坡位最低，在山顶最高。乔木层 H 指数在上坡位最低，在下坡位最高。乔木层 P 指数在山顶、中坡位、下坡位均比较高，在上坡位低。乔木层 E 指数在下坡位高，在山顶、上坡位、中坡位分布比较均匀，在下坡位最高。

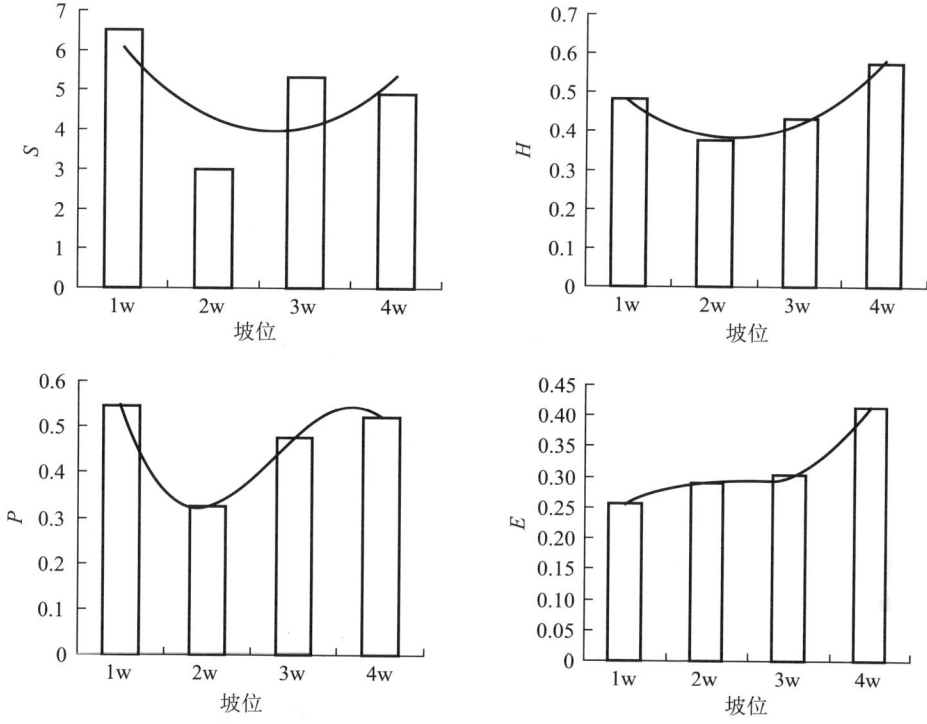

图 1-7　坡位与乔木层物种多样性（S、H、P、E）的相关性

从图 1-8 可以看出：灌木层 S 指数在下坡位高，在山顶、上坡位、中坡位分布比较均匀。在山顶、上坡位、中坡位、下坡位呈逐渐升高趋势。灌木层 H 指数在下坡位较高，在山顶、上坡位、中坡位分布比较均匀。灌木层 P 指数在山顶高，在上坡位、中坡位、下坡位分布均匀且低。灌木层 E 指数在各个坡位分布较均匀。

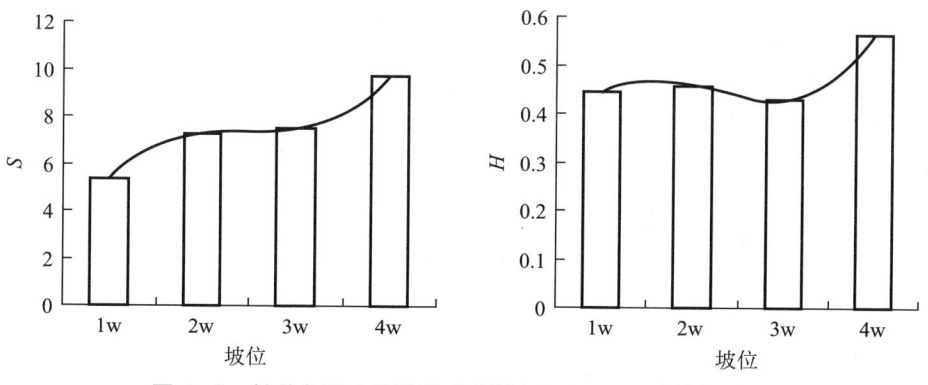

图 1-8　坡位与灌木层物种多样性（S、H、P、E）的相关性

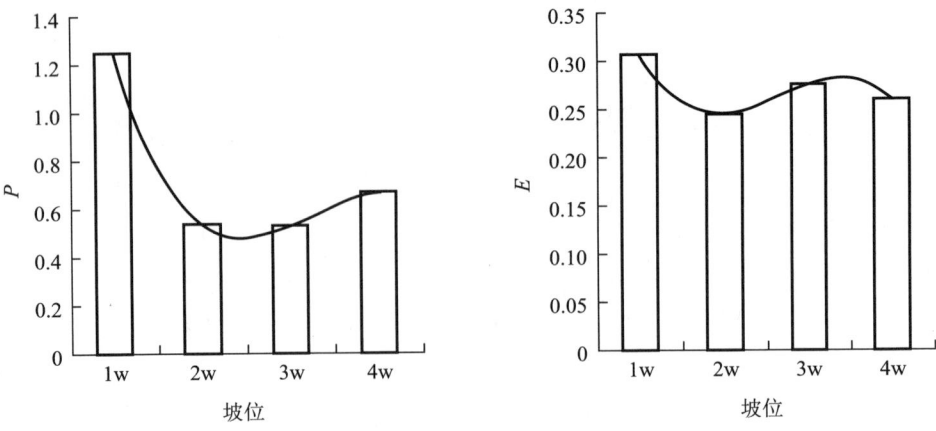

图 1-8（续） 坡位与灌木层物种多样性（S、H、P、E）的相关性

从图 1-9 可以看出：草本层 S 指数在山顶、中坡位高，在上坡位、下坡位低。草本层 H 指数和 P 指数在山顶高，在中坡位、下坡位、上坡位分布均匀且稍低。草本层 E 指数在山顶低，在上坡位、中坡位、下坡位分布高且均匀。

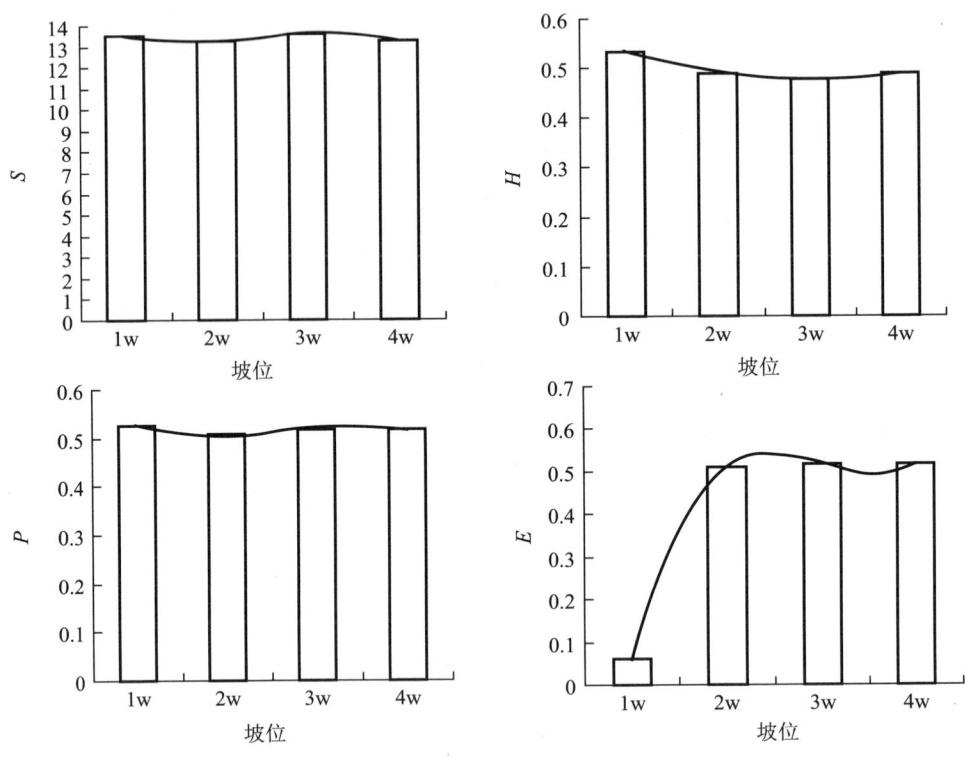

图 1-9 坡位与草本层物种多样性（S、H、P、E）的相关性

4 讨论与分析

蒙山森林群落不同层次的物种多样性特征呈现为：物种丰富度指数 S 为草本层＞灌木层＞乔木层，Shannon-wiener 指数 H 为灌木层＞草本层＞乔木层，Simpson 指数 P 为灌木层＞草本层＞乔木层，Pielou 指数 E 为草本层＞乔木层＞灌木层，森林群落演替仍处于早期阶段。

植物群落是由不同层次、不同生态适应性的植物组成，正是这些不同层次、不同生态适应性的植物对环境因子影响程度的差异，导致了群落整体随环境梯度所表现出的分异格局。[9]对于具体的植物群落，大的气候条件基本一致，群落生境的差异可能是形成物种多样性的主要原因。[10]

坡度会导致水土保持程度不同，从而对林下各层次的植物生长与发育造成影响，而影响各层次的多样性指数。土壤养分也是影响群落物种组成的重要环境因子[10]，而坡度通过对水土的影响间接影响了土壤养分。

如在坡度较缓的区域，水土比较肥沃，致使土壤养分也比较丰富，从而促进了植物的生长与发育，造成此处的林下植物各层次的多样性指数比较高。而在坡度较陡的区域情况则相反，各多样性指数也就相应较低。

坡度对于群落各层次的影响程度不同，坡度对乔木层的影响大于对灌木层和草本层的影响。

在乔木层中，坡度对乔木层各多样性指数的影响显著：在坡度较缓的 20°～30°，物种丰富度指数 S、Shannon-wiener 指数 H 和 Simpson 指数 P 均较高；在 0°～25°，随着坡度增加，乔木层各指数大致呈升高趋势；而在 25° 以上，随着坡度增加，各指数呈现降低趋势；在 60°，由于样方地位于水热条件较好的峡谷地带，受坡度影响小，各多样性指数呈较高状态。但坡度越陡，多样性越低的总趋势不变。在灌木层中，坡度对各多样性指数的影响程度依次是丰富度指数 S＞Shannon-wiener 指数 H＞Simpson 指数 P＞Pielou 指数 E。在草本层中，坡度对各多样性指数的影响程度依次是丰富度指数 S＞Simpson 指数 P＞Shannon-wiener 指数 H＞Pielou 指数 E。其中在 25°，各物种多样性指数均比较低，此坡度样方地内乔木层植物长势良好，森林郁密度高，影响了林下草本植物的生长，使其物种各多样性指数偏低。整体来看，坡度这一环境因素对植被生长影响较坡位影响因素小。

光照是影响植物生长发育和生存最重要的环境因子之一，因此光照也一直被认为是植物群落特别是森林演替过程中促进物种相互取代的主要因子之一。[11]蒙山森林群落各多样性指数在不同的坡向中呈现出 2p＞1p＞5p＞3p

＞4p＞7p＞8p＞6p 的规律,这是由于坡向的不同会导致光照因子改变,进而影响林下植物的生长与发育。坡向越向南,表明越向阳,光照强度也就越大,而光照强度的大小直接影响着植物的生长状况,因此随着坡向的转变,会导致群落中各多样性指数的变化。群落整体上符合热量越大则物种各多样性指数越高的一般规律。同时光照的强弱程度会引起林下局部小环境的改变,如光照过强,会导致局部小环境温度升高,局部湿度降低,进而影响了林下灌木层与草本层的生长发育。

坡向是影响蒙山植物多样性的重要因素,对各群落层次影响均较大。在乔木层中,坡向对于各多样性指数的影响程度依次是物种丰富度指数 S＞Simpson 指数 P＞Shannon-wiener 指数 H＞Pielou 指数 E。在灌木层中,坡向对于各多样性指数的影响程度依次是 Pielou 指数 E＞物种丰富度指数 S＞Shannon-wiener 指数 H＞Simpson 指数 P。在草本层中,坡向对于各多样性指数的影响程度依次是 Shannon-wiener 指数 H＞Simpson 指数 P＞Pielou 指数 E＞物种丰富度指数 S。

坡位是影响林木生长的关键因子,它代表光照、水分、养分等环境因素的生态梯度变化,直接影响着水肥的再分配。[10] 坡位对蒙山森林群落各层次的影响程度呈现出草本层＞乔木层＞灌木层。

在草本层中,坡位对于各多样性指数影响程度依次是 Shannon-wiener 指数 H＞Simpson 指数 P＞物种丰富度指数 S＞Pielou 指数 E。其中在草本样方山顶中,物种丰富度指数 S、Shannon-wiener 指数 H 和 Simpson 指数 P 均较高,这可能是因为样方内山顶气候比较干旱,土壤比较贫瘠,群落正处于群落演替早期阶段,各个物种多有零星分布,但尚未构成较为整体稳定的物种群落结构,致使草本植物生存机会增大,多样性指数均呈现较高状态。而在中坡位、上坡位、下坡位,由于大的气候条件相对一致,坡位对物种多样性影响不显著,从而使草本层各多样性指数呈现较低且分布较均匀状态。

在乔木层中,坡位对于各多样性指数影响程度依次是物种丰富度指数＞Simpson 指数 P＞Shannon-wiener 指数 H＞Pielou 指数 E。其中与草本层不同的是,乔木层下坡位的 Simpson 指数 P、Shannon-wiener 指数 H、Pielou 指数 E 均比较高,原因可能是样方地多为人迹罕至的野生地带,受人为干扰小,且下坡位土壤较为潮湿肥沃,使得物种多样性较高,物种分布比较均匀。而在上坡位和中坡位由于气候差异性小,各多样性指数分布均匀,受坡位影响小。灌木层中,各个坡位物种分布都比较均匀,只是在山顶,由于仍受早期物种群落演替的影响,物种多样性仍比较高。

森林生态系统是一个动态的开放系统,其变化受到群落内生物之间和生物与环境之间的相互作用的影响。当受到外来干扰而出现森林生态系统退化时,相关部门可以采取主动措施,人为地选择符合特定保护或经营目标、对生态系统进展演替和功能恢复有促进作用但由于补充限制性而不能达到干扰后生境的树种或功能群,填补空缺的生态位,从而加速恢复进程。

5 结论与对策

地形梯度对蒙山植物群落物种丰富度指数、Shannon-Wiener 指数、Simpson 指数和 Pielou 指数的影响程度依次是坡向＞坡度＞坡位。4 种多样性指数随着坡向数值增大而降低,在山顶和下坡位高于中坡位和上坡位,在坡度较缓的地带高于陡坡地带。

在蒙山森林景观已受到破坏的前提下,为了加快生态系统的恢复速度,尽可能地保护生物多样性,可以人为促进天然更新(包括种植本土物种),形成稳定的边缘区生物群落结构,以尽可能地保护核心区物种多样性;建立生态廊道(如在稀疏的矮林中补种乔木),加大种子在残存森林片段间的扩散。

采取合理保护、人工补植、封山育林和次生林抚育相结合的措施,在未来发展和林分资源状况允许的条件下,分别采取不同的采伐更新模式,促进天然林面积逐步增长和林分质量的稳步提高。

在严格保护现有天然林的基础上,加快退化天然林的恢复与重建工程,在充分保护其逐渐恢复的前提下,采取本地树种造林、林分结构调整、人工促进更新、补植补播、清除外来种等多种措施促进退化天然林的恢复,加快其进展演替,逐步恢复到原始天然林的状态。

建议根据坡位、坡度和坡向因子的不同,在山体不同区域补种植物。如在气候条件良好的山体,在山顶和下坡位坡度较陡和坡向数值较高的区域栽种抗逆性较强的植物;在上坡位和中坡位坡度较缓区域和坡向数值较低的地方大量补种一些阔叶林。对于干旱的荒山,应适量种植耐旱抗逆性强的乔木,发展荒山的植被绿化。加快荒山的群落演替,从而协调发展蒙山的各个生态组成部分。在水分和热量条件较优越的峡谷地带多种植喜湿喜热的植物。在海拔较高的山林地带,要做好对针叶林的防护工作,并适当增加针叶林的种植数量和种植密度,以增加群落整体的稳定性和群落演替的潜力。

在受人为干扰较小的山体,要在保护其原始良好的自然环境的前提下,增大山体整体森林密度。特别要注重在上坡位和中坡位增加森林密度,不仅能够有效保持水土,而且能在小范围内显著提高生态效益,也会通过蒙山"碳汇"抵消中国其他区域的部分碳排放,发挥蒙山天然氧吧的巨大环境优势,从而为应对全球气候变化做出一定贡献。

同时一定要加大监管力度,控制当地居民毁林开垦果园,减少新增森林边缘的发生。在蒙山风景旅游区内,应注意对自然环境的保护,尽量减少人为因素对山体植被的破坏,努力降低旅游活动的干扰强度,全力营造人与自然和谐相处的最佳状态。

参考文献

[1] HAILS R S. Assessing the risks associated with new agricultural practices[J]. Nature, 2002, 418: 685-688.

[2] 彭少麟,陆宏芳. 恢复生态学焦点问题[J]. 生态学报, 2003, 23: 1249-1257.

[3] GUREVITCH J, WCHEINER S M, FOX G A. The ecology of plants[M]. Massachusetts: Sunderland, 2002.

[4] PREGITZER K S, EUSKIRCHEN E S. Carbon cycling and storage in world forests: biome patterns related to forest[J]. Global Change Biology, 2004, 10: 2052-2077.

[5] GUISAN A, THUILLER W. Predicting species distribution: offering more than simple habitat modele[J]. Ecology Letters, 2005, 8: 993-1009.

[6] 赵遵田,王锡华,李京东,肖素荣. 山东省蒙山种子植物区系研究[J]. 山东科学, 2005, 18(4): 42-51.

[7] 高远,慈海鑫,邱振鲁,陈玉峰. 山东蒙山植物多样性及其海拔梯度格局[J]. 生态学报, 2009, 29(12): 6377-6384.

[8] 方精云,沈泽昊,唐志尧,等."中国山地植物物种多样性调查计划"及若干技术规范[J]. 生物多样性, 2004, 12(1): 5-9.

[9] 张文辉,卢涛,马克明,周建云,刘世梁. 岷江上游干旱河谷植物群落分布的环境与空间因素分析[J]. 生态学报, 2004, 24(3): 552-559.

[10] 陈冲,董文渊,郑进烜,段春香. 不同坡位对天然水竹生长的影响[J]. 林业科技开发, 2008, 22(2): 40-42.

[11] KOIKE T. Plant traits as predictors of woody species dominance in climax forest communities[J]. Journal of Ecology, 2001, 12: 327-336.

沂山植物多样性的山坡地形格局

1 引言

  退化生态系统恢复与重建是当前生态学研究的热点和国际前沿,众多国际组织都将此作为重要的研究内容。[1-2] 保护或恢复生态系统的关键在于保护或恢复其物种多样性[3],植被恢复一直是恢复生态学研究的核心问题和首要解决目标[4]。为保证人工林生态系统的稳定,最大程度地发挥其功能,开展植被恢复后的物种多样性研究显得尤为重要,而利用生物多样性的原理对植被恢复进程和效果进行评价方面的研究鲜见报道。[5-7]

  森林演替的发展方向和最终结果是当前生态恢复和生物多样性保育的研究重点。[8-9] 不同环境条件、干扰体系和景观格局将在很大程度上决定次生林的恢复速度和方向[9-10],人类活动引发的景观破碎化对物种的影响研究已成为保护生物学领域研究的首要任务[11]。华北地区的天然次生林,是该地区保存非常有限的森林资源的主体[12],经过人为干扰后恢复的次生林也具有重要的生态系统服务功能[2, 9, 13]。

  沂山位于沂蒙山区北部,曾经长期受人为破坏导致原始植被破坏殆尽。1921 年沂山被辟为林场,1948 年开始大规模植树造林和封山育林,1965 年宜林区已基本被树木覆盖。经过大半个世纪的恢复,现该山森林覆盖率达 98.6%,为山东省之最。野生种子植物有 108 科 411 属 727 种,现存植被以刺槐林、松属针叶林(赤松 *Pinus densiflora*、油松 *Pinus tabulaeformis* 和黑松 *Pinus thunbergii*)和栎属阔叶林(麻栎 *Quercus acutissima* 和栓皮栎 *Quercus variabilis*)为主要树种。[14] 已有学者先后就沂山苔藓植物、种子植物区系[14]、刺槐人工林立地质量评价和植被类型及分布规律进行了研究,但尚未见沂山植物多样性方面的研究报道。本研究拟评估沂山森林植被恢复与重建的现状和程度,探讨该群落物种多样性与山坡地形因子的相关关系,评价山坡地形和造林树种对植物多样性的影响,为该区森林生态系统的健康管理提供依据。

2 研究区域和方法

2.1 研究区域

沂山位于沂蒙山区北部,地理坐标为 36°10′～36°13′N、118°36′～118°40′E,面积为 65 km^2,地形起伏,山势陡峭,主峰玉皇顶海拔为 1032 m,海拔超过 700 m 的山体有 29 座,大沟有 13 条,为沂河、汶河、弥河和沭河发源地,水资源丰富。山体表面主要为花岗片麻岩,土质类型为山地棕壤,土壤分布特点为山上坡厚,下山坡薄。气候属温带季风气候,年平均温度为 10.8 ℃,年降水量为 850 mm。现为国家级森林公园、国家 AAAA 级旅游景区、省级风景名胜区、省级地质公园和山东省十佳森林旅游胜地。[14]

2.2 研究方法

2.2.1 样方设置与野外调查

通过询问森林管理部门和林业技术人员,了解沂山森林背景信息。实地调查选择人工造林 60 余年的中龄林为样地。采用典型取样法进行林内调查。[15,16] 野外共设置样方 41 个,样方规格为 30 m×20 m。选择的样方林相整齐,能够代表群落的基本特征。调查时记录样方环境信息,包括样方的海拔、坡度、坡向、经度、纬度、林冠盖度、树木生长状态、病虫害和人为干扰情况。[5]

群落层次按乔木层、灌木层和草本层划分,进行分层统计。参照山地植物物种多样性调查规范[15]和植物群落清查方法规范[16],每个样方内调查统计规格:乔木层为 30 m×20 m,1 个;灌木层为 10 m×10 m,位于样方中心处,1 个;草本层为 1 m×1 m,位于样方四角处,4 个。乔木层,测量时,记录所有胸径＞5 cm 的木本植物种类、数量与单木胸径;灌木层测量时,记录所有胸径＜5 cm 的木本植物种类、数量与单木胸径,包括乔木幼苗、幼树和木质藤本。本次调查样地均为中龄林,少有丛生灌木,故实际测量时选择以株为单位;草本层测量时,记录所有植物种类、数量与每棵草的高度。物种鉴定由曲阜师范大学生命科学学院植物教研室完成,本书所有植物学名和中文名采用《中国植物志》中的名称。

2.2.2 数据分析与计算

采用通用的多样性指数进行计算分析。[15-17]本研究选用以下 4 个指数:丰富度指数(S)、Shannon-Wiener 多样性指数(H)、Simpson 多样性指数(P)和 Pielou 均匀度指数(E)。计算公式分别为:$S=$ 样方内的植物物种数目;$H=-\sum P_i \ln P_i$;$P=1-\sum P_i^2$;$E=H/\ln S$。其中,P_i 为样方内第 i 物种重要值占所有物种总重要值的比例,乔木层和灌木层重要值 =(相对显著度 + 相对密度 + 相对频度)/3,草本层重要值 =(相对高度 + 相对密度 + 相对频度)/3。统计分析均采用 SPSS 17.0 中文版统计软件进行。

依据国际地理学联合会地貌调查与地貌制图委员会关于地貌详图应用的坡地分类,将沂山分为 400 m、500 m、600 m、700 m、800 m、900 m 和 1000 m 这 7 个海拔梯度,斜坡(5°～15°)、陡坡(15°～35°)和峭坡(35°～55°)这 3 个坡度梯度,上坡位、中坡位和下坡位这 3 个坡位梯度,以及南向(SE～SW)、西向(WS～WN)、东向(EN～ES)和北向(NW～NE)这 4 个坡向梯度。

3 结果与分析

3.1 沂山人工林植物多样性的海拔梯度格局

3.1.1 乔木层物种多样性

乔木层丰富度指数、Shannon-Wiener 多样性指数、Simpson 多样性指数和 Pielou 均匀度指数呈现出了较为一致的单峰单谷特征,即海拔 900 m 处的 4 种多样性指数最高而 500 m 处最低(图 1-10)。

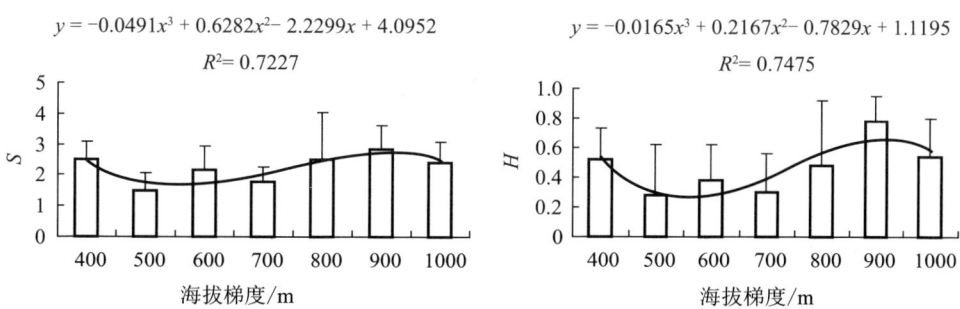

图 1-10 沂山人工林乔木层的丰富度指数(S)、Shannon-Wiener 多样性指数(H)、Simpson 多样性指数(P)和 Pielou 均匀度指数(E)的海拔梯度格局(平均值 + 标准误差)

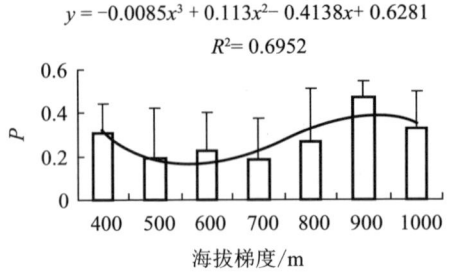
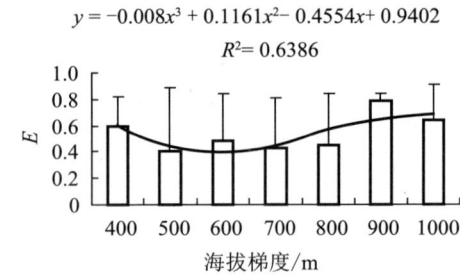

图 1-10（续） 沂山人工林乔木层的丰富度指数（S）、Shannon-Wiener 多样性指数（H）、Simpson 多样性指数（P）和 Pielou 均匀度指数（E）的海拔梯度格局（平均值 + 标准误差）

3.1.2 灌木层物种多样性

灌木层丰富度指数在海拔 900 m 处最高而在 500 m 处最低，Shannon-Wiener 多样性指数和 Simpson 多样性指数均为在海拔 1000 m 处最高而在 800 m 处最低，Pielou 均匀度指数则在海拔 900 m 处最高而在 700 m 处最低（图 1-11）。

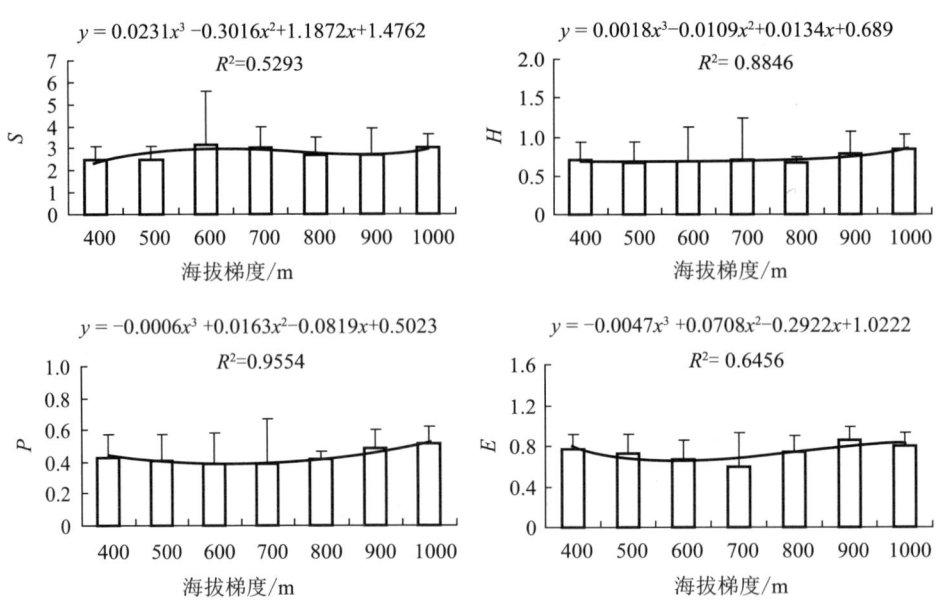

图 1-11 沂山人工林灌木层的丰富度指数（S）、Shannon-Wiener 多样性指数（H）、Simpson 多样性指数（P）和 Pielou 均匀度指数（E）的海拔梯度格局（平均值 + 标准误差）

3.1.3 草本层物种多样性

草本层丰富度指数、Shannon-Wiener 多样性指数、Simpson 多样性指数和 Pielou 均匀度指数呈现出了较为一致的单峰单谷特征，即在海拔 800 m 处的 4

种多样性指数最高而 900 m 处最低(图 1-12)。

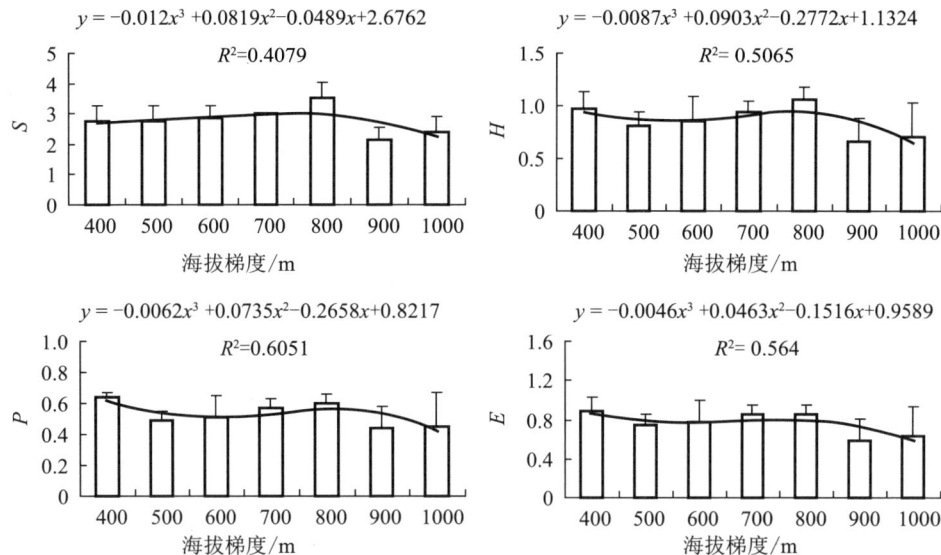

图 1-12 沂山人工林草本层的丰富度指数(S)、Shannon-Wiener 多样性指数(H)、Simpson 多样性指数(P)和 Pielou 均匀度指数(E)的海拔梯度格局(平均值 + 标准误差)

3.2 沂山人工林植物多样性的坡度梯度格局

3.2.1 乔木层物种多样性

乔木层 4 种多样性指数均为斜坡＞陡坡＞峭坡，但没有显著性差异(图 1-13)。

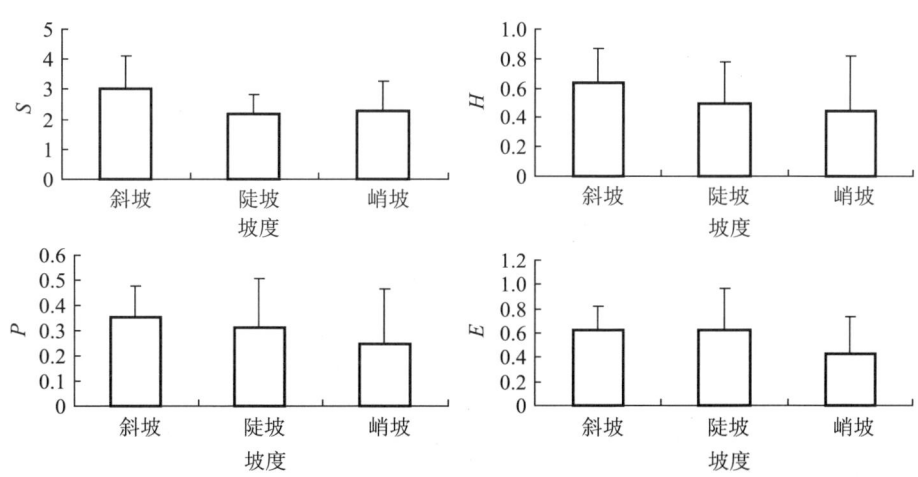

图 1-13 沂山人工林乔木层的丰富度指数(S)、Shannon-Wiener 多样性指数(H)、Simpson 多样性指数(P)和 Pielou 均匀度指数(E)的坡度梯度格局(平均值 + 标准误差)

3.2.2 灌木层物种多样性

灌木层 4 种指数为斜坡＞陡坡＞峭坡，峭坡与陡坡 Shannon-Wiener 指数差异显著（$p < 0.05$），峭坡与斜坡和陡坡间丰富度指数差异显著（$p < 0.05$）（图 1-14）。

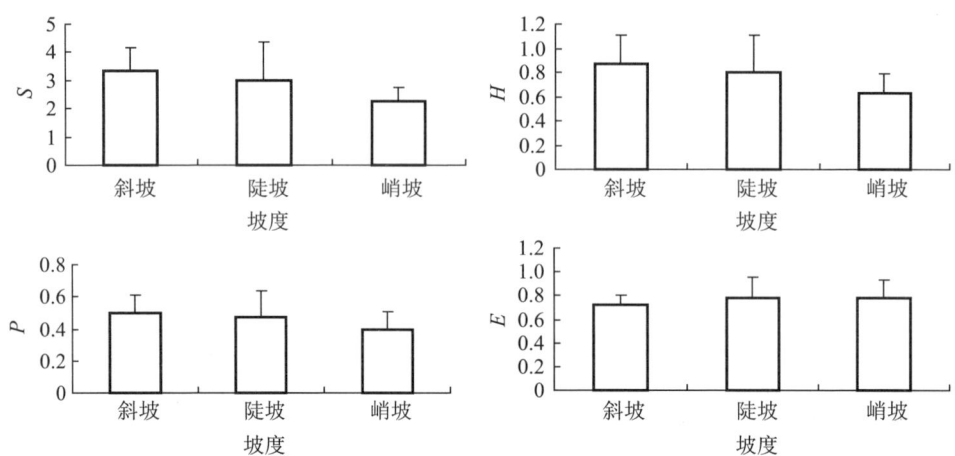

图 1-14　沂山人工林灌木层的丰富度指数（S）、Shannon-Wiener 多样性指数（H）、Simpson 多样性指数（P）和 Pielou 均匀度指数（E）的坡度梯度格局（平均值 + 标准误差）

3.2.3 草本层物种多样性

草本层 4 种指数在斜坡、陡坡和峭坡间没有显著性差异（图 1-15）。

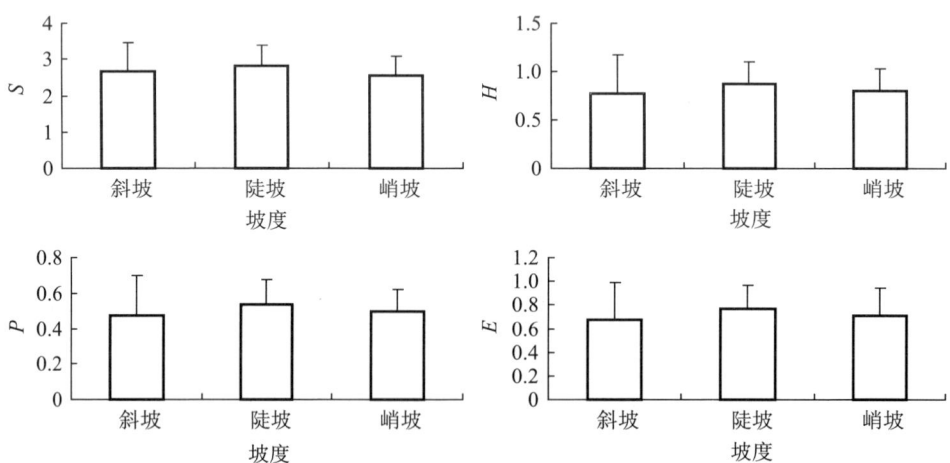

图 1-15　沂山人工林草本层的丰富度指数（S）、Shannon-Wiener 多样性指数（H）、Simpson 多样性指数（P）和 Pielou 均匀度指数（E）的海坡度梯度格局（平均值 + 标准误差）

3.3 沂山人工林植物多样性的坡向梯度格局

3.3.1 乔木层物种多样性

乔木层4种多样性指数基本为北向＞南向＞东向＞西向，其中丰富度指数北向显著高于西向（$p < 0.05$），其他没有显著性差异（图1-16）。

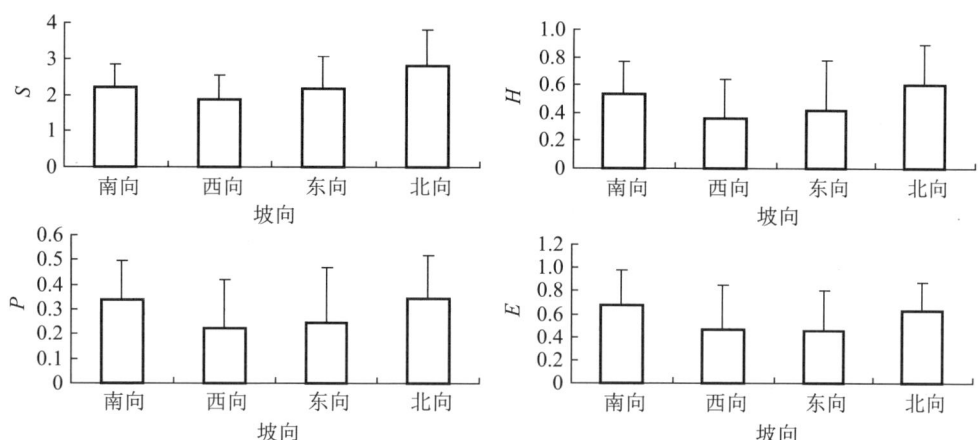

图1-16 沂山人工林乔木层的丰富度指数（S）、Shannon-Wiener 多样性指数（H）、Simpson 多样性指数（P）和 Pielou 均匀度指数（E）的坡向梯度格局（平均值 + 标准误差）

3.3.2 灌木层物种多样性

灌木层丰富度指数、Shannon-Wiener 多样性指数、Simpson 多样性指数和 Pielou 均匀度指数呈现出了较为一致的特征，即北向＞南向＞东向＞西向，其中丰富度指数西向显著低于南向和北向（$p < 0.05$），Shannon-Wiener 多样性指数北向显著高于东向（$p < 0.05$），其他没有显著性差异（图1-17）。

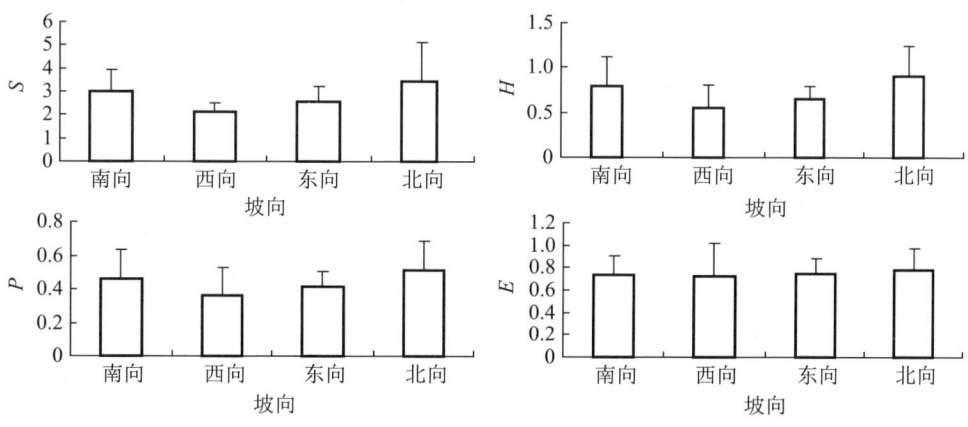

图1-17 沂山人工林灌木层的丰富度指数（S）、Shannon-Wiener 多样性指数（H）、Simpson 多样性指数（P）和 Pielou 均匀度指数（E）的坡向梯度格局（平均值 + 标准误差）

3.3.3 草本层物种多样性

草本层丰富度指数、Shannon-Wiener 多样性指数、Simpson 多样性指数和 Pielou 均匀度指数在南向、西向、东向和北向间没有显著性差异（图 1-18）。

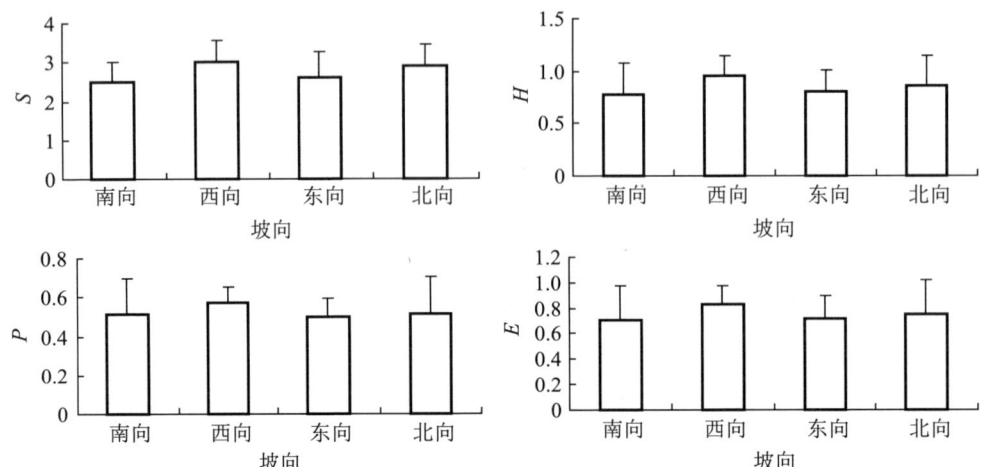

图 1-18　沂山人工林草本层的丰富度指数（S）、Shannon-Wiener 多样性指数（H）、Simpson 多样性指数（P）和 Pielou 均匀度指数（E）的坡向梯度格局（平均值 + 标准误差）

3.4　沂山人工林植物多样性的坡位梯度格局

3.4.1 乔木层物种多样性

乔木层 4 种指数为中坡位＞上坡位＞下坡位，但均没有显著性差异（图 1-19）。

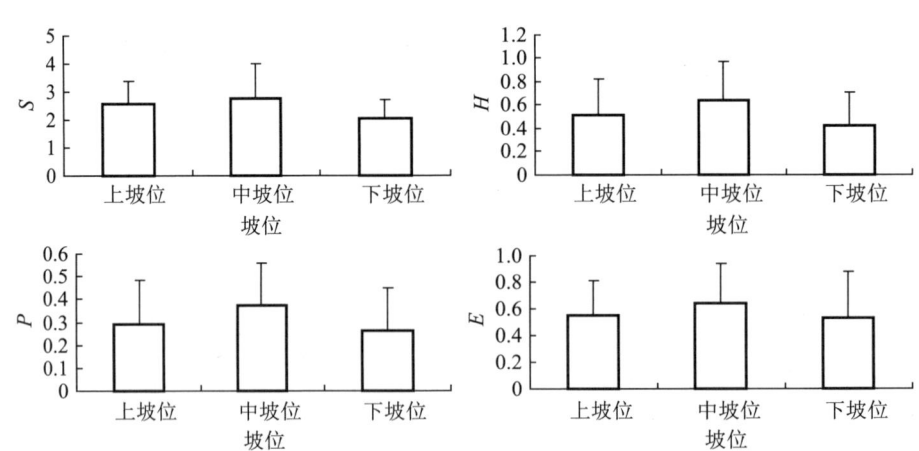

图 1-19　沂山人工林乔木层的丰富度指数（S）、Shannon-Wiener 多样性指数（H）、Simpson 多样性指数（P）和 Pielou 均匀度指数（E）的坡位梯度格局（平均值 + 标准误差）

3.4.2 灌木层物种多样性

灌木层 4 种指数在上坡、中坡和下坡位间均没有显著性差异（图 1-20）。

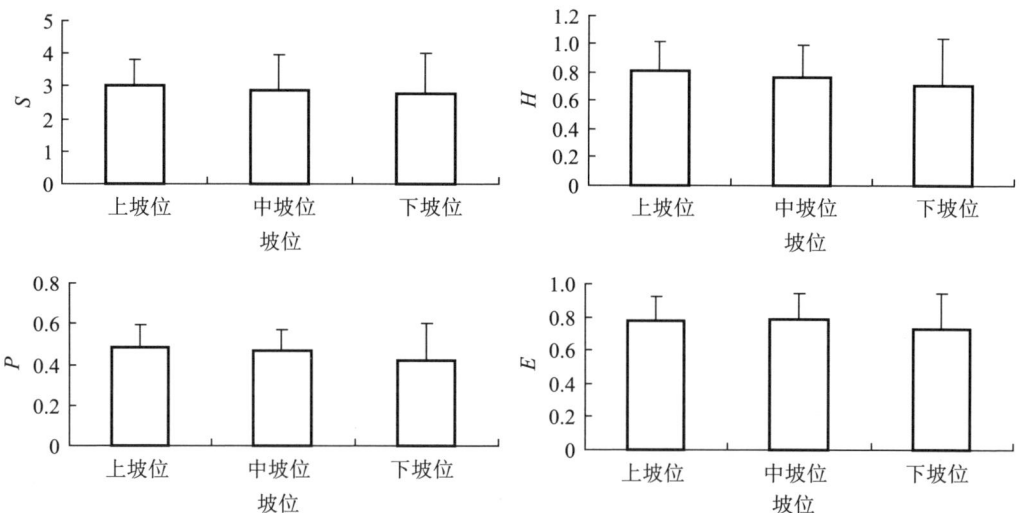

图 1-20　沂山人工林灌木层的丰富度指数（S）、Shannon-Wiener 多样性指数（H）、Simpson 多样性指数（P）和 Pielou 均匀度指数（E）的坡位梯度格局（平均值 + 标准误差）

3.4.3 草本层物种多样性

草本层 4 种指数在上坡、中坡和下坡位间均没有显著性差异（图 1-21）。

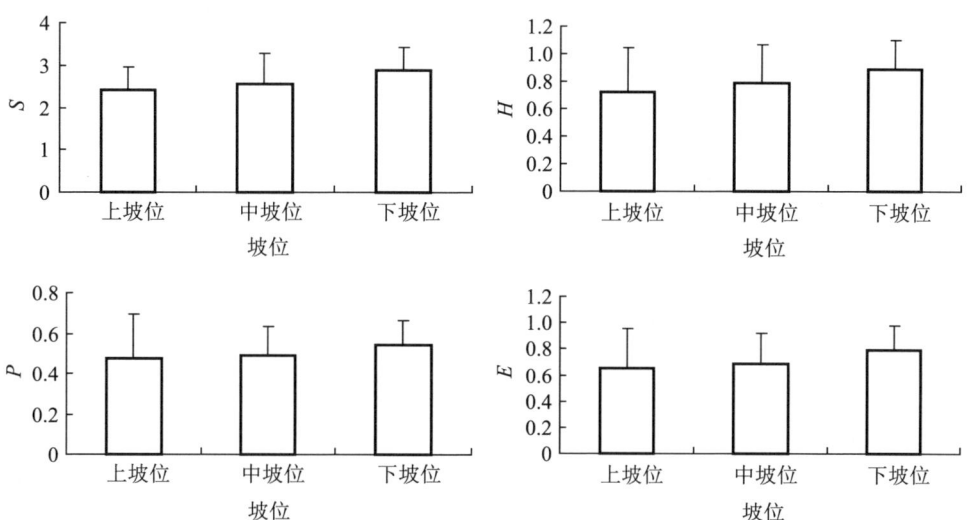

图 1-21　沂山人工林草本层的丰富度指数（S）、Shannon-Wiener 多样性指数（H）、Simpson 多样性指数（P）和 Pielou 均匀度指数（E）的坡位梯度格局（平均值 + 标准误差）

3.5 沂山3种主要人工林的物种多样性

3.5.1 乔木层物种多样性

乔木层丰富度指数、Shannon-Wiener 多样性指数、Simpson 多样性指数和 Pielou 均匀度指数呈现出了较为一致的特征,即麻栎＞刺槐＞黑松,其中麻栎的 Pielou 均匀度指数显著高于刺槐（$p < 0.05$）,其他没有显著性差异（图 1-22）。

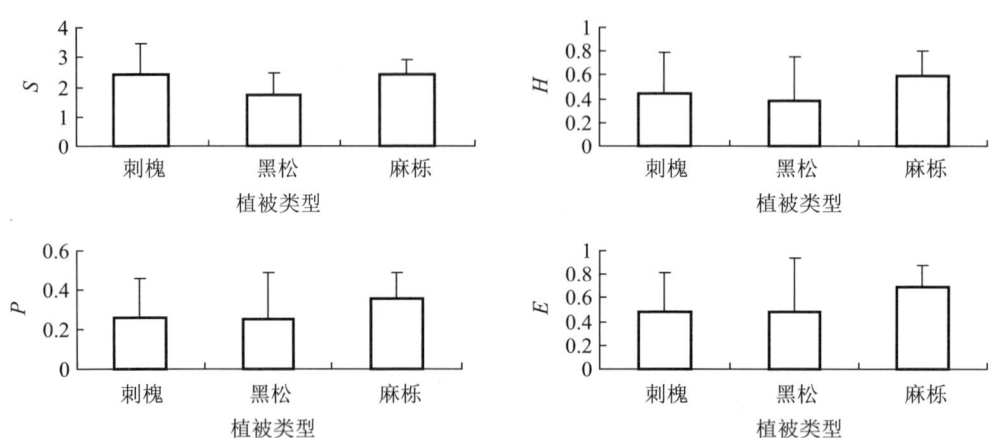

图 1-22 沂山 3 种人工林乔木层的丰富度指数（S）、Shannon-Wiener 多样性指数（H）、Simpson 多样性指数（P）和 Pielou 均匀度指数（E）（平均值 + 标准误差）

3.5.2 灌木层物种多样性

麻栎的灌木层丰富度指数显著高于黑松（$p < 0.05$）,黑松的 Pielou 均匀度指数显著高于刺槐和麻栎（$p < 0.05$）,其他没有显著性差异（图 1-23）。

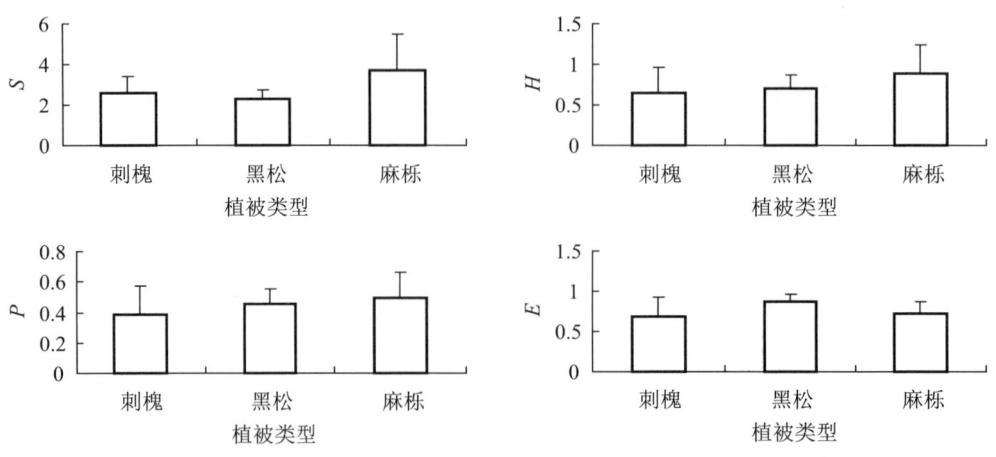

图 1-23 沂山 3 种人工灌木层的丰富度指数（S）、Shannon-Wiener 多样性指数（H）、Simpson 多样性指数（P）和 Pielou 均匀度指数（E）（平均值 + 标准误差）

3.5.3 草本层物种多样性

草本层丰富度指数、Shannon-Wiener 多样性指数、Simpson 多样性指数和 Pielou 均匀度指数在刺槐、黑松和麻栎间均没有显著性差异（图 1-24）。

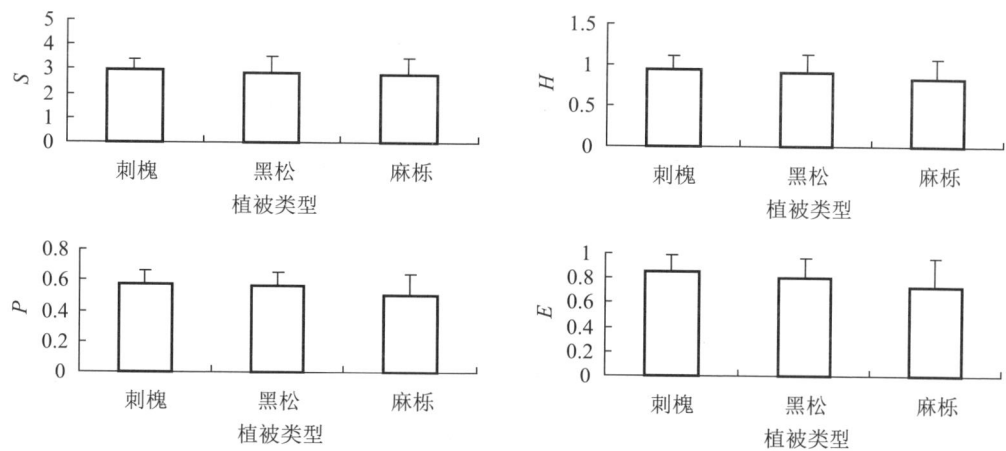

图 1-24 沂山 3 种人工林草本层的丰富度指数（S）、Shannon-Wiener 多样性指数（H）、Simpson 多样性指数（P）和 Pielou 均匀度指数（E）（平均值 + 标准误差）

4 结论与讨论

自然界植物群落的空间分布是不同尺度上环境、空间和生物三大因素共同作用的结果。[18]植物物种共存不但与局域尺度的生态学过程有关，而且受大尺度上的生态学过程影响。[19]在区域尺度上，气候、母质和植物区系决定了植被类型。[18]沂山地处暖温带，地带性植被应为落叶阔叶林。人工林天然更新受林分密度、林缘效应、种源、立地、林地地形与面积大小等多种因素的影响。[20-22]在森林自然更新与人工林向顶极群落恢复过程中，乡土树种的定居是一个非常重要的过程。[23]沂山人工造林和封山育林 60 余年，当地林业管理严格有效，水土保持良好，森林覆盖率显著提高，植物物种明显增多，很多乡土物种得以恢复和更新，如水榆花楸（*Sorbus alnifolia*）、三桠乌药（*Lindera obtusiloba*）和蒙山鹅耳枥（*Carpinus mengshanensis*），森林植被得以顺利恢复和重建。[5]

本研究采用乔木层、灌木层和草本层丰富度指数、Shannon-Wiener 多样性指数、Simpson 多样性指数和 Pielou 均匀度指数评价沂山人工林的植物多样性。从森林层片的角度看，乔木层丰富度指数显著低于灌木层和草本层（$p < 0.05$）；乔木层 Shannon-Wiener 多样性指数和 Pielou 均匀度指数极显著低于灌木层和

草本层（$p < 0.01$）；乔木层 Simpson 多样性指数极显著低于灌木层和草本层（$p < 0.01$），而草本层显著高于灌木层（$p < 0.05$）（图 1-25）。从造林类型的角度看，麻栎人工造林恢复效果要比刺槐和黑松更好。从山坡地形的角度看，海拔梯度格局基本呈现出单峰单谷的特征，多样性峰值多出现在 900 m 处，而低值多出现在 500 m 处；坡向对植物多样性的影响要高于坡度，而坡位基本没有产生显著影响。

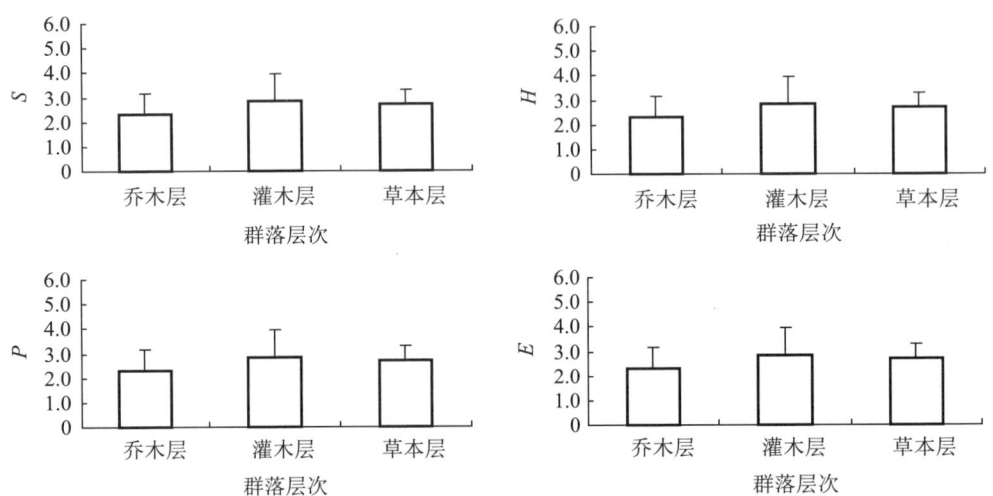

图 1-25 沂山人工林乔木层、灌木层和草本层的植物丰富度指数（S）、Shannon-Wiener 多样性指数（H）、Simpson 多样性指数（P）和 Pielou 均匀度指数（E）（平均值 + 标准误差）

本研究通过分析沂山人工林的 21 种乔木径级分布，确定物种类型，发现扩展种 7 种、隐退种 7 种、稳定侵入种 4 种和随机侵入种 3 种，样方内所有乔木径级整体呈现出 Ⅰ + Ⅱ > Ⅲ（1810 + 299 > 1319），即幼树和幼苗的数量大于立树的数量，表明群落正处于正向森林演替过程中，但幼树数量明显稀缺。麻栎、黑松、栓皮栎、赤松和日本落叶松虽为隐退种，但均为群落局部优势种，有较多、较大径级个体存在，但赤松种群更新困难，黑松和栓皮栎缺失幼树，而日本落叶松完全没有更新幼苗。

调查林地已基本建立能自我维持的植被覆盖，在严格保护现有植被的基础上，针对当前沂山低海拔区域大部分中幼龄黑松针叶林纯林呈现出的群落结构单一、径级组成接近、不利于群落长远发展与演替的特点，采取林分结构调整、人工促进更新和补植补播等多种措施加快其进展演替。调查区内的人工林均没有混交灌木、草本植被，但天然灌木和草本却可以顺利完成侵入、定居与更新。

这就意味着沂山人工林的调整与改造可直接针对乔木层,通过增加适当的伴生乔木树种以使群落结构得到调整与改善,利用自然力实现林下植被合理配置。[5, 24]

参考文献

[1] FOLKE C, HOLLING C S, PERRINGS C. Biological diversity, ecosystems, and the human scale[J]. Ecological Applications, 1996, 6: 1018-1024.

[2] LAMB D, ERSKINE P D, PARROTTA J A. Rastoration of degraded tropical forest landscapes[J]. Science, 310: 1628-1632.

[3] HAILS R S. Assessing the risks associated with new agricultural practices[J]. Nature, 2002, 418: 685-688.

[4] 彭少麟,陆宏芳. 恢复生态学焦点问题[J]. 生态学报, 2003, 23: 1249-1257.

[5] 高远,朱孔山,郝加琛,徐连升. 山东蒙山6种造林树种40余年成林效果评价[J]. 植物生态学报, 2013, 37(8): 728-738.

[6] 阎海平,谭笑,孙向阳,耿玉清,任云卯,董俊岚,王铁柱. 北京西山人工林群落物种多样性的研究[J]. 北京林业大学学报, 2001, 23: 16-19.

[7] 周择福,王延平,张光灿. 五台山林区典型人工林群落物种多样性研究[J]. 西北植物学报, 2005, 25: 321-327.

[8] CHAZDON R L. Chance and determinism in tropical forest succession[M]//CARSON W P, SCHNITZER S A. Tropical forest community ecology. Oxford: Wiley-Blackwell. 2008: 384-408.

[9] 丁易,臧润国. 海南岛霸王岭热带低地雨林植被恢复动态[J]. 植物生态学报, 2011, 35: 577-586.

[10] 刘炳亮,苏金豹,陈建伟,等. 人工廊道对具有不同扩散模式的植物多样性的影响[J]. 东北林业大学学报, 2013, 41(6): 157-160.

[11] CHAZDON R L. Tropical forest recovery: legacies of human impact and nutural disturbances[J]. Perspectives in Plant Ecology, Evolution and Systematics, 2003, 6: 51-71.

[12] 郭晋平,王俊田,李世光. 关帝山林区景观要素沿环境梯度分布趋势的研究[J]. 植物生态学报, 2000, 24: 135-140.

[13] CHAZDON R L. Beyond deforestation: restoring forests and ecosystem services on degraded lands[J]. Science, 2008, 320: 1458-1460.

[14] 王锡华,李京东. 山东沂山种子植物区系研究[J]. 植物研究, 2002, 22(2): 156-162.

[15] 方精云,沈泽昊,唐志尧,王志恒. "中国山地植物物种多样性调查计划"及若干

技术规范[J].生物多样性,2004,12:5-9.

[16] 方精云,王襄平,沈泽昊,唐志尧,贺金生,于丹,江源,王志恒,郑成洋,朱江玲,郭兆迪.植物群落清查的主要内容、方法和技术规范[J].生物多样性,2009,17:533-548.

[17] TOM L, CHRISTINA A C. Measuring diversity: the importance of species similarity[J]. Ecology, 2012, 93: 477-489.

[18] 宋同清,彭晚霞,曾馥平,等.木论喀斯特峰丛洼地森林群落空间格局及环境解释[J].植物生态学报,2010,34:298-308.

[19] 李立,陈建华,任海保,米湘成,于明坚,杨波.古田山常绿阔叶林优势树种甜槠和木荷的空间格局分析[J].植物生态学报,2010,34:241-252.

[20] 韩广轩,王光美,毛培利,张志东,于君宝,许景伟.山东半岛北部黑松海防林幼龄植株更新动态及其影响因素[J].林业科学,2010,46(12):158-164.

[21] 黄运峰,路兴慧,臧润国,丁易,龙文兴,王进强,杨民,黄运天.海南岛热带低地雨林刀耕火种弃耕地自然恢复过程中的群落构建[J].植物生态学报,2013,37:415-426.

[22] 孙景波,佟静秋,牟长城,常方圆.哈尔滨城市人工林天然更新组成结构与年龄结构[J].东北林业大学学报,2009,37(2):16-21.

[23] 任海,王俊.试论人工林下乡土树种定居限制问题[J].应用生态学报,2007,18:1855-1960.

[24] 李裕元,郑纪勇,邵明安.子午岭天然林与人工林群落特征比较研究[J].西北植物学报,2005,25:2447-2456.

蒙山温带典型人工林对土壤表层养分的中长期影响

1 引言

截至 2017 年,中国人工林保有面积为 69.33×10^8 km^2,继续位居全球首位。人工造林是恢复退化生态系统和保育生态系统服务功能的主要措施。[1] 在森林生态系统中,人工林植被影响诸多地上和地下生态过程,在维持森林生态系统稳定和多样化中发挥着重大作用。[2-3] 在森林生态恢复过程中,土壤养分的变化是现代生态学研究关注的重点。[4] 土壤作为森林生态系统的重要组成部分,为植物生长和繁殖提供必需的养分物质[5-7],也为生态系统中诸多生态过程提供载体[8-9]。森林土壤养分状况受气候条件、土壤类型和植被类型等因素的综合影响。[10-12] 土壤养分是土壤肥力的重要量化指标[13],对植被的物种组成和结构变化有着至关重要的作用[14],并直接影响着生态系统的生产力水平[11,15-16]。森林演替[17]和营林模式[18]对土壤肥力具有明显影响[19]。植被演替影响土壤性状和发育[12,20],因为伴随植被演替、植物凋落物和根系分泌物等发生的改变将直接影响着投入土壤的养分数量[21]。人工林的不同发育阶段贯穿林木生长的整个生命周期,了解林木不同发育阶段土壤肥力及林木的需肥特征对人工林经营具有重要生态意义[22,23],可为本土树种人工林的经营管理以及评价引进外来树种的生态后果提供科学依据[24]。

已有的实验研究表明,在小于 30 a 的森林恢复过程中,阔叶树种相对于针叶树种能够固持更多的养分。[25-27] 但这些研究忽视了大于 30 a 的森林生态恢复过程中土壤养分存储的变化。[28] 相对于阔叶树种,针叶树种的凋落物更难分解,理论上其土壤养分的固持量应高于阔叶树种。[28-29] 这些研究冲突反映了迫切需要中长期(30 a 以上)造林的土壤养分研究数据,尤其是超过 50 a 的人工林由于样本的稀缺相关研究数据更加弥足珍贵。[30-32]

沂蒙山区位于鲁中南低山丘陵区,是北方土石山区的典型代表,是中国最早开展人工造林的地区之一,典型人工林为黑松(*Pinus thunbergii*)人工林、赤松(*Pinus densiflora*)人工林和栓皮栎(*Quercus variabilis*)人工林。[32-34] 针对不同森林类型开展土壤表层养分及其动态研究,有助于了解森林生态系统的土壤表层养分供应,本研究将探讨 30 a 林龄和 60 a 林龄的针叶人工林(黑松人工林和赤松人工林)和阔叶人工林(栓皮栎人工林)土壤表层养分变化。本研究预设的科学假设:① 针叶树种的凋落物较阔叶树种更难分解,相同林龄条件下应积累更多的土壤表层养分,即 60 a 林龄的针叶人工林土壤表层养分含量高于 60 a 林龄的阔叶人工林;② 人工林土壤表层养分含量随时间递增,即 60 a 林龄的人工林土壤表层养分含量高于 30 a 林龄的人工林。

2 研究区域与方法

2.1 研究区域

本研究在沂蒙山区典型区域——蒙山开展。蒙山地处暖温带鲁东南丘陵地区,面积为 1125 km^2,土壤为棕色森林土。本研究通过野外植物群落结构调查和询问林场技术人员,选取林龄为 30 a 和 60 a 的黑松人工林、赤松人工林和栓皮栎人工林为研究样地,进行土壤取样。

2.2 研究方法

2.2.1 样方设置与取样检测

选取黑松人工林样地 10 块(30 a 林龄样地 4 块和 60 a 林龄样地 6 块)、赤松人工林样地 12 块(30 a 林龄和 60 a 林龄样地各 6 块)和栓皮栎人工林样地 16 块(30 a 林龄和 60 a 林龄样地各 8 块),每个样地均选取 1 个规格为 20 m× 30 m 样方,采用五点取样钻取 5 个重复土样,土钻直径为 3.5 cm,取样深度为 10 cm,混合为 1 个土样封装带回实验室。取样于 2016 年 8 月进行。实验室分析测定土壤有机质、活性有机碳、全氮、有效磷和速效钾,检测由青岛科标检测研究院测定完成。土壤有机质依据《森林土壤有机质标准》(LY/T 1237—1999)采用重铬酸钾外加热法测定;活性有机碳采用高锰酸钾氧化法测定;全氮依据

《森林土壤氮的测定标准》(LY/T 1228—2015)采用凯氏氮法测定;有效磷依据《森林土壤磷的测定标准》(LY/T 1232—2015)采用比色法测定;速效钾依据《森林土壤钾的测定标准》(LY/T 1234—2015)采用原子吸收分光光度计测定。

2.2.2 数据分析

林型间土壤养分差异采用单因素方法分析,林龄间土壤养分差异采用T检验实现。数据分析与图表制作采用SPSS 17.0和Excel 2003完成。

3 结果与分析

3.1 土壤表层有机质

相同林龄不同林型的土壤表层有机质含量:① 30 a林龄,黑松人工林(33.03 ± 8.86 g·kg^{-1})>栓皮栎人工林(28.78 ± 5.33 g·kg^{-1})>赤松人工林(24.40 ± 11.26 g·kg^{-1})。② 60 a林龄,赤松人工林(64.02 ± 11.06 g·kg^{-1})>栓皮栎人工林(46.68 ± 11.48 g·kg^{-1})>黑松人工林(29.20 ± 4.95 g·kg^{-1}),其中赤松人工林显著高于其他两种人工林(图1-26A)。

相同林型不同林龄的土壤表层有机质含量:3种人工林均为60 a林龄组高于30 a林龄组,其中赤松人工林60 a林龄组显著高于30 a林龄组(图1-26A)。

3.2 土壤表层活性有机碳

相同林龄不同林型的土壤表层活性有机碳含量:① 30 a林龄,栓皮栎人工林(22.80 ± 1.87 g·kg^{-1})>黑松人工林(14.21 ± 2.22 g·kg^{-1})>赤松人工林(12.06 ± 3.66 g·kg^{-1}),其中栓皮栎人工林显著高于其他两种人工林。② 60 a林龄,黑松人工林(20.39 ± 0.34 g·kg^{-1})>栓皮栎人工林(20.30 ± 0.41 g·kg^{-1})>赤松人工林(19.87 ± 0.34 g·kg^{-1})(图1-26B)。

相同林型不同林龄的土壤表层活性有机碳含量:黑松人工林和赤松人工林均为60 a林龄组高于30 a林龄组,而栓皮栎人工林则为60 a林龄组低于30 a林龄组(图1-26B)。

3.3 土壤表层全氮

相同林龄不同林型的土壤表层全氮含量:① 30 a林龄,黑松人工林(1.54 ± 0.44 g·kg^{-1})>栓皮栎人工林(1.43 ± 0.37 g·kg^{-1})>赤松人工林(1.14 ± 0.32 g·kg^{-1})。② 60 a林龄,赤松人工林(2.56 ± 0.50 g·kg^{-1})>栓皮栎人

工林（1.65±0.34 g·kg^{-1}）＞黑松人工林（1.22±0.23 g·kg^{-1}），其中赤松人工林显著高于其他两种人工林（图1-26C）。

相同林型不同林龄的土壤表层全氮含量：赤松人工林60 a林龄组显著高于30 a林龄组，黑松人工林60 a林龄组低于30 a林龄组，而栓皮栎人工林60 a林龄组高于30 a林龄组（图1-26C）。

3.4 土壤表层有效磷

相同林龄不同林型的土壤表层有效磷含量：① 30 a林龄，栓皮栎人工林（18.43±3.85 mg·kg^{-1}）＞黑松人工林（17.85±3.15 mg·kg^{-1}）＞赤松人工林（17.64±2.38 mg·kg^{-1}）。② 60 a林龄，栓皮栎人工林（21.65±0.18 mg·kg^{-1}）＞赤松人工林（19.74±0.21 mg·kg^{-1}）＞黑松人工林（19.55±0.26 mg·kg^{-1}）（图1-26D）。

相同林型不同林龄的土壤表层有效磷含量：3种人工林均为60 a林龄组高于30 a林龄组，其中赤松人工林60 a林龄组显著高于30 a林龄组（图1-26D）。

3.5 土壤表层速效钾

相同林龄不同林型的土壤表层速效钾含量：① 30 a林龄，栓皮栎人工林（42.20±2.86 mg·kg^{-1}）＞黑松人工林（40.53±3.93 mg·kg^{-1}）＞赤松人工林（38.90±4.35 mg·kg^{-1}）。② 60 a林龄，赤松人工林（45.37±2.77 mg·kg^{-1}）＞栓皮栎人工林（40.09±2.64 mg·kg^{-1}）＞黑松人工林（38.43±3.15 mg·kg^{-1}）（图1-26E）。

相同林型不同林龄的土壤表层速效钾含量：赤松人工林60 a林龄组高于30 a林龄组，而黑松人工林和栓皮栎人工林均为60 a林龄组低于30 a林龄组（图1-26E）。

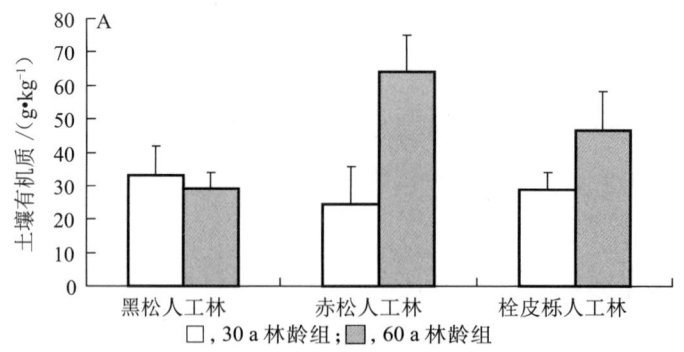

图1-26 30 a和60 a的黑松人工林、赤松人工林和栓皮栎人工林的土壤表层有机质（A）、活性有机碳（B）、全氮（C）、有效磷（D）和速效钾（E）含量差异（平均值＋标准误差）

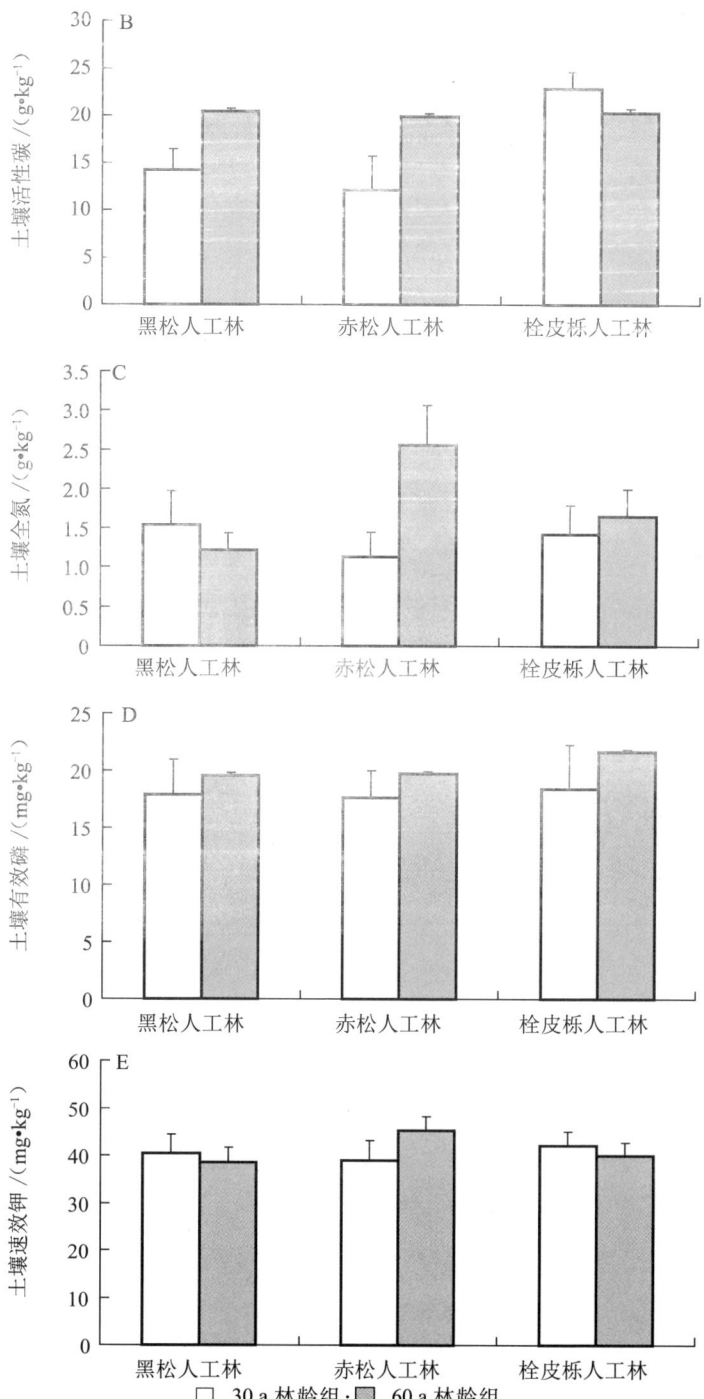

图1-26(续) 30 a和60 a的黑松人工林、赤松人工林和栓皮栎人工林的土壤表层有机质(A)、活性有机碳(B)、全氮(C)、有效磷(D)和速效钾(E)含量差异(平均值 + 标准误差)

3.6 土壤养分的主成分分析

30 a 和 60 a 蒙山人工林的土壤养分主成分 1、2 方差累计贡献率分别达到 81.05% 和 80.81%（表 1-1 和表 1-2），能反映绝大部分信息；30 a 和 60 a 蒙山人工林的主成分 1 均与土壤有机质、全氮、有效磷和速效钾有较大相关性，方差贡献率分别为 59.85% 和 59.05%（表 1-1 和图 1-27A）；30 a 和 60 a 蒙山人工林的主成分 2 均与土壤活性有机碳有较大相关性，方差贡献率分别为 21.20% 和 21.76%（表 1-2 和图 1-27B）。

表 1-1　30 a 蒙山人工林的土壤养分在主成分分析中的载荷

	土壤有机质	土壤活性有机碳	土壤全氮	土壤有效磷	土壤速效钾
主成分 1	0.95	-0.11	0.91	0.88	0.70
主成分 2	0.05	0.98	-0.09	0.28	-0.15

30 a 蒙山人工林的土壤养分两个主成分总的解释力为 81.05%，其中主成分 1 和主成分 2 解释力分别为 59.85% 和 21.20%。

表 1-2　60 a 蒙山人工林的土壤养分在主成分分析中的载荷

	土壤有机质	土壤活性有机碳	土壤全氮	土壤有效磷	土壤速效钾
主成分 1	0.94	0.09	0.89	0.91	0.67
主成分 2	0.19	0.96	0.12	-0.27	-0.18

60 a 蒙山人工林的土壤养分两个主成分总的解释力为 80.81%，其中主成分 1 和主成分 2 解释力分别为 59.05% 和 21.76%。

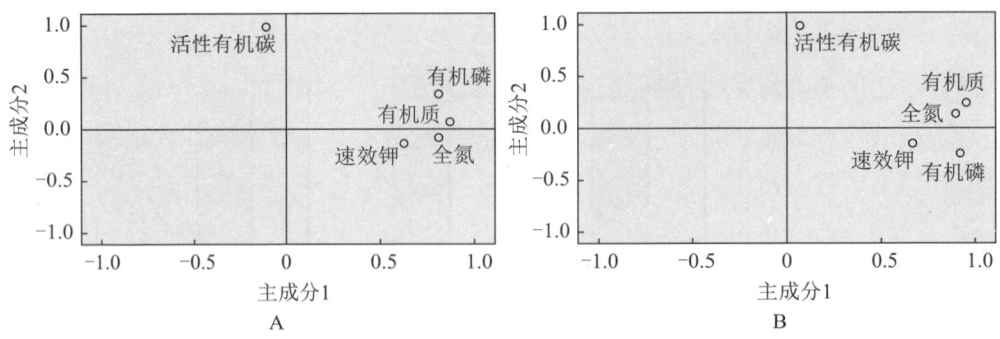

图 1-27　30 a（A）和 60 a（B）蒙山人工林土壤养分成分图

4 结论与讨论

森林土壤表层养分的差异很大程度上受其植被类型的影响,主要表现在植物凋落物和根系分泌物等对土壤表层养分和能量物质的不断补充。[20,21] 凋落物是森林生态系统物质循环和能量流动的重要结构和功能单元[35],由于针叶树叶片与阔叶树相比具有较高的木质素含量[36]和较小的相对叶面积[37,38]等限制了其凋落物的分解速率,从而影响着凋落物的养分归还速率。有研究表明,相同林龄的阔叶林的土壤碳氮含量显著高于针叶林,并认为落叶阔叶林大量的枯枝落叶输入和较快的凋落物分解速率是其土壤表层肥力较针叶林高的重要原因。[39-41]

本研究发现,30 a 林龄的 3 种温带典型人工林的土壤表层有机质和全氮含量从高到低均呈现为:黑松人工林＞栓皮栎人工林＞赤松人工林;而土壤表层活性有机碳、有效磷和速效钾含量则均呈现为:栓皮栎人工林＞黑松人工林＞赤松人工林,其中活性有机碳和速效钾含量差异显著。60 a 林龄的 3 种温带典型人工林土壤表层有机质、全氮和速效钾含量从高到低均呈现为:赤松人工林＞栓皮栎人工林＞黑松人工林,有机质和全氮含量差异显著;土壤表层活性有机碳含量为:黑松人工林＞栓皮栎人工林＞赤松人工林;而土壤表层有效磷含量则为:栓皮栎人工林＞赤松人工林＞黑松人工林。本研究有关赤松人工林和栓皮栎人工林的研究结果支持了第一个研究假说。

从 30 a 林龄到 60 a 林龄,赤松人工林的土壤表层有机质、活性有机碳、全氮、有效磷和速效钾 5 种养分含量均有所增多,其中土壤表层有机质、全氮和有效磷含量显著增加;栓皮栎人工林的土壤表层有机质、全氮和有效磷含量均有不显著增多,而活性有机碳和速效钾含量均有不显著减少;黑松人工林的土壤表层活性有机碳和有效磷含量均有不显著增多,而土壤表层有机质、全氮和速效钾含量却均有不显著减少。其赤松人工林的研究结果基本支持了第二个研究假说。

参考文献

[1] TOGONIDZE N, AKHALKATSI M. Variability of plant species diversity during the natural restoration of the subalpine birch forest in the Central Great Caucasus[J]. Turkish Journal of Botany, 2015, 39: 458-471.

[2] NILSSON M C, WARDLE D A. Understory vegetation as a forest ecosystem driver: Evidence from the northern Swedish boreal forest[J]. Frontiers in Ecology & the Environment, 2005, 3: 421-428.

[3] 杜忠, 蔡小虎, 包维楷, 陈槐, 潘红丽. 林下层植被对上层乔木的影响研究综述[J]. 应用生态学报, 2016, 27: 963-972.

[4] 宋贤冲, 郭丽梅, 田红灯, 邓小军, 赵连生, 曹继钊. 猫儿山不同海拔植被带土壤微生物群落功能多样性[J]. 生态学报, 2017, 37: 5428-5435.

[5] TRUMBORE S E, CZIMCZIK C I. An uncertain future for soil carbon[J]. Science, 2008, 321: 1455-1456.

[6] 常超, 谢宗强, 熊高明, 赵常明, 申国珍, 赖江山, 徐新武. 三峡库区不同植被类型土壤养分特征[J]. 生态学报, 2009, 29: 5978-5985.

[7] 邓小军, 曹继钊, 宋贤冲, 唐健, 陈风帆. 猫儿山自然保护区3种森林类型土壤养分垂直分布特征[J]. 生态科学, 2014, 33: 1129-1134.

[8] 康冰, 刘世荣, 蔡道雄, 卢立华, 何日明, 高妍夏, 迪玮峙. 南亚热带不同植被恢复模式下土壤理化性质[J]. 应用生态学报, 2010, 21: 2479-2486.

[9] 魏强, 凌雷, 柴春山, 张广忠, 闫沛斌, 陶继新, 薛睿. 甘肃兴隆山森林演替过程中的土壤理化性质[J]. 生态学报, 2012, 32: 4700-4713.

[10] ROY P K, SAMAL N R, ROY M B, Mazumdar A. Soil carbon and nutrient accumulation under forest plantations in Jharkhand State of India[J]. Clean-Soil Air Water, 2010, 38: 706-712.

[11] SCHMIDT M, VELDKAMP E, CORRE M D. Tree species diversity effects on productivity, soil nutrient availability and nutrient response efficiency in a temperate deciduous forest[J]. Forest Ecology and Management, 2015, 338: 114-123.

[12] HEDWALL P O, SKOGLUND J, LINDER S. Interactions with successional stage and nutrient status determines the life-form-specific effects of increased soil temperature on boreal forest floor vegetation[J]. Ecology and Evolution, 2015, 5: 948-960.

[13] 俞月凤, 彭晚霞, 宋同清, 曾馥平, 王克林, 文丽, 范夫静. 喀斯特峰丛洼地不同森林类型植物和土壤 C、N、P 化学计量特征[J]. 应用生态学报, 2014, 25: 947-954.

[14] 张继平, 张林波, 王风玉, 刘伟玲, 沃笑. 井冈山国家级自然保护区森林土壤养分含量的空间变化[J]. 土壤, 2014, 46: 262-268.

[15] 王树力, 袁伟斌, 杨振. 镜泊湖区4种主要森林类型的土壤养分状况和微生物特征[J]. 水土保持学报, 2007, 21(5): 50-54.

[16] XU Z H, WARD S, CHEN C R, LIU J X. Soil carbon and nutrient pools, microbial properties and gross nitrogen transformations in adjacent natural forest and hoop pine plantations of subtropical Australia[J]. Journal of Soils and Sediments, 2008, 8(2): 99-105.

[17] 孟京辉, 陆元昌, 刘刚, 王懿祥. 不同演替阶段的热带天然林土壤化学性质对比

[J]. 林业科学研究, 2010, 23: 791-795.

[18] 汪贵斌, 曹福亮, 程鹏, 陈雷, 刘婧, 李群. 不同银杏复合经营模式土壤肥力综合评价[J]. 林业科学, 2010, 46(8): 1-7.

[19] 姜林, 耿增超, 张雯, 陈心想, 佘雕, 张强, 崔乐乐, 王宏翔, 郭永利. 宁夏贺兰山、六盘山典型森林类型土壤主要肥力特征[J]. 生态学报, 2013, 33: 1982-1993.

[20] RUTIGLIANO F A, ASCOLI R D, De SANTO A V. Soil microbial metabolism and nutrient status in a Mediterranean area as affected by plant cover[J]. Soil Biology and Biochemistry, 2004, 36: 1719-1729.

[21] JIA G M, CAO J, WANG C Y, WANG G. Microbial biomass and nutrients in soil at the different stages of secondary forest succession in Ziwulin, Northwest China[J]. Forest Ecology and Management, 2005, 217: 117-125.

[22] 程谊, 贾云生, 汪玉, 赵旭, 杨林章, 王慎强. 太湖竺山湾小流域果园养分投入特征及其土壤肥力状况分析[J]. 农业环境科学学报, 2014, 33: 1940-1947.

[23] 李惠通, 张芸, 魏志超, 贾代东, 刘雨晖, 刘爱琴. 不同发育阶段杉木人工林土壤肥力分析[J]. 林业科学研究, 2017, 30: 322-328.

[24] 倪晓薇, 宁晨, 闫文德. 贵州龙里林场马尾松湿地松人工林土壤养分分布特征. 中南林业科技大学学报(自然科学版), 2017(9): 49-56.

[25] LAGANIERE J, ANGERS D A, PARE D. Carbon accumulation in agricultural soils after afforestation: a meta-analysis[J]. Global Change Biology, 2010, 16: 439-453.

[26] LI D J, NIU S L, LUO Y Q. Global patterns of the dynamics of soil carbon and nitrogen stocks following afforestation: a meta-analysis[J]. New Phytologist, 2012, 195: 172-181.

[27] NAVE L E, SWANSTON C W, MISHRA U, NADELHOFFER K J. Afforestation effects on soil carbon storage in the United States: a synthesis[J]. Soil Science Society of America Journal, 2013, 77: 1035-1047.

[28] WANG F M, ZHU W X, CHEN H. Changes of soil C stocks and stability after 70-year afforestation in the Northeast USA[J]. Plant and Soil, 2016, 401: 319-329.

[29] VESTERDAL L, SCHMIDT I K, CALLESEN I, NILSSON L O, GUNDERSEN P. Carbon and nitrogen in forest floor and mineral soil under six common European tree species[J]. Forest Ecology and Management, 2008, 255: 35-48.

[30] 徐驰, 刘茂松, 张明娟, 鲁小珍, 王磊, 刘志斌. 南京灵谷寺森林50年来的动态变化研究[J]. 植物生态学报, 2004, 28: 601-608.

[31] BAI F, SANG W G, LI G Q, CHEN L Z, WANG K. Long-term protection effects of national reserve to forest vegetation in 4 decades: biodiversity change analysis of major forest types in Changbai Mountain Nature Reserve, China[J]. Science in China Series C: Life Sciences, 2008, 51: 948-958.

[32] 高远, 朱孔山, 郝加琛, 徐连升. 山东蒙山 6 种造林树种 40 余年成林效果评价 [J]. 植物生态学报, 2013, 37: 728-738.

[33] 高远, 慈海鑫, 邱振鲁, 陈玉峰. 山东蒙山植物多样性及其海拔梯度格局 [J]. 生态学报, 2009, 29: 6377-6384.

[34] 高远, 陈玉峰, 董恒, 郝加琛, 慈海鑫. 50 年来山东塔山植被与物种多样性的变化 [J]. 生态学报, 2011, 31: 5984-5991.

[35] 贾丙瑞, 周广胜, 刘永志, 蒋延玲. 中国天然林凋落物量的空间分布及其影响因子分析 [J]. 中国科学: 生命科学, 2016, 46: 1304-1311.

[36] 王相娥, 薛立, 谢腾芳. 凋落物分解研究综述 [J]. 土壤通报, 2009, 40: 1473-1478.

[37] 王希华, 黄建军, 闫恩荣. 天童国家森林公园常见植物凋落叶分解的研究 [J]. 植物生态学报, 2004, 28: 457-467.

[38] 郭忠玲, 郑金萍, 马元丹, 李庆康, 于贵瑞, 韩士杰, 范春楠, 刘万德. 长白山各植被带主要树种凋落物分解速率及模型模拟的试验研究 [J]. 生态学报, 2006, 26: 1037-1046.

[39] JIANG, P K, XU Q F. Abundance and dynamics of soil labile carbon pools under different types of forest vegetation[J]. Pedosphere, 2006, 16: 505-511.

[40] LAGANIÈRE J, ANGERS D, PARÉ D. Carbon accumulation in agricultural soils after afforestation: a meta-analysis[J]. Global Change Biology, 2010, 16: 439-453.

[41] 徐波, 朱忠福, 李金洋, 吴彦, 邓贵平, 吴宁, 石福孙. 九寨沟国家自然保护区不同森林类型土壤养分特征 [J]. 应用与环境生物学报, 2016, 22: 767-772.

蒙山森林土壤表层养分空间分布特征

1　引言

土壤养分是土壤肥力的物质基础[1],是森林生态系统的基础条件[2],是决定森林健康和林业生产的根本因素[3],也是土地评价和管理的重要指标[1]。土壤养分的空间格局是土壤养分含量在空间上的有规律的分布[4],土壤养分空间异质性直接控制着植物群落组成、植被分布和生物格局[5]。许多学者已在不同气候区与时空尺度上研究了土壤养分的空间分布特征,并阐释了土壤养分分布与环境因子的关系。[6,7]土壤养分的空间分布特征受诸多成土要素影响[8],诸如大尺度的气候要素和海拔要素,小尺度的生物要素、母质要素、地形要素和成土时间要素[1],不同区域土壤养分的空间分布特征具有特异性[1,8]。因此,开展土壤养分空间格局研究不仅对了解土壤的形成过程、结构和功能具有重要的参考价值,而且对阐明土壤与植物间的关系有重要的理论意义。[8]

蒙山地处暖温带南部的山东山地丘陵区域,经过几十年封山育林和人工造林,位列山东省内野生植物种类、中国特有植物和区域特有植物前排区域。[6]已有蒙山种子植物区系[9]、植物多样性[10-13]、树种改良土壤物理性状[14]、土壤颗粒分形、孔隙结构与水分入渗等物理特征[15-17]调查研究报道,但尚未见涉及蒙山森林土壤表层养分的研究。为研究蒙山土壤表层养分含量现状,探讨空间分布特征,在蒙山不同海拔景区采集森林表土样品,检测土壤表层有机质、全氮、有效磷、速效钾和活性有机碳含量,以期为蒙山森林表土养分管理提供数据支持,为林区次生林和人工林的恢复与营造以及森林管护提供科学依据。

2 研究区域与方法

2.1 研究区域

蒙山位于沂蒙山腹地,地处 35°10′～36°00′N、117°35′～118°20′E 范围内,面积为 1125 km²,主峰龟蒙顶海拔 1156 m,为山东省第一大山和第二高峰[10-13]。蒙山主要由约 625 km² 的龟蒙景区、约 200 km² 的云蒙景区和约 203 km² 的天蒙景区组成[13],现为国家 5A 级旅游景区、国家森林公园和国家地质公园[10-13]。山体多为片麻岩和花岗片麻岩覆盖,局部区域镶嵌分布有石灰岩,地带性土壤以棕壤为主。[10-13]气候属暖温带大陆性季风气候,地带性植被为以黑松(*Pinus thunbergii*)和赤松(*P. densiflora*)为主的针叶林、以刺槐(*Robinia pseudoacacia*)和栓皮栎(*Quercus variabilis*)为主的阔叶林、以松栎为主的针阔混交林以及小片油松(*P. tabuliformis*)林和日本落叶松(*Larix kaempferi*)林。[10-13]

2.2 研究方法

2.2.1 样方设置与取样检测

沿蒙山海拔每升高 100 m(350 m～1150 m)设置样方 5 个,共设置样方 45 个。每个样方内使用土钻采用五点取样[1]钻取 5 个重复土样,混合为 1 个土样封袋,带回实验室分析。土钻直径为 3.5 cm,取样深度为 0～10 cm。实验室分析测定表土有机质、全氮、有效磷、速效钾和活性有机碳含量。土壤有机质依据《森林土壤有机质标准》(LY/T 1237—1999)测定;土壤活性有机碳采用高锰酸钾氧化法测定;土壤全氮依据《森林土壤氮的测定标准》(LY/T 1228—2015)测定;土壤有效磷依据《森林土壤磷的测定标准》(LY/T 1232—2015)测定;土壤速效钾依据《森林土壤钾的测定标准》(LY/T 1234—2015)测定。检测由青岛科标检测研究院采用原子吸收分光光度计测定完成。

2.2.2 数据分析

将蒙山垂直方向的海拔分为三组:低海拔(350～550 m)、中海拔(650～850 m)和高海拔(950～1150 m)。将蒙山水平方向的景区分为三组:天蒙景区、云蒙景区和龟蒙景区。统计分析采用 SPSS 17.0 中文版,进行单因素方差分析和差异显著性检验。

3 结果与分析

3.1 蒙山森林土壤表层养分等级

依据全国第二次土壤普查土壤养分分级标准(表 1-3)[18],蒙山森林土壤表层有机质含量均值为 37.77±3.74 g·kg^{-1},养分等级为 2 级;土壤表层全氮含量均值为 1.53±0.15 g·kg^{-1},养分等级为 2 级;土壤表层有效磷含量均值为 16.94±1.06 mg·kg^{-1},养分等级为 3 级;土壤表层速效钾含量均值为 41.36±1.19 mg·kg^{-1},养分等级为 5 级。

表 1-3 土壤养分等级标准

级别	有机质 SOM /(g·kg^{-1})	全氮 TN /(g·kg^{-1})	全磷 TP /(g·kg^{-1})	全钾 TK /(g·kg^{-1})	水解性氮 AN /(mg·kg^{-1})	速效磷 AP /(mg·kg^{-1})	速效钾 AK /(mg·kg^{-1})
1	>40	>2.00	>1	>25	>150	>40	>200
2	30~40	1.50~2.00	0.8~1.0	20~25	120~150	20~40	150~200
3	20~30	1.00~1.50	0.6~0.8	15~20	90~120	10~20	100~150
4	10~20	0.75~1.00	0.4~0.6	10~15	60~90	5~10	50~100
5	6~10	0.50~0.75	0.2~0.4	5~10	30~60	3~5	30~50
6	<6	<0.50	<0.2	<5	<30	<3	<30

资料来源:周伟,王文杰,张波,等.长春城市森林绿地土壤肥力评价[J].生态学报,2017,37(4):1211-1220.

3.2 蒙山森林土壤养分在不同景区土壤中含量状况

3.2.1 蒙山森林土壤表层有机质在不同景区土壤中含量状况

蒙山森林土壤表层有机质含量状况为:云蒙景区(43.39±7.30 g·kg^{-1})>天蒙景区(36.33±5.20 g·kg^{-1})>龟蒙景区(31.46±7.42 g·kg^{-1})(图 1-28A)。

3.2.2 蒙山森林土壤表层全氮在不同景区土壤中含量状况

蒙山森林土壤表层全氮含量状况为:云蒙景区(1.79±0.28 g·kg^{-1})>天蒙景区(1.44±0.18 g·kg^{-1})>龟蒙景区(1.31±0.49 g·kg^{-1})(图 1-28B)。

3.2.3 蒙山森林土壤表层有效磷在不同景区土壤中含量状况

蒙山森林土壤表层有效磷含量状况为:云蒙景区(18.45±2.13 mg·kg^{-1})>天蒙景区(16.99±1.48 mg·kg^{-1})>龟蒙景区(13.74±1.58 mg·kg^{-1})(图 1-28C)。

3.2.4 蒙山森林土壤表层速效钾在不同景区土壤中含量状况

蒙山森林土壤表层速效钾含量状况为:天蒙景区(42.58±1.49 mg·kg^{-1})>

云蒙景区（40.71±1.86 mg·kg^{-1}）＞龟蒙景区（38.50±4.46 mg·kg^{-1}）（图 1-28D）。

3.2.5 蒙山森林土壤表层活性有机碳在不同景区土壤中含量状况

蒙山森林土壤表层有机碳含量状况为：天蒙景区（20.33±0.23 g·kg^{-1}）＞云蒙景区（19.98±0.18 g·kg^{-1}）＞龟蒙景区（19.64±0.32 g·kg^{-1}）（图 1-28E）。

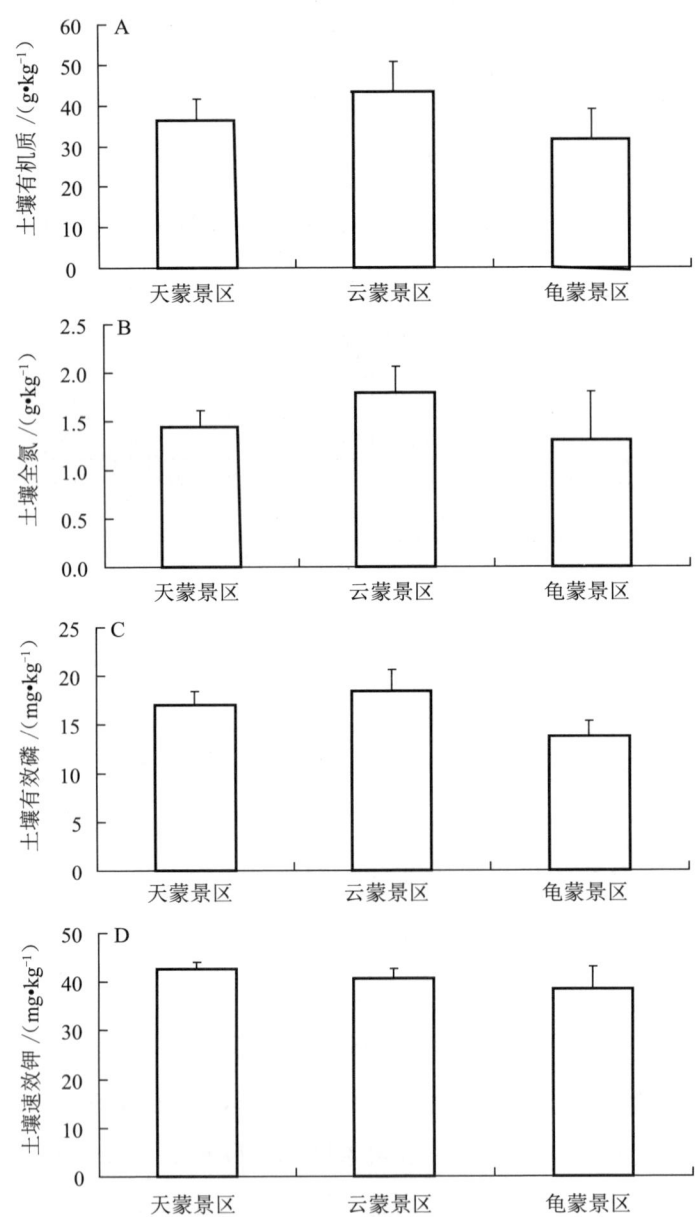

图 1-28 蒙山不同景区森林表土有机质（A）、全氮（B）、有效磷（C）、速效钾（D）和活性有机碳（E）含量的比较（平均值 + 标准误差）

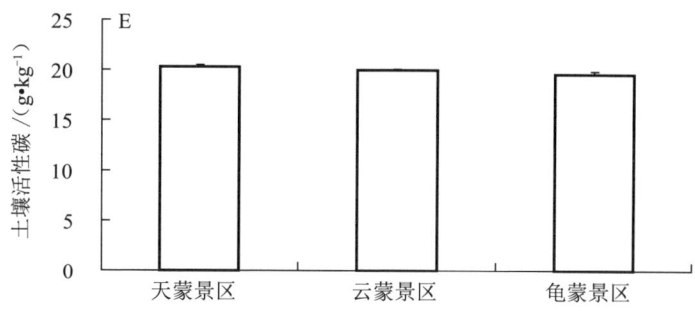

图 1-28（续） 蒙山不同景区森林表土有机质(A)、全氮(B)、有效磷(C)、速效钾(D)和活性有机碳(E)含量的比较(平均值 + 标准误差)

3.3 蒙山森林土壤表层养分在不同海拔高度土壤中含量状况

3.3.1 蒙山森林土壤表层有机质在不同海拔高度土壤中含量状况

蒙山森林土壤表层有机质含量状况为：中海拔(51.78 ± 7.97 g·kg^{-1})＞低海拔(30.95 ± 5.61 g·kg^{-1})＞高海拔(30.57 ± 3.98 g·kg^{-1})，中海拔土壤表层有机质较高，而低海拔和高海拔相差不大（图 1-29A）。

3.3.2 蒙山森林土壤表层全氮在不同海拔高度土壤中含量状况

蒙山森林土壤表层全氮含量状况为：中海拔(1.97 ± 0.23 g·kg^{-1})＞高海拔(1.30 ± 0.26 g·kg^{-1})＞低海拔(1.31 ± 0.25 g·kg^{-1})，中海拔土壤表层全氮显著增高（$p<0.05$），而低海拔和高海拔相差不大（图 1-29B）。

3.3.3 蒙山森林土壤表层有效磷在不同海拔高度土壤中含量状况

蒙山森林土壤表层有效磷含量状况为：中海拔(20.20 ± 1.64 mg·kg^{-1})＞高海拔(15.45 ± 1.28 mg·kg^{-1})＞低海拔(15.16 ± 2.28 mg·kg^{-1})，中海拔土壤表层有效磷显著增高（$p<0.05$），而低海拔和高海拔相差不大（图 1-29C）。

3.3.4 蒙山森林土壤表层速效钾在不同海拔高度土壤中含量状况

蒙山森林土壤表层速效钾含量状况为：中海拔(45.89 ± 1.71 mg·kg^{-1})＞低海拔(39.91 ± 1.77 mg·kg^{-1})＞高海拔(38.29 ± 2.23 mg·kg^{-1})，中海拔土壤表层有机质较高，而低海拔和高海拔相差不大（图 1-29D）。

3.3.5 蒙山森林土壤表层活性有机碳在不同海拔高度土壤中含量状况

蒙山森林土壤表层活性有机碳含量状况为：低海拔(20.29 ± 0.28 g·kg^{-1})＞中海拔(20.27 ± 0.25 g·kg^{-1})＞高海拔(19.78 ± 0.21 g·kg^{-1})，高海拔土壤表层活

性碳显著降低（$p < 0.05$），而低海拔和中海拔相差不大（图 1-29E）。

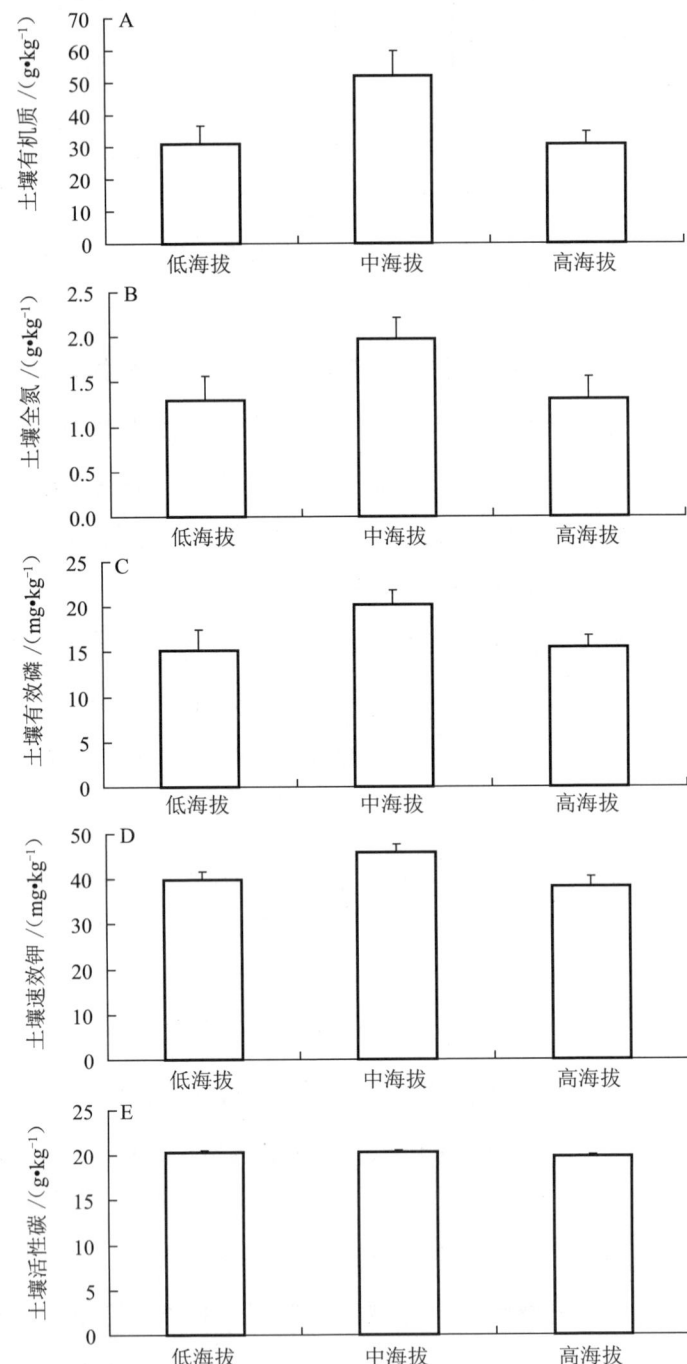

图 1-29　蒙山不同海拔森林表土有机质（A）、全氮（B）、有效磷（C）、速效钾（D）和活性有机碳（E）含量的比较（平均值 + 标准误差）

3.4 蒙山森林土壤表层养分相关性

土壤养分不是孤立存在的,而是相互关联。[19]蒙山森林土壤表层全氮(y)与土壤表层有机质(x)含量呈极显著线性正相关(图 1-30A),土壤表层有效磷(y)与土壤表层有机质(x)含量呈极显著正相关(图 1-30B),土壤表层有效磷(y)与土壤表层全氮(x)含量呈极显著线性正相关(图 1-30C),而土壤表层速效钾和活性有机碳含量与有机质、全氮和有效磷含量相互间均无显著相关性。

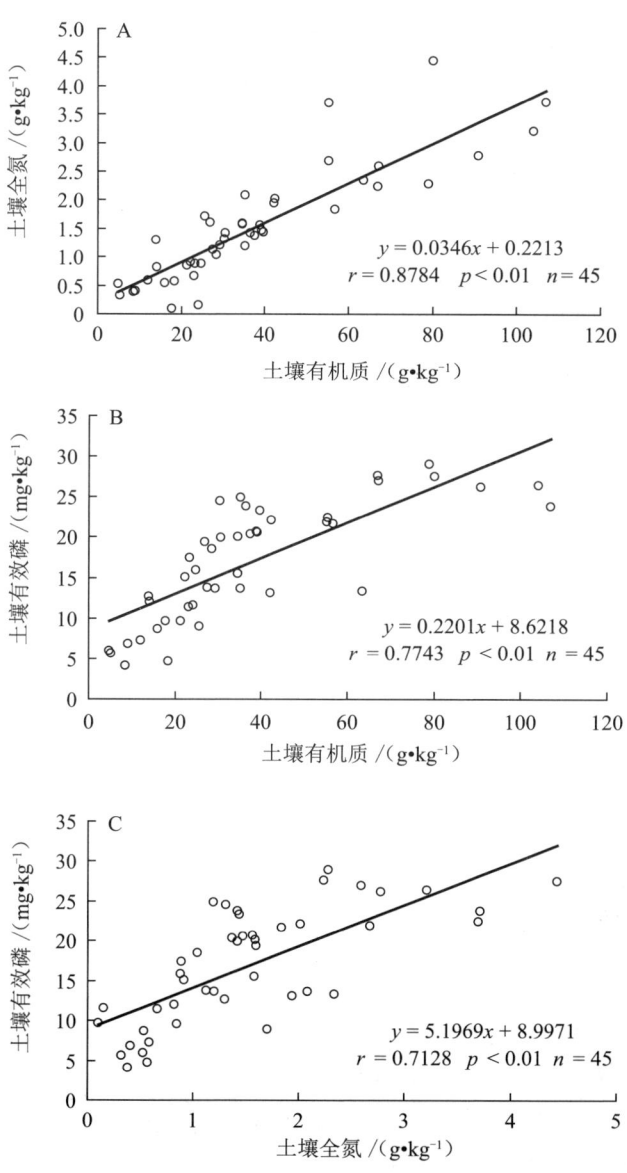

图 1-30 蒙山森林表土有机质、全氮和有效磷的相关性

4 讨论与结论

蒙山森林土壤表层有机质和全氮养分等级为2级,有效磷养分等级为3级,速效钾养分等级为5级,整体养分等级较高,为速效钾限制型。蒙山森林土壤表层有机质、全氮、有效磷和速效钾含量从高到低均为:云蒙景区＞天蒙景区＞龟蒙景区,而活性有机碳含量为:天蒙景区＞云蒙景区＞龟蒙景区,各景区间表土养分各指标均无显著差异。

蒙山森林土壤表层有机质和速效钾含量从高到低均为:中海拔＞低海拔＞高海拔,全氮和有效磷含量均为:中海拔＞高海拔＞低海拔,而活性有机碳含量为:低海拔＞中海拔＞高海拔。蒙山森林表土有机质和氮磷钾呈现为中海拔突出格局,这与猫儿山森林土壤养分沿海拔梯度[8]先降后升不同,而与梵净山森林土壤养分[20]和牛背梁森林土壤养分[21]呈现出的中海拔突出的格局较为相似。已有研究发现,蒙山森林植物多样性也呈现为中海拔突出格局[11],这可能是导致表层土有机质和氮磷钾变化的主因。蒙山森林表土活性有机碳含量呈现出与梵净山[22]相同的随海拔上升而下降的特征。

蒙山森林土壤表层有机质、全氮和有效磷含量相互之间呈显著线性正相关,这与贵州龙里林场[23]和新疆托木尔峰南坡[24]土壤表层有机质、全氮和全磷含量两两之间呈极显著正相关和福建三明杉木人工林土壤表层有机质与全氮含量呈显著正相关[25]较为相似。土壤表层有机质主要来源于凋落物,在母质发育条件基本一致的情况下,土壤表层养分的归还和保持与有机质密切相关。[3,26-28]土壤表层全氮主要由有机质积累与分解的相对强度决定[29],土壤表层有效磷主要来自凋落物中有机磷的矿化[8],因此土壤表层全氮和有效磷与有机质含量往往呈正相关。而土壤表层速效钾含量受到成土母质、土壤表层有机质和土壤表层水分等多因子影响[8,30],这可能是造成速效钾含量与其他土壤表层养分无显著相关性的原因。

参考文献

[1] 王华,陈莉,宋敏,等.喀斯特常绿落叶阔叶混交林土壤磷钾养分空间异质性[J].生态学报,2017,37(24):8285-8293.

[2] 党坤良,张长录,陈海滨,等.秦岭南坡不同海拔土壤肥力的空间分异规律[J].林业科学,2006,42(1):16-21.

[3] 姜林,耿增超,张雯,等.宁夏贺兰山、六盘山典型森林类型土壤主要肥力特征[J].

生态学报,2013,33(6):1982-1993.

[4] 黄绍文,金继运,杨俐苹,等.粮田土壤养分的空间格局及其与土壤颗粒组成之间的关系[J].中国农业科学,2002,35(3):297-302.

[5] 郑姗姗,吴鹏飞,马祥庆.森林土壤养分空间异质性研究进展[J].世界林业研究,2014,27(4):13-17.

[6] 刘璐,曾馥平,宋同清,等.喀斯特木论自然保护区土壤养分的空间变异特征[J].应用生态学报,2010,21(7):1667-1673.

[7] 邵方丽,余新晓,杨志坚,等.北京山区典型森林土壤的养分空间变异与环境因子的关系[J].应用基础与工程科学学报,2012,20(4):581-591.

[8] 宋贤冲,项东云,郭丽梅,等.猫儿山森林土壤养分的空间变化特征[J].森林与环境学报,2016,36(3):349-354.

[9] 赵遵田,王锡华,李京东,等.山东省蒙山种子植物区系研究[J].山东科学,2005,18(4):42-51.

[10] 高远,邱振鲁,陈玉峰,等.旅游干扰对蒙山植物种类组成的影响[J].世界科技研究与发展,2009,31(4):708-710.

[11] 高远,慈海鑫,邱振鲁,等.山东蒙山植物多样性及其海拔梯度格局[J].生态学报,2009,29(12):6377-6384.

[12] 高远,陈玉峰,董恒,等.50年来山东塔山植被与物种多样性的变化[J].生态学报,2011,31(20):5984-5991.

[13] 高远,朱孔山,郝加琛,等.山东蒙山6种造林树种40余年成林效果评价[J].植物生态学报,2013,37(8):728-738.

[14] 朱毅,韩敬.蒙山不同树种对改良土壤物理性状的影响[J].水土保持研究,2006,13(3):97-98.

[15] 王梦军,张光灿,刘霞,等.沂蒙山林区不同森林群落土壤水分贮存与入渗特征[J].中国水土保持科学,2008,6(6):26-31.

[16] 战海霞,张光灿,刘霞,等.沂蒙山林区不同植物群落的土壤颗粒分形与水分入渗特征[J].中国水土保持科学,2009,7(1):49-56.

[17] 刘霞,姚孝友,张光灿,等.沂蒙山林区不同植物群落下土壤颗粒分形与孔隙结构特征[J].林业科学,2011,47(8):31-37.

[18] 周伟,王文杰,张波,等.长春城市森林绿地土壤肥力评价[J].生态学报,2017,37(4):1211-1220.

[19] 李兴民,车克钧,杨永红,等.白龙江上游不同海拔森林土壤养分变化规律研究[J].甘肃农业大学学报,2014,49(6):131-137.

[20] 颜秋晓,张维勇,石磊,等.梵净山自然保护区不同海拔林下土壤养分特征[J].贵州农业科学,2015,43(8):146-150.

[21] 吕世丽,李新平,李文斌,等.牛背梁自然保护区不同海拔高度森林土壤养分特征

[22] 舒锟,张家春,张珍明,等.不同海拔梯度下梵净山土壤机械组成及养分特征 [J].四川农业大学学报,2017,35（1）:52-59.

[23] 倪晓薇,宁晨,闫文德.贵州龙里林场马尾松湿地松人工林土壤养分分布特征 [J].中南林业科技大学学报自然科学版,2017（9）:49-56.

[24] 马国飞,满苏尔·沙比提,张雪琪.托木尔峰南坡不同植被类型土壤特性及其与海拔的关系 [J].草业科学,2017,34（6）:1149-1158.

[25] 李惠通,张芸,魏志超,等.不同发育阶段杉木人工林土壤肥力分析 [J].林业科学研究,2017,30（2）:322-328.

[26] 林波,刘庆,吴彦,等.森林凋落物研究进展 [J].生态学杂志,2004,23（1）:60-64.

[27] 杨益,牛得草,文海燕,等.贺兰山不同海拔土壤颗粒有机碳、氮特征 [J].草业学报,2012,21（3）:54-60.

[28] 邓小军,曹继钊,宋贤冲,等.猫儿山自然保护区3种森林类型土壤养分垂直分布特征 [J].生态科学,2014,33（6）:1129-1134.

[29] 杨武德,王兆骞,眭国平,等.土壤侵蚀对土壤肥力及土地生物生产力的影响 [J].应用生态学报,1999,10（2）:175-178.

[30] 宋贤冲,郭丽梅,田红灯,等.猫儿山不同海拔植被带土壤微生物群落功能多样性 [J].生态学报,2017,37（16）:5428-5435.

蒙山乔木多样性小尺度种间维持机制研究

1 引言

自从1992年联合国环境与发展大会上《生物多样性公约》签署后,生物多样性的保护及持续利用问题引起了世界各国政府及各界人士的重视,已成为国际社会关注的中心议题。[1]生物多样性的形成与变化机制成为生物多样性保护的核心问题和前沿领域。[2-3]森林中成百上千种植物为什么能够共存呢?到目前为止,有100多种机制来解释植物物种共存现象。[4]

植物物种多样性的维持包括增加、共存和减少3个部分。其中,"增加"包括物种形成、入侵和定居,"减少"主要指局部灭绝。在不考虑区域过程的时候,植物物种多样性的维持主要源自同一生境下的多物种共存。[5]我国在生物多样性维持机制方面的研究起步较晚,关于生物多样性维持机制的实际研究还很少,主要有热带森林生物多样性维持机制研究、林隙动态和干扰与物种多样性维持关系的研究,目前尚未涉及暖温带森林生物多样性维持机制研究。[1]

蒙山地处暖温带南部的山东山地丘陵区域,地理坐标为35°10′~36°00′N、117°35′~118°20′E,面积为1125 km^2,主峰海拔1156 m,为山东省第二高峰,海拔超过1000 m的山体有11座,植被覆盖率约为90%,为典型的暖温带山地森林。本研究以蒙山为研究样地,研究分析暖温带森林乔木多样性小尺度(5 m、10 m、15 m和20 m)的种间维持机制。

2 研究区域和方法

2.1 研究区域

蒙山山体表面主要为片麻岩和花岗片麻岩,山脚由石灰岩覆盖。土壤类型以棕壤为主,pH中性至微酸性。气候属暖温带大陆性季风气候,四季分明,光照充足。蒙山属国家森林公园和国家地质公园。[6-8]本研究团队通过询问森林管理部门和林业技术人员,了解蒙山森林背景信息,实地踏查将样地设在蒙山天蒙景区葫芦崖海拔550 m处的一块天然林地,面积约为300 m^2。该林地为赤松(*Pinus densiflora*)林,植物物种多样性丰富,乔木有赤松、朴树(*Celtis sinensis*)、黄檀(*Dalbergia hupeana*)、君迁子(*Diospyros lotus*)、黑松(*Pinus thunbergii*)、刺槐(*Robinia pseudoacacia*)、麻栎(*Quercus acutissima*)、元宝槭(*Acer truncatum*)和山合欢(*Albizia kalkora*)9种,处于幼苗阶段的预期乔木有大叶朴(*Celtis koraiensis*)、蒙桑(*Morus mongolica*)、白檀(*Symplocos paniculata*)、山桃(*Amygdalus davidiana*)和垂丝卫矛(*Euonymus oxyphyllus*)5种。

2.2 研究方法

2.2.1 样方设置与野外调查

调查时记录样方环境信息,包括样方海拔、坡度、坡向、经度、纬度、林冠盖度、树木生长状态、病虫害和人为干扰情况。实地记录样地内所有乔木和预期乔木空间位置,用GPS定位、标号。选择胸径(DBH)≥10 cm的乔木为标记,以小尺度(5 m、10 m、15 m和20 m)环顾四周画圆,测量记录出现的乔木和预期乔木的种类、数量和单木胸径。物种鉴定由曲阜师范大学生命科学学院植物教研室完成。

2.2.2 数据分析

统计分析均采用SPSS 17.0中文版统计软件进行。准确标记乔木和预期乔木的空间位置,并将其转化成空间坐标函数,校验物种分布格局(随机分布、集群分布和均匀分布)和种间关系(正相关、负相关和无相关)。

3 结果和分析

3.1 乔木分布格局

制作了乔木空间分布图(图1-31A),该群落为赤松—朴树—黄檀,种群呈现集群分布的有赤松(图1-31B1)、朴树(图1-31B2)、黄檀(图1-31B3)、君迁子(图1-31B4)、山桃(图1-31B5)、蒙桑(图1-31B12)和垂丝卫矛(图1-31B13)7种;种群呈现随机分布的有黑松(图1-31B6)、麻栎(图1-31B7)、刺槐(图1-31B8)、元宝槭(图1-31B9)、大叶朴(图1-31B10)、山合欢(图1-31B11)和白檀（图1-31B14）7种。从乔木种类上看，呈现集群分布的和随机分布的各为7种，数量恰好相等；从乔木数量上看，集群分布的由于包括了群落建群种赤松、朴树和黄檀，所以数量远远多于随机分布。

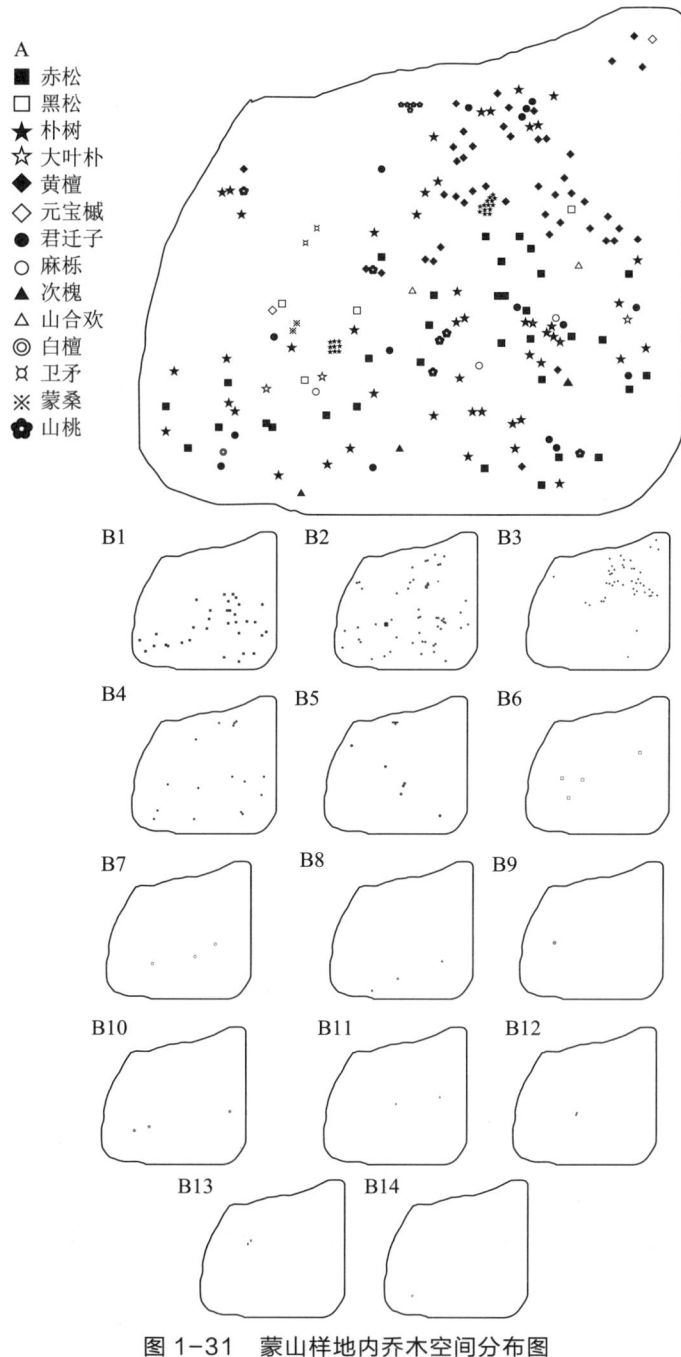

图1-31　蒙山样地内乔木空间分布图

3.2 乔木种间关系

制作了乔木 5 m、10 m、15 m 和 20 m 小尺度范围内出现其他乔木概率图（图 1-32）。5 m 尺度范围内出现频率最高的为黄檀、赤松和朴树（图 1-32A），10 m 尺度范围内出现频率最高的为黄檀和朴树（图 1-32B），15 m 尺度范围内出现频率最高的为朴树和黄檀（图 1-32C），20 m 尺度范围内出现频率最高的为朴树和黄檀（图 1-32D），体现出朴树在 15 m 和 20 m 尺度上具有明显竞争优势，而赤松和黄檀各在 5 m 和 10 m 尺度上具有明显竞争优势。

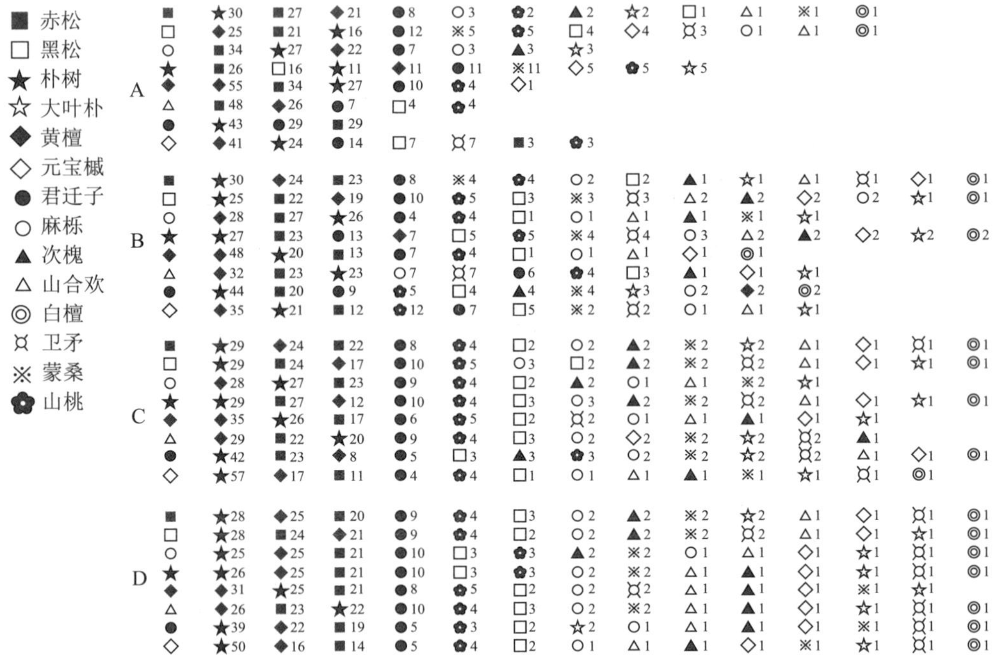

图 1-32 蒙山样地内乔木 5 m（A）、10 m（B）、15 m（C）和 20 m（D）小尺度范围内出现其他乔木的概率图

制作了乔木 5 m、10 m、15 m 和 20 m 小尺度范围内种间关系图（图 1-33）。在 5 m 尺度范围（图 1-33A），正相关 15 种次，负相关 11 种次，无相关 38 种次；在 10 m 尺度范围（图 1-33B），正相关 13 种次，负相关 13 种次，无相关 71 种次；在 15 m 尺度范围（图 1-33C），正相关 13 种次，负相关 14 种次，无相关 78 种次；在 20 m 尺度范围（图 1-33D），正相关 14 种次，负相关 13 种次，无相关 84 种次。体现出蒙山乔木在 5 m、10 m、15 m 和 20 m 小尺度范围内均以无相关为主，远高于正相关和负相关。

		赤松	黑松	麻栎	朴树	黄檀	山合欢	君迁子	元宝槭	刺槐	山桃	孟桑	卫矛	白檀	大叶朴
A	赤松	☀	♡	♡	☪	☪	♡	☀	♡	☀	♡	♡	♡	♡	
	黑松	☪	♡	♡	☪	☪	☪	♡	☪	♡	♡	♡	♡	♡	
	麻栎	☀			☪	☪				☀				♡	
	朴树	☪	♡		☀	☀		☀	♡	☀		♡		♡	
	黄檀	☪		♡	☀	☀		☪	♡	♡					
	山合欢	♡	♡			♡		♡							
	君迁子	☀			☀	☀	♡		☪						
	元宝槭	♡	♡		♡	♡		♡							
B	赤松	☀	♡	♡	☪	☪	♡	☪	♡	☀	♡	♡	♡	♡	
	黑松	☪	♡	♡	☪	☪	☪	☪	☪	♡	♡	♡	♡	♡	
	麻栎	☀	♡		☪	☪				☀				♡	
	朴树	☪	♡	♡	☀	☀	☪	☀	♡	☀		♡		♡	
	黄檀	☪	♡	♡	☀	☀	☪	☪	♡	♡					
	山合欢	♡	♡		☪	☪	☀	♡							
	君迁子	☀	♡		☀	☀	☪		☪					♡	
	元宝槭	♡	♡		♡	♡		♡							
C	赤松	☀	♡	♡	☀	☀	♡	☀	♡	☀	♡	♡	♡	♡	
	黑松	☪	♡	♡	☪	☪	☪	☪	♡	♡	♡	♡	♡	♡	
	麻栎	☀	♡		☪	☪	☪	☪		♡				♡	
	朴树	☪	♡	♡	☀	☀	☪	☀	♡	☀		♡		♡	
	黄檀	☪	♡	♡	☀	☀	☪	☪	♡	♡					
	山合欢	♡	♡		☪	☪	☀	♡							
	君迁子	☀	♡		☀	☀	☪		☪					♡	
	元宝槭	♡	♡		♡	♡		♡							
D	赤松	☀	♡	♡	☀	☀	♡	☀	♡	☀	♡	♡	♡	♡	
	黑松	☪	♡	♡	☪	☪	☪	☪	♡	♡	♡	♡	♡	♡	
	麻栎	☀	♡		☪	☪		☪		♡				♡	
	朴树	☪	♡	♡	☪	☪	☪	☪	♡	☀		♡		♡	
	黄檀	☪	♡	♡	☪	☪	☪	☀	♡	♡					
	山合欢	♡	♡		☪	☪	☀	♡							
	君迁子	☀	♡		☀	☪	☪		☪					♡	
	元宝槭	♡	♡		♡	♡		♡							

☀代表正相关；☪代表负相关；♡代表无相关。

图1-33 蒙山样地内乔木5 m(A)、10 m(B)、15 m(C)和20 m(D)小尺度范围内种间关系图

4 结论和讨论

种间协作可以有利于幼年个体的补充与更新，从而减少死亡率和促进定居（或萌发），从而增加群落的物种多样性。[9-10]而植物间的竞争影响个体的适合度和种群的丰富度，也影响群落的成分[11]，竞争排斥和由此引起的生物多样性

的减少是同时栖息于同一地区的物种竞争不可避免的结果。[12]

本研究发现,蒙山乔木各有7种呈现为集群分布和随机分布,但由于集群分布的乔木包括了群落建群种赤松、朴树和黄檀,所以数量远远多于随机分布的。朴树在15 m和20 m尺度上具有明显竞争优势,而赤松和黄檀各在5 m和10 m尺度上具有明显竞争优势。

本研究揭示,蒙山乔木在5 m、10 m、15 m和20 m小尺度范围内均以无相关为主,远高于正相关和负相关。林下植物间竞争的缺失以及随机性在植被更新过程中的决定作用可能是所有类型森林物种共存的主要原因。[1]

参考文献

[1] 项华均,安树青,王中生,郑建伟,冷欣,卓元午.热带森林植物多样性及其维持机制[J].生物多样性,2004,12(2):290-300.

[2] ABRAMS P A. Monotonic or unimodal diversity productivity gradients: what does competition theory predict[J]. Ecology, 1995, 76: 2019-2027.

[3] 尚文艳,吴钢,付晓,刘阳.陆地植物群落物种多样性维持机制[J].应用生态学报,2005,16(3):573-578.

[4] WRIGHT, S J. Plant diversity in tropical forest: a review of mechanisms of species coexistence[J]. Oecologia, 2002, 130: 1-14.

[5] 叶万辉.2000.物种多样性与植物群落的维持机制[J].生物多样性,2000,8(1):17-24.

[6] 高远,慈海鑫,邱振鲁,陈玉峰.山东蒙山植物多样性及其海拔梯度格局[J].生态学报,2009,29(12):6377-6384.

[7] 高远,陈玉峰,董恒,郝加琛,慈海鑫.50年来山东塔山植被与物种多样性的变化[J].生态学报,2011,31(20):5984-5991.

[8] 高远,朱孔山,郝加琛,徐连升.山东蒙山6种造林树种40余年成林效果评价[J].植物生态学报,2013,37(8):728-738.

[9] WILSON W G, NISBET R M. Cooperation and competition along smooth environmental gradients[J]. Ecology, 1997, 78(7): 2004-2017.

[10] HACKER S D, GAINES S D. Some implications of direct positive interactions for community species diversity[J]. Ecology, 1997, 78(7): 1990-2003.

[11] 张晓爱,赵亮,康玲. Evolutionary mechanisms of species coexistence in ecological communities[J].生物多样性,2001,9(1):8-17.

[12] GRUBB P L. Multispecies competition in variable environments[J]. Theor. Popul. Biol, 1994, 45: 227-276.

沂山人工林主要乔木种群特征和种间联结

1 引言

物种共存和生物多样性维持一直是生态学研究的核心问题。[1-4]植物间相互作用对群落的组成和结构有着强烈的影响。[4]研究植物种群的空间格局,是了解植物种群特征、种群间相互作用及种群与环境关系的重要基础。[5-7]种间联结是指不同物种在空间上的相互关联性[8],是群落形成、维持和演替的基础。不同物种个体空间联结程度的客观测定,对研究群落水平格局的形成、种群进化和群落演替动态具有重大意义。[6,9]

沂山位于沂蒙山区北部,曾经长期受人为破坏导致原始植被受到严重破坏。1921年被辟为林场,1948年开始大规模植树造林和封山育林,1965年,宜林区已基本被树木覆盖。经过大半个世纪的恢复,现该山森林覆盖率达98.6%,野生种子植物有108科411属727种。[10]已有学者就沂山种子植物区系[10]、苔藓植物[11]和刺槐人工林立地质量评价[12]等进行了调查研究。本研究以沂山人工林为研究对象,对主要树种的种群特征和种间关联性进行分析,为沂蒙山区植物群落演替、天然植被的人工促进恢复和人工林树种选择提供理论依据和重要参考,为进一步研究温带人工林生物多样性共存机制及其保育措施提供参考。

2 研究区域和方法

2.1 研究区域

沂山位于沂蒙山区北部,地理坐标为36°10′～36°13′N、118°36′～118°40′E,总面积为650 km²,地形起伏,山势陡峭,主峰玉皇顶海拔为1032 m。山体表面主要为花岗片麻岩,土质类型为山地棕壤。气候属温带季风气候,年平均温度为10.8 ℃,年降水量为850 mm。现为国家森林公园、国家AAAAA级旅游景区、省级风景名胜区和省级地质公园。[10-11] 森林植物群落高10～15 m,可分为乔木层、灌木层和草本层。乔木层主要建群种有刺槐(*Robinia pseudoacacia*)、赤松(*Pinus densiflora*)、黑松(*Pinus thunbergii*)、麻栎(*Quercus acutissima*)和栓皮栎(*Quercus variabilis*),局部可见日本落叶松(*Larix kaempferi*)群落,常见种有枫杨(*Pterocarya stenoptera*)、白蜡树(*Fraxinus chinensis*)和水榆花楸(*Sorbus alnifolia*)等。灌木层常见种有牛奶子(*Elaeagnus umbellata*)、牛叠肚(*Rubus crataegifolius*)、连翘(*Forsythia suspensa*)和胡枝子(*Lespedeza bicolor*)等。草本层常见种有鸭跖草(*Commelina communis*)、狗尾草(*Setaria viridis*)、荩草(*Arthraxon hispidus*)、野艾蒿(*Artemisia lavandulaefolia*)、狗牙根(*Cynodon dactylon*)、葎草(*Humulus scandens*)和北京隐子草(*Cleistogenes hancei*)等。

2.2 研究方法

2.2.1 样地设置与野外调查

实地踏查选择人工造林60余年的中龄林为样地,造林种主要为刺槐、黑松和赤松及少量日本落叶松。参照山地植物物种多样性调查规范[13]和植物群落清查方法规范[14],采用典型取样法进行林内调查。野外共设置样方41个,样方规格为30 m×20 m,测量记录所有乔木的种类、数量与单木胸径。选择的样方林相整齐,能够代表群落的基本特征。物种鉴定由曲阜师范大学生命科学学院植物教研室完成。

2.2.2 数据分析

根据判断乔木物种发展类型的需要[15],采用径级结构代替年龄结构分析种群格局动态[16],测量41个样方内所有乔木物种的 DBH(胸径),并根据 DBH 划分为4级[15-17]: $DBH < 2.5$ cm,为Ⅰ级;$2.5\text{ cm} \leq DBH < 7.5$ cm,为Ⅱ级,$7.5\text{ cm} \leq DBH < 22.5$ cm,为Ⅲ级;$DBH \geq 22.5$ cm,为Ⅳ级。各径级数量较多且呈连续递减分布(Ⅰ+Ⅱ>Ⅳ或Ⅰ+Ⅱ>Ⅲ),定为扩展种;各径级数量较多且呈连续递增分布(Ⅳ>Ⅰ+Ⅱ或Ⅲ>Ⅰ+Ⅱ),定为隐退种;Ⅰ级或Ⅱ级植株数量较多(Ⅰ>Ⅱ),不见Ⅲ级和Ⅳ级,定为稳定侵入种;Ⅰ级或Ⅱ级植株以少量或单株存在,不见Ⅲ级和Ⅳ级,定为随机侵入种。[15,17]

种间联结性测定以 x^2 统计量为基础,以联结系数 AC 确定物种间联结

性。[8,18,19] x^2 统计量的计算与检验,取样为非连续性取样,原始数据为事件存在与否(1 为物种在样方中出现,0 为物种在样方中未出现)的二元数据,构造 2×2 联列表,x^2 用 Yates 连续校正公式计算。[8,18,19] $x^2=N[|ad-bc|-0.5 N]^2/[(a+b)(a+c)(b+d)(c+d)]$ 公式中,N 表示样方总数;a,b,c,d 均为观测值;a 表示两个物种同时出现的样方数,b,c 表示仅有 1 个物种出现的样方数,d 表示两个物种均未出现的样方数;当 $ad>bc$ 时,为正联结;当 $ad<bc$ 时,为负联结。当 $x^2<3.841$ 时,两个种是独立分布($p>0.05$);当 $3.841<x^2<6.635$ 时,种间联结为显著($p<0.05$);当 $x^2>6.635$ 时,种间联结为极显著($p<0.01$)。联结系数 AC 用于进一步检验由 x^2 所测出的结果及说明种间联结程度。[8,18,19] 若 $ad\geq bc$,则 $AC=(ad-bc)/[(a+b)(b+d)]$;若 $bc>ad$ 且 $d\geq a$,则 $AC=(ad-bc)/[(a+b)(a+c)]$;若 $bc>ad$ 且 $d<a$,则 $AC=(ad-bc)/[(b+d)(d+c)]$。AC 值域为 $[-1,1]$。AC 值越趋近于 1,表明 2 个物种间的正联结性越强,即 2 个物种共同出现或都不出现的可能性越大;AC 值越趋近于 -1,表明 2 个物种间的负联结性越强,即 2 个物种单独出现的可能性越大;AC 值为 0,则表示 2 个物种完全独立,彼此之间没有任何联系。种间联结性测定选择沂山人工林数量较多的 11 种树种(表 1-4)。

表 1-4 沂山人工林乔木层径级分布

植物种类	径级Ⅰ	径级Ⅱ	径级Ⅲ	径级Ⅳ
刺槐 Robinia pseudoacacia	1188	58	592	39
麻栎 Quercus acutissima	226	8	274	76
黑松 Pinus thunbergii	150	0	227	56
枫杨 Pterocarya stenoptera	108	207	7	0
栓皮栎 Quercus variabilis	26	0	61	16
白蜡树 Fraxinus chinensis	20	3	0	0
构树 Broussonetia papyrifera	10	0	0	0
赤松 Pinus densiflora	8	5	79	3
山合欢 Albizia kalkora	8	0	4	0
槲树 Quercus dentata	6	0	0	1
君迁子 Diospyros lotus	6	0	1	0
水榆花楸 Sorbus alnifolia	6	5	13	1

续表

植物种类	径级Ⅰ	径级Ⅱ	径级Ⅲ	径级Ⅳ
春榆 Ulmus japonica	2	0	0	0
日本落叶松 Larix kaempferi	0	1	59	3
桑 Morus alba	0	0	2	0
油松 Pinus tabuliformis	0	6	0	0

3 结果与分析

3.1 沂山人工林乔木层径级分布与物种类型

3.1.1 扩展种

刺槐、麻栎、黑松、枫杨、栓皮栎、赤松、山合欢、榭树、君迁子和水榆花楸为扩展种，共计10种，占样方内总乔木种类数的62.5%，主要为地带性植被树种（表1-4）。其中，刺槐和黑松为沂山森林群落主要建群种，麻栎、栓皮栎和赤松为局部建群种。

3.1.2 隐退种

日本落叶松和桑为隐退种，共计2种，占样方内总乔木种类数的12.5%，为先锋物种或外来引种（表1-4），日本落叶松为沂山森林群落局部建群种，全部为当年造林残存种，未见有更新幼苗。

3.1.3 稳定侵入种

白蜡树和构树为稳定侵入种，共计2种，占样方内总乔木种类数的12.5%（表1-4），为沂山森林群落常见种。

3.1.4 随机侵入种

春榆和油松为随机侵入种，共计2种，占样方内总木本植物数的12.5%（表1-4）。

3.2 沂山人工林主要树种的种间联结

3.2.1 x^2 检验

沂山人工林群落中，刺槐、麻栎、黑松、枫杨、栓皮栎、白蜡树、赤松、山合欢、水榆花楸和日本落叶松乔木个体数目多，出现频次高，这10种乔木是组成该植物群落的主体。以 x^2 检验了这10种乔木的种间联结（图1-34），31个种对关联不显著（$p \geqslant 0.05$），占种对数的68.9%；14个种对显著关联（$p < 0.01$），占种对数的31.1%。以刺槐、麻栎、黑松和赤松为代表的群落建群种和局部优势种，全部呈现为不显著关联性。

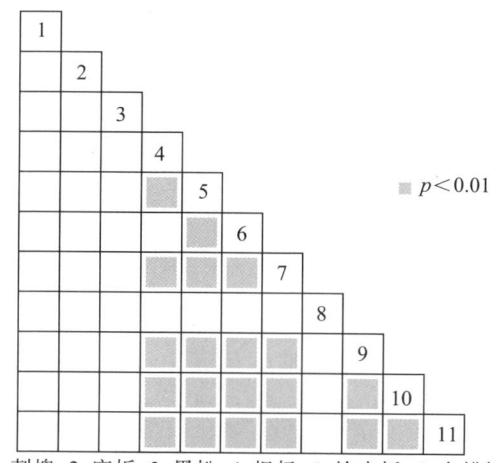

1,刺槐；2,麻栎；3,黑松；4,枫杨；5,栓皮栎；6,白蜡树；
7,赤松；8,山合欢；9,水榆花楸；10,日本落叶松。

图1-34　沂山人工林主要乔木种间联结性半矩阵（x^2）

3.2.2　AC 检验

以 AC 检验了沂山人工林10种乔木的种间联结（图1-35），$0.2 \leqslant AC < 0.6$，$-0.2 \leqslant AC < 0.2$，$-0.6 \leqslant AC < -0.2$ 和 $-1 \leqslant AC < -0.6$ 种对数分别为2、14、5和24，各占总对数的4.4%、31.1%、11.1%和53.3%。87.5%的种间正联结和无联结为刺槐、麻栎和黑松提供，日本落叶松与其他9种乔木全部呈现为种间负关联。

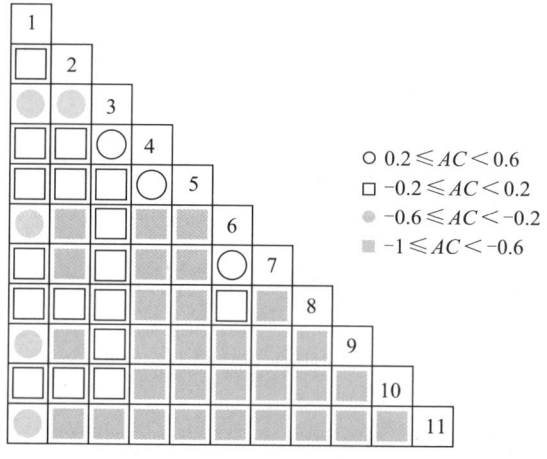

图1-35　沂山人工林主要乔木种间联结性半矩阵（AC）

4 结论与讨论

自然界植物群落的空间分布是不同尺度上环境、空间和生物三大因素共同作用的结果。[20]植物物种共存不但与局域尺度的生态学过程有关,而且受大尺度上生态学过程影响。[16]在区域尺度上,气候、母质和植物区系决定了植被类型。[20]沂山地处暖温带,地带性植被应为落叶阔叶林。60余年前沂山大规模栽植造林时,植被类型主要为刺槐林和黑松林以及少量赤松林和日本落叶松林。受自然演替影响,原有造林类型仍较大规模存在,但当前植被类型中麻栎林和栓皮栎林的规模已大大增加,且顺利扩散侵入了黑松林、赤松林和日本落叶松林。本研究中,沂山人工林群落主要由 16 种乔木组成,通过分析乔木树种径级分布,揭示物种类型,发现扩展种 10 种、隐退种 2 种、稳定侵入种 2 种和随机侵入种 2 种,样方内所有乔木径级整体呈现出 Ⅰ + Ⅱ > Ⅲ(1764+293 > 1319),即幼苗和幼树的数量大于立树的数量,表明群落正处于正向森林演替过程中,但幼树数量明显稀缺。赤松种群更新困难,黑松和栓皮栎缺失幼树,而日本落叶松完全没有更新幼苗。研究显示,沂山人工林群落存在一定的演替风险。

10 种乔木组成 45 个种对,x^2 检验结果表明:31 个种对关联不显著($p \geqslant 0.05$),占种对数的 68.9%;14 个种对显著关联($p < 0.01$),占种对数的 31.1%。联结系数 AC 检验结果表明,正关联:负关联:无关联为 2:29:14,$-1 \leqslant AC < -0.6$ 的种对有 24 对,占种对数的 53.3%。相关学者在海南岛吊罗山热带山地雨林[9]、海南岛热带天然针叶林[6]、九连山常绿阔叶林[18]、三峡库区残存阔叶林[21]和陕西子午岭天然次生林[19]的研究共同揭示出,群落从初级演替阶段向顶级演替阶段迈进时,种间关联将从负关联向正关联转化。当前沂山人工林主要乔木的种间联结以负相关为主,表明该群落尚不成熟,种间竞争相对激烈,仍处于不稳定的演替阶段。

参考文献

[1] SILVERTOWN J. Plant coexistence and the niche[J]. Trends in Ecology and Evolution, 2004, 19: 605-611.

[2] ZHOU S R, ZHANG D Y. A nearly neutral model of biodiversity[J]. Ecology, 2008, 89: 248-258.

[3] 牛克昌,刘怿宁,沈泽昊,等. 群落构建的中性理论和生态位理论[J]. 生物多样性, 2009, 17: 579-593.

[4] 张炜平,潘莎,贾昕,等.植物间正相互作用对种群动态和群落结构的影响:基于个体模型的研究进展[J].植物生态学报,2013,37:571-582.

[5] HE F L, DUNCAN R P. Density-dependent effects on tree survival in an old-growth Douglas fir forest[J]. Journal of Ecology, 2000, 88: 676-688.

[6] 张俊艳,成克武,臧润国.海南岛热带天然针叶林主要树种的空间格局及关联性[J].生物多样性,2014,22:129-140.

[7] 胡晓燕,艾训儒,桑卫国,等.星斗山木本植物多样性沿海拔的格局[J].生态科学,2013,32:439-446.

[8] 王伯荪,彭少麟.南亚热带常绿阔叶林种间联结测定技术研究:Ⅰ.种间联结测式的探讨与修正[J].植物生态学与地植物学丛刊,1985,9:274-285.

[9] 王文进,张明,刘福德,等.海南岛吊罗山热带山地雨林两个演替阶段的种间联结性[J].生物多样性,2007,15:257-263.

[10] 王锡华,李京东.山东沂山种子植物区系研究[J].植物研究,2002,22:156-162.

[11] 赵遵田,李振华,邱军,等.沂山苔藓植物研究[J].山东师大学报(自然科学版),1995,10:70-77.

[12] 低产林分改造的研究课题组.沂山刺槐人工林立地质量数量化评价[J].山东林业科技,1996,26(2):41-44.

[13] 方精云,沈泽昊,唐志尧,等."中国山地植物物种多样性调查计划"及若干技术规范[J].生物多样性,2004,12:5-9.

[14] 方精云,王襄平,沈泽昊,等.植物群落清查的主要内容、方法和技术规范[J].生物多样性,2009,17:533-548.

[15] 万慧霖,冯宗炜.庐山常绿阔叶林物种组成及其演替趋势[J].生态学报,2008,28:1147-1156.

[16] 李立,陈建华,任海保,等.古田山常绿阔叶林优势树种甜槠和木荷的空间格局分析[J].植物生态学报,2010,34:241-252.

[17] 高远,朱孔山,郝加琛,等.山东蒙山6种造林树种40余年成林效果评价[J].植物生态学报,2013,37:728-738.

[18] 简敏菲,刘琪璟,朱笃,等.九连山常绿阔叶林乔木优势种群的种间关联性分析[J].植物生态学报,2009,33:672-680.

[19] 王乃江,张文辉,陆元昌,等.陕西子午岭森林植物群落种间联结性[J].生态学报,2010,30:67-78.

[20] 宋同清,彭晚霞,曾馥平,等.木论喀斯特峰丛洼地森林群落空间格局及环境解释[J].植物生态学报,2010,34:298-308.

[21] 程瑞梅,王瑞丽,刘泽彬,等.三峡库区栲属群落主要乔木种群的种间联结性[J].林业科学,2013,49(5):36-42.

第二部分
沂沭泗流域生命共同体生态观与实践论

芦苇与莲对沂河城市湿地季节影响研究

1 引言

水体富营养化是一个引起全世界关注的环境问题,点源和非点源污染物等大量氮和磷等营养物质进入水体,是造成富营养化的重要原因。[1,2]各种水体如河流、湖泊、水库对富营养化的敏感性与其所在区域的水动力条件和气候条件密切相关。它受许多水文、水动力、理化环境因素和食物网结构的影响。因此,不同的水体和地理位置可能存在显著差异。[3]有研究表明,各种程度的富营养化席卷亚太地区的湖泊水体,已有54%水体超标[4];而我国的湖泊水体富营养化程度,高于亚太地区的平均水平,水体超标率达66%[5]。当前,湿地水体也像河流、湖泊水体一样迈入富营养化行列,且日益严重。[6]

沂河是淮河流域的一条大河,它位于鲁南和苏北,地理坐标为34°23′～36°20′N、117°25′～118°42′E。它全长约为574千米,起源于山东沂源,从江苏邳州市吴楼村转入新沂河(沂河引水渠)从燕尾港流入黄海。[7-9]沂河被淮河流域水污染防治"十五"计划[10]列入重要控制和监测河流。1997年,亚洲最长的橡胶坝建在沂河临沂城区段小埠东处,总长度为1135米。阶梯状橡胶坝依次建成后,沂河临沂城区段水量明显增多,原浅水湿地条件发生变化,沂河城区段曾在2009年、2011年和2015年暴发蓝藻水华。

大量研究表明,水生植物,尤其是湿地植物,对减少水体富营养化具有积极意义。[11]芦苇(*Phragmites australis*)湿地是世界上主要的湿地类型,分布广,面积大。[12]它可以通过物理、化学和生物功能处理废水。[13]欧洲城市湿地引入的景观植物或工具物种多以芦苇为主[14],而我国城市湿地中芦苇和莲(*Nelumbo nucifera*)广泛存在[6]。莲与芦苇对湿地恢复具有不同层面的生态作用,比较二者对沂河城市湿地生命共同体水体的富营养化抑制,评价两种湿地系统的生态效益,揭示水环境因子的响应机制,不仅具有生态学理论意义,而且在沂河城市湿地生命共同体水生态系统管理和评价中具有广泛的实践应用价值。

2 研究区域与方法

2.1 研究区域

沂河流域年平均降水量约为 850 mm,年平均水面蒸发量约为 1100 mm。在沂河城区段小埠东橡胶坝与角沂橡胶坝、桃园橡胶坝和刘家道口枢纽圈出面积约为 3.6 km² 的城市湿地——沂蒙湖。[7-9]

2.2 研究方法

2.2.1 水样采集与检测

本次野外调查在沂河城市湿地沂蒙湖设置研究样地 3 种:芦苇水域、莲水域和自然水域。每种样地设置了 3 组重复样方,每个样方设置 3 组重复水样采集点,分别为近岸侧、中心侧和远岸侧。采样时间为 2018 年 8 月(夏季)、10 月(秋季)、12 月(冬季)和 2019 年 2 月(春季),使用 2.5 L 洁净水桶,采集亚表层水样进行分析检测。

实验室检测分析 pH、色度、总硬度、溶氧、BOD、COD、氨氮、总氮、总磷、硝酸盐和叶绿素 a(Chla)。pH 采用玻璃电极法(GB-6920—1986),由便携式防水型 pH 测定仪(08533797)测定。色度依据 GB/T 11903—1989,采用稀释倍数法测定。总硬度依据 GB/T 5750.4—2006,采用乙二胺四乙酸二钠滴定法测定。溶氧(DO)依据 HJ 506—2009,采用电化学探头法测定。BOD(五日生化需氧量)采用稀释与接种法(HJ 505—2009),由 25 mL 酸式滴定管(B193)测定。COD(化学需氧量)采用重铬酸盐法(HJ 828—2017),由 50 mL 酸式滴定管(B192)测定。氨氮(NH_3-N)和总磷(TP)采用纳氏试剂分光光度法(HJ 535—2009)和钼酸氨分光光度法(GB-11839—1989),由 DR2008 可见分光光度计(1429121)测定。总氮(TN)采用紫外分光光度法(HJ 636—2012),由 UV-1750 紫外可见分光光度计(A11605031003CS)测定。硝酸盐依据 GB/T 7480—1987,采用酚二磺酸分光光度计法测定。Chla 依据 HJ 897—2017,采用丙酮分光光度法检测。

2.2.2 数据分析

采用 SPSS 19.0 中文版对所有数据实施统计分析。

3 结果与分析

3.1 水质评价

依据《地表水环境质量标准》(GB 3838—2002),采用 DO、BOD、COD、NH_3-N、TN 和 TP 单一指标,分别评价沂河沂蒙湖芦苇水域、莲水域和自然水域不同季节间的水质。

以 DO 计量,芦苇水域夏季、秋季、冬季和春季均为Ⅲ类水;莲水域夏季为Ⅲ类水,秋季为Ⅳ类水,冬季和春季为Ⅲ类~Ⅳ类水;自然水域夏季和春季为Ⅲ类~Ⅳ类水,秋季为Ⅳ类水,冬季为Ⅲ类水。

以 BOD 计量,芦苇水域夏季和春季为Ⅳ类~Ⅴ类水,秋季和冬季为Ⅴ类水;莲水域夏季为Ⅴ类~劣Ⅴ类水,秋季和冬季为Ⅴ类水,春季为Ⅳ类;自然水域夏季、秋季和冬季均为Ⅴ类水,春季为Ⅳ类水。

以 COD 计量,芦苇水域夏季为Ⅲ类水,秋季为Ⅲ类~Ⅳ类水,冬季和春季为Ⅳ类水;莲水域夏季和秋季均为Ⅳ类水,冬季和春季为Ⅲ类~Ⅳ类水;自然水域夏季和秋季均为Ⅳ类水,冬季和春季为Ⅲ类水。

以 NH_3-N 计量,芦苇水域夏季和春季为Ⅱ类水,秋季为Ⅰ类~Ⅱ类水,冬季为Ⅲ类水;莲水域夏季为Ⅰ类~Ⅱ类水,秋季、冬季和春季为Ⅱ类水。

以 TN 计量,芦苇水域、莲水域和自然水域在夏季、秋季、冬季和春季四个季节间均为劣Ⅴ类水。

以 TP 计量,芦苇水域、莲水域和自然水域在夏季、秋季和春季三个季节间均为Ⅰ类水,在冬季均为Ⅱ类水。

3.2 水环境因子季节动态

芦苇水域、莲水域和自然水域 pH 呈现的特征(图 2-1):夏季为莲水域>自然水域>芦苇水域($p < 0.01$);秋季为莲水域>自然水域>芦苇水域,且芦苇水域显著低于莲水域和自然水域($p < 0.01$);冬季为莲水域>自然水域>芦苇水域;春季为莲水域>自然水域>芦苇水域。

芦苇水域、莲水域和自然水域色度呈现的特征(图 2-1):夏季为芦苇水域=自然水域>莲水域,且莲水域显著低于自然水域和芦苇水域($p < 0.01$);

秋季为自然水域＞芦苇水域＞莲水域,且莲水域显著低于自然水域和芦苇水域($p<0.01$);冬季为自然水域＞芦苇水域＞莲水域,且莲水域显著低于自然水域和芦苇水域($p<0.01$);春季为芦苇水域＝莲水域＝自然水域。

芦苇水域、莲水域和自然水域总硬度呈现的特征(图 2-1):夏季为莲水域＞芦苇水域＞自然水域($p<0.01$);秋季为自然水域＞莲水域＞芦苇水域($p<0.01$);冬季为芦苇水域＞自然水域＞莲水域($p<0.01$);春季为自然水域＞莲水域＞芦苇水域。

芦苇水域、莲水域和自然水域溶氧呈现的特征(图 2-1):夏季为莲水域＞芦苇水域＞自然水域,且莲水域显著高于自然水域($p<0.01$);秋季为芦苇水域＞自然水域＞莲水域($p<0.01$);冬季为芦苇水域＞自然水域＞莲水域,且莲水域显著低于芦苇水域和自然水域($p<0.01$);春季为芦苇水域＞莲水域＞自然水域,且芦苇水域显著高于莲水域和自然水域($p<0.01$)。

芦苇水域、莲水域和自然水域 BOD 呈现的特征(图 2-1):夏季为莲水域＞自然水域＞芦苇水域($p<0.01$);秋季为自然水域＞莲水域＞芦苇水域($p<0.01$),且芦苇水域显著低于自然水域和莲水域($p<0.01$);冬季为自然水域＞莲水域＞芦苇水域($p<0.01$);春季为芦苇水域＞莲水域＞自然水域($p<0.01$)。

芦苇水域、莲水域和自然水域 COD 呈现的特征(图 2-1):夏季为莲水域＞自然水域＞芦苇水域($p<0.01$);秋季为自然水域＞莲水域＞芦苇水域($p<0.01$),且芦苇水域显著低于自然水域和莲水域($p<0.01$);冬季为芦苇水域＞莲水域＞自然水域($p<0.01$);春季为芦苇水域＞莲水域＞自然水域($p<0.01$)。

芦苇水域、莲水域和自然水域氨氮呈现的特征(图 2-1):夏季为芦苇水域＞莲水域＞自然水域,且芦苇水域显著高于莲水域和自然水域($p<0.01$);秋季为莲水域＞芦苇水域＞自然水域($p<0.01$);冬季为芦苇水域＞莲水域＞自然水域($p<0.01$);春季为芦苇水域＞自然水域＞莲水域。

芦苇水域、莲水域和自然水域总氮呈现的特征(图 2-1):夏季为莲水域＞自然水域＞芦苇水域($p<0.01$);秋季为自然水域＞莲水域＞芦苇水域($p<0.01$);冬季和春季均为自然水域＞芦苇水域＞莲水域($p<0.01$)。

芦苇水域、莲水域和自然水域总磷呈现的特征(图 2-1):夏季为芦苇水域＞莲水域＞自然水域,且芦苇水域显著高于自然水域($p<0.01$);秋季为芦

苇水域＝自然水域＞莲水域；冬季为自然水域＞芦苇水域＞莲水域，且自然水域显著高于莲水域（$p < 0.05$）；春季为莲水域＞自然水域＞芦苇水域。

芦苇水域、莲水域和自然水域硝酸盐呈现的特征（图2-1）：夏季为莲水域＞自然水域＞芦苇水域（$p < 0.01$）；秋季为自然水域＞莲水域＞芦苇水域（$p < 0.01$）；冬季为自然水域＞芦苇水域＞莲水域（$p < 0.01$）；春季为莲水域＞自然水域＞芦苇水域。

芦苇水域、莲水域和自然水域Chla呈现的特征（图2-1）：夏季为莲水域＞自然水域＞芦苇水域，其中芦苇水域显著低于莲水域和自然水域（$p < 0.01$）；秋季为莲水域＞芦苇水域＞自然水域，其中自然水域显著低于莲水域和芦苇水域（$p < 0.01$）；冬季为芦苇水域＞莲水域＞自然水域；春季为莲水域＞自然水域＞芦苇水域。

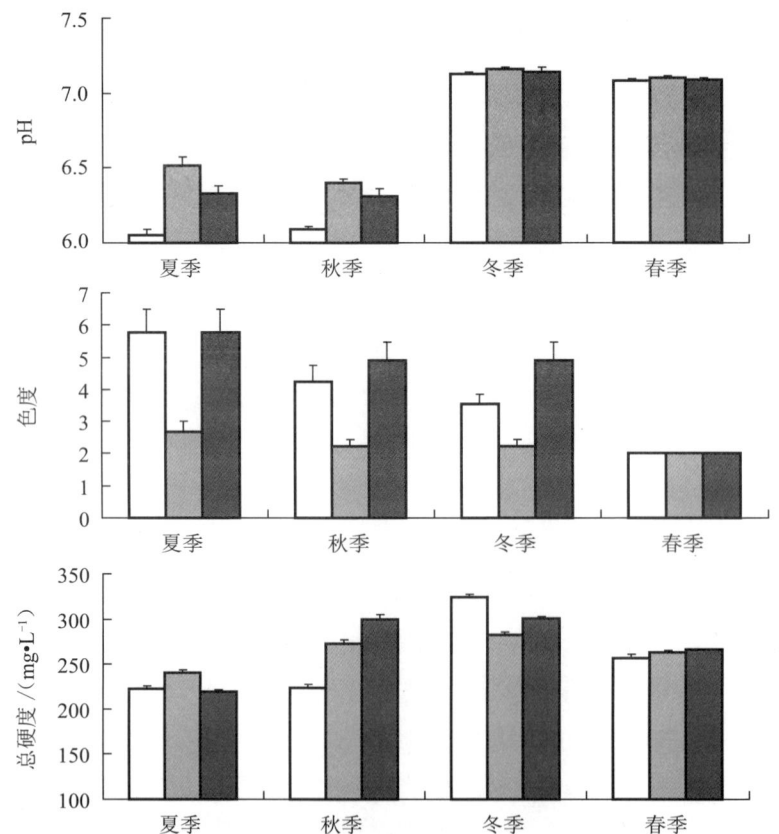

图2-1 临沂城市湿地芦苇水域（□）、莲水域（▨）和自然水域（■）的水环境因子在不同季节间差异

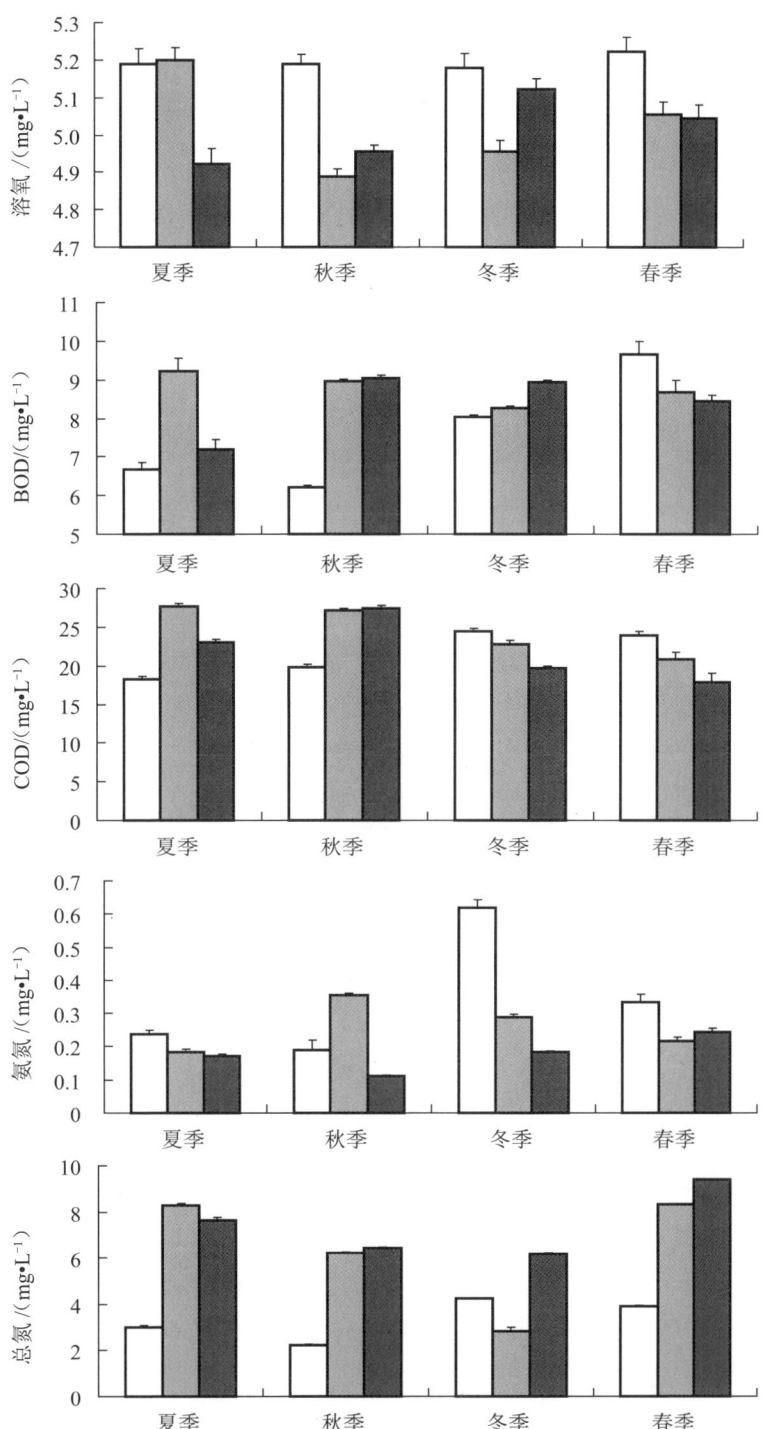

图 2-1（续） 临沂城市湿地芦苇水域(☐)、莲水域(▨)和自然水域(■)的水环境因子在不同季节间差异

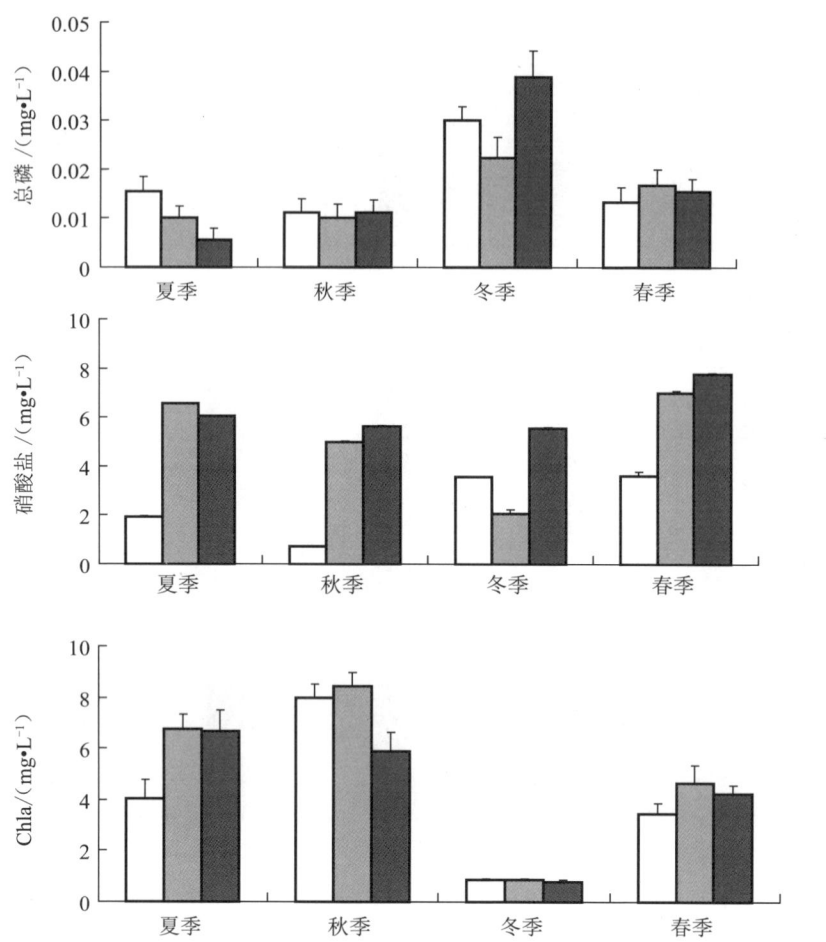

图 2-1（续） 临沂城市湿地芦苇水域(□)、莲水域(▨)和自然水域(■)的水环境因子在不同季节间差异

3.3 水环境因子相关性

芦苇水域水环境因子相关性呈现为（表 2-1）：pH、总硬度、BOD、COD、氨氮、总氮、总磷和硝酸盐相互间呈显著正相关（$p<0.01$），与 Chla 呈显著负相关（$p<0.01$）；色度与总硬度和 COD 呈显著负相关（$p<0.01$）。

莲水域水环境因子相关性呈现为（表 2-2）：pH 与总硬度和总氮呈显著正相关（$p<0.01$），与 BOD、COD、总磷、硝酸盐和 Chla 呈显著负相关（$p<0.01$）；总硬度与氨氮和总磷呈显著正相关（$p<0.01$），与溶氧、BOD、COD、总氮、硝酸盐和 Chla 呈显著负相关（$p<0.01$）；溶氧与总氮和硝酸盐呈显著正相关（$p<0.01$），与氨氮呈显著负相关（$p<0.01$）；BOD、COD、总氮、硝酸盐和 Chla 相互

间呈显著正相关（$p<0.01$）。

表 2-1　芦苇水域环境因子相关性

	pH	色度	硬度	溶氧	BOD	COD	氨氮	总氮	总磷	硝氮
pH	1.000									
色度	−0.312	1.000								
硬度	0.975**	−0.344*	1.000							
溶氧	−0.001	0.042	−0.065	1.000						
BOD	0.902**	−0.223	0.862**	0.022	1.000					
COD	0.886**	−0.505**	0.877**	−0.056	0.809**	1.000				
氨氮	0.915**	−0.319	0.900**	0.041	0.871**	0.806**	1.000			
总氮	0.903**	−0.142	0.900**	−0.050	0.931**	0.724**	0.875**	1.000		
总磷	0.588**	−0.273	0.585**	−0.097	0.668**	0.610**	0.695**	0.605**	1.000	
硝氮	0.874**	−0.163	0.873**	−0.060	0.890**	0.691**	0.887**	0.983**	0.605**	1.000
Chla	−0.682**	0.247	−0.715**	0.177	−0.731**	−0.551**	−0.748**	−0.829**	−0.563**	−0.880**

注：**，$p<0.01$；*，$p<0.05$。

表 2-2　莲水域环境因子相关性

	pH	色度	硬度	溶氧	BOD	COD	氨氮	总氮	总磷	硝氮
pH	1.000									
色度	−0.228	1.000								
硬度	0.453**	−0.191	1.000							
溶氧	−0.237	0.200	−0.620**	1.000						
BOD	−0.385*	−0.187	−0.558**	0.158	1.000					
COD	−0.723**	−0.010	−0.567**	0.306	0.727**	1.000				
氨氮	−0.022	−0.312	0.592**	−0.728**	−0.156	−0.172	1.000			
总氮	−0.823**	0.270	−0.751**	0.550**	0.575**	0.784**	−0.455**	1.000		
总磷	0.468**	−0.090	0.354*	−0.014	−0.248	−0.351	0.172	−0.499**	1.000	
硝氮	−0.825**	0.231	−0.731**	0.523**	0.592**	0.793**	−0.424*	0.996**	−0.504**	1.000
Chla	−0.828**	0.037	−0.465**	0.010	0.673**	0.807**	0.103	0.752**	−0.483**	0.767**

注：**，$p<0.01$；*，$p<0.05$。

自然水域水环境因子相关性呈现为（表 2-3）：pH 与总硬度、BOD、溶氧、氨氮和总磷呈显著正相关（$p<0.01$），与 COD、总氮、硝酸盐和 Chla 呈显著负相关（$p<0.01$）；总硬度与 BOD、溶氧和总磷呈显著正相关（$p<0.01$），与总氮、硝酸盐和 Chla 呈显著负相关（$p<0.01$）；溶氧与 BOD 和总磷呈显著正相

关($p<0.01$),与 COD、总氮、硝酸盐和 Chla 呈显著负相关($p<0.01$);BOD 与总磷呈显著正相关($p<0.01$),与氨氮、总氮、硝酸盐和 Chla 呈显著负相关($p<0.01$);COD 与 Chla 呈显著正相关($p<0.01$),与氨氮和总磷呈显著负相关($p<0.01$);氨氮与总磷呈显著正相关($p<0.01$),与 Chla 呈显著负相关($p<0.01$);总氮与硝酸盐和 Chla 呈显著正相关($p<0.01$),与总磷呈显著负相关($p<0.01$)。

表2-3 自然水域环境因子相关性

	pH	色度	硬度	溶氧	BOD	COD	氨氮	总氮	总磷	硝氮
pH	1.000									
色度	-0.203	1.000								
硬度	0.471**	-0.177	1.000							
溶氧	0.583**	-0.133	0.413*	1.000						
BOD	0.385*	-0.321	0.843**	0.425*	1.000					
COD	-0.745**	-0.120	0.064	-0.509**	0.168	1.000				
氨氮	0.524**	0.140	-0.273	0.301	-0.367*	-0.786**	1.000			
总氮	-0.550**	0.264	-0.909**	-0.573**	-0.853**	0.051	0.236	1.000		
总磷	0.754**	-0.037	0.522**	0.609**	0.356*	-0.557**	0.392*	-0.564**	1.000	
硝氮	-0.429*	0.100	-0.807**	-0.429*	-0.772**	0.039	0.212	0.834**	-0.523**	1.000
Chla	-0.821**	0.073	-0.525**	-0.651**	-0.428*	0.566**	-0.404*	0.611**	-0.673**	0.402*

注:**,$p<0.01$;*,$p<0.05$。

4 讨论

在乌梁素海和白洋淀的研究表明,莲种植可以明显改善水质,明显抑制水体中藻类的生长[15,16],但要注意种植莲的密度,莲对水体藻类呈现出"低促高抑"效应[17]。而净水效果好的芦苇在冬季枯死和腐烂时,大汶河湿地氮表现为净释放,而磷则表现为净积累[18],这与本研究结果相反。

5 结论

芦苇可有效增加溶氧,大幅度降低 BOD、COD、总氮、硝酸盐和 Chla 含量。莲可有效增加 pH、BOD、COD、Chla 含量,大幅度降低总磷含量。鉴于目前沂河城市湿地生命共同体主要受总氮营养盐驱动，我们认为沂河城市湿地生命共同体的主要营养控制参数应为总氮。因此，建议增加自然芦苇和人工芦苇面积，在磷负荷较重的水域扩大荷花面积。

参考文献

[1] SCHAFFNER M, BADER H P, SCHEIDEGGER R. Modeling the contribution of point sources and nonpoint sources to Thachin River water pollution[J]. Science of the Total Environment, 2009, 407: 4902-4915.

[2] ZHANG H, HUANG G H. Assessment of non-point source pollution using a spatial multicriteria analysis approach[J]. Ecological Modeling, 2011, 222: 313-321.

[3] 李德亮, 张婷, 肖调义, 等. 大通湖浮游植物群落结构及其与环境因子关系[J]. 应用生态学报, 2012, 23: 2107-2113.

[4] 王智, 张志勇, 张君倩, 等. 水葫芦修复富营养化湖泊水体区域内外底栖动物群落特征[J]. 中国环境科学, 2012, 32: 142-149.

[5] 金相灿, 胡小贞. 湖泊流域清水产流机制修复方法及其修复策略[J]. 中国环境科学, 2010, 30: 374-379.

[6] 葛之葳, 方水元, 李川, 等. 苏北溱湖芦苇和芦苇+香蒲群落中植物对湿地土壤N、P的固持效果[J]. 湖泊科学, 2017, 29: 585-593.

[7] 高远, 苏宇祥, 亓树财. 沂河流域浮游植物与水质评价[J]. 湖泊科学, 2008, 20: 544-548.

[8] 高远, 慈海鑫, 亓树财, 等. 沂河4条支流浮游植物多样性季节动态与水质评价[J]. 环境科学研究, 2009, 22: 176-180.

[9] 高远, 亓树财, 苏宇祥, 等. 沂河和祊河浮游植物多样性季节动态与水质评价[J]. 海洋湖沼通报, 2010, 32: 109-113.

[10] 中华人民共和国国务院. 淮河流域水污染防治"十五"计划[R]. 中华人民共和国国务院, [2003] 5号.

[11] 黄秀勇. 东南沿海沙地2种人工林营养元素生物循环[J]. 西北林学院学报, 2015, 30 (2): 84-89.

[12] 王金龙, 李艳红, 李发东. 博斯腾湖人工和天然芦苇湿地土壤CO_2、CH_4和N_2O排放通量[J]. 生态学报, 2018, 38: 668-677.

[13] 曾雯珺, 刘秀, 刘春花, 等. 无瓣海桑与芦苇两种湿地系统对N、P净化作用比较[J]. 生态科学, 2012, 31: 26-30.

[14] KORBOULEWSKY N, WANG R, BALDY V. Purification processes involved in sludge treatment by a vertical flow wetland system: focus on the role of the substrate and plants

on N and P removal[J]. Bioresour Technol, 2012, 105: 9-14.

[15] 李兴,徐效清,勾芒芒.内蒙古乌梁素海荷花种植对水环境的影响研究[J].环境与健康杂志,2018,35:457-459.

[16] 何连生,孟繁丽,孟睿,等.利用荷花治理白洋淀水体富营养化的原位围隔研究[J].湿地科学,2013,11:282-285.

[17] 李磊,侯文华.荷花和睡莲种植水对铜绿微囊藻生长的抑制作用研究[J].环境科学,2007,28:2180-2186.

[18] 柳新伟,刘君.大汶河湿地香蒲和芦苇分解过程中N、P动态研究[J].青岛农业大学学报(自然科学版),2012,29:289-293.

一个小型城市景观湖泊水质因子的年度动态

1 引言

水体富营养化被列入了全球密切关注的环境问题[1,2],海洋、湖泊、河流和水库等各类水体的富营养化成因和敏感性各不相同,但大都受氮、磷等营养物质制约,且与水文学、水动力学和食物网密切相关。[1-3]浮游植物是水生生态系统的重要组成部分,作为指示物种对水体环境中的污染物非常敏感,是反映水环境特点和质量的重要指标,广泛应用于水环境监测和评价。[4,5]叶绿素 a (Chla)是浮游植物的重要组成成分,所有藻类均含有 Chla,且其在藻类中所含比例相对稳定。[6]水体 Chla 含量是描述和划分水体营养状态和研究水域生境的重要指标[7],在水体富营养化评价中起关键作用[8]。全球学者对 Chla 与环境因子相关性的研究结果不尽相同,特别是对氮、磷与 Chla 的关系一直存在争议。[9,10]

就当前而言,包括池塘、小湖泊、低级溪流、沟渠和泉水在内的小型水体,构成全球最多的淡水环境,却大部分被排除在水资源管理规划之外,成为水环境调查最少的部分和缺失的一环。[11]五洲湖位于山东省临沂市行政中心办公大楼正前方,是临沂城区著名的观光游憩性湖泊。通过五洲湖水体因子年度动态特征分析,探讨五洲湖浮游植物与水环境因子关系,揭示水体因子的年度响应机制,不仅具有生态学理论意义,而且对小型水体水生态系统管理和评价具有广泛的实践应用价值。

2 研究区域与方法

2.1 研究区域

五洲湖（图 2-2）的地理坐标为 118°35′E、35°10′N，面积为 26 hm^2，水域面积为 13 hm^2，属半封闭城中浅水小型水体。该人工湖泊于 2009 年 7 月注水投入使用，水体更新以及来源主要依靠自然降雨和人工灌输，环境容量有限，自净能力较差。五洲湖初建成时，水碧波清，波光粼粼，风景优美。然而现今五洲湖水面经常出现水华藻类，伴有微臭，水生植物时有枯萎，常有蚊蝇繁殖。作为人工湖，五洲湖生态系统敏感且脆弱，生态系统危在旦夕。

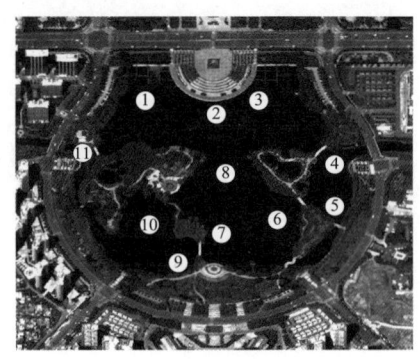

图 2-2 五洲湖（数字为采样点）

2.2 研究方法

2.2.1 水样采集与检测

本次调查在五洲湖水域共设置 11 处采样点，分别为北部心形水体的两肩部和中心部，东向入口处两处，西向一处，中间湖面三处，西南方向两处。采样时间分别为 2017 年 5 月、7 月、9 月、11 月以及 2018 年 1 月和 3 月。使用 2.5 L 洁净塑料桶，采集表层水样送交实验室进行水质分析，检测 pH、五日生化需氧量（COD）、化学需氧量（BOD）、总氮（TN）、总磷（TP）、氨态氮（NH_3-N）、硝态氮（NNO_3-N）和叶绿素 a（Chla）含量。

2.2.2 数据分析

采用 SPSS 19.0 中文版对所有数据实施统计分析，包括计算独立样本 t 检验、单因素方差分析和相关分析。

3 结果与分析

3.1 水环境因子年度动态

五洲湖水域 pH 全年维持在 7.18～8.27，年度波动较大，1 月、3 月和 7 月显著高于 5 月、9 月和 11 月（$p < 0.01$）（图 2-3A）。

五洲湖水域 COD 全年维持在 10.71～44.95 mg·L^{-1}，年度波动较大，3 月和 5 月显著低于其他月份，5 月、9 月、11 月和 1 月呈现递增趋势（$p < 0.01$）（图 2-3B）。

五洲湖水域 BOD 全年维持在 33.00～117.91 mg·L^{-1}，年度波动极大，3 月和 5 月显著低于其他月份，5 月、9 月、11 月和 1 月呈现递增趋势（$p < 0.01$）（图 2-3C）。

五洲湖水域 TN 全年维持在 7.97～20.43 mg·L^{-1}，年度波动较大，1 月和 3 月显著低于其他月份（$p < 0.01$）（图 2-3D）。

五洲湖水域 TP 全年维持在 0.41～2.13 mg·L^{-1}，年度波动较大，1 月和 3 月显著低于其他月份（$p < 0.01$）（图 2-3E）。

五洲湖水域 NH_3-N 全年维持在 3.29～13.21 mg·L^{-1}，年度波动较大，3 月和 9 月显著低于其他月份（$p < 0.01$）（图 2-3F）。

五洲湖水域 NO_3-N 全年维持在 0.09～29.70 mg·L^{-1}，年度波动非常大，9 月和 11 月显著高于其他月份，5 月显著低于其他月份（$p < 0.01$）（图 2-3G）。

五洲湖水域 Chla 全年维持在 45.79～318.79 μg·L^{-1}，年度波动极大，11 月显著高于其他月份，5 月显著低于其他月份（$p < 0.01$）（图 2-3H）。

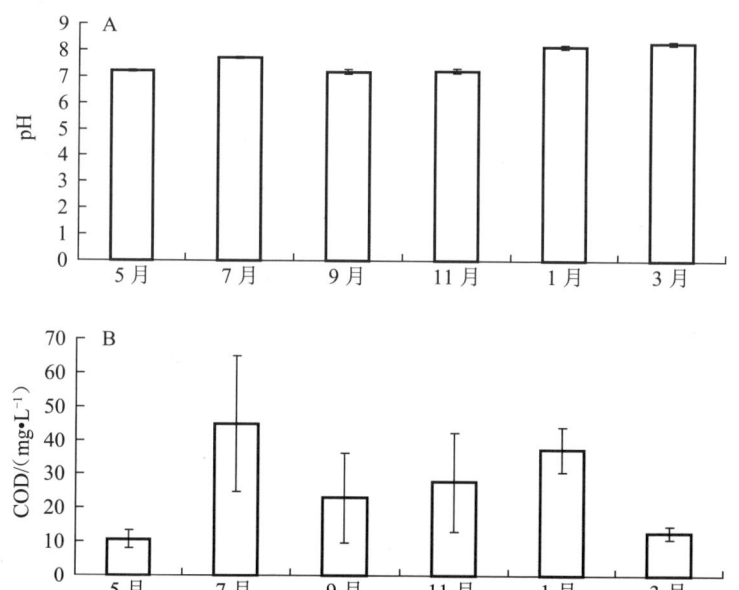

图 2-3　五洲湖水环境因子 pH（A）、BOD（B）、COD（C）、TN（D）、TP（E）、NH_3-N（F）、NO_3-N（G）和 Chla（H）年度动态（± 标准误差）

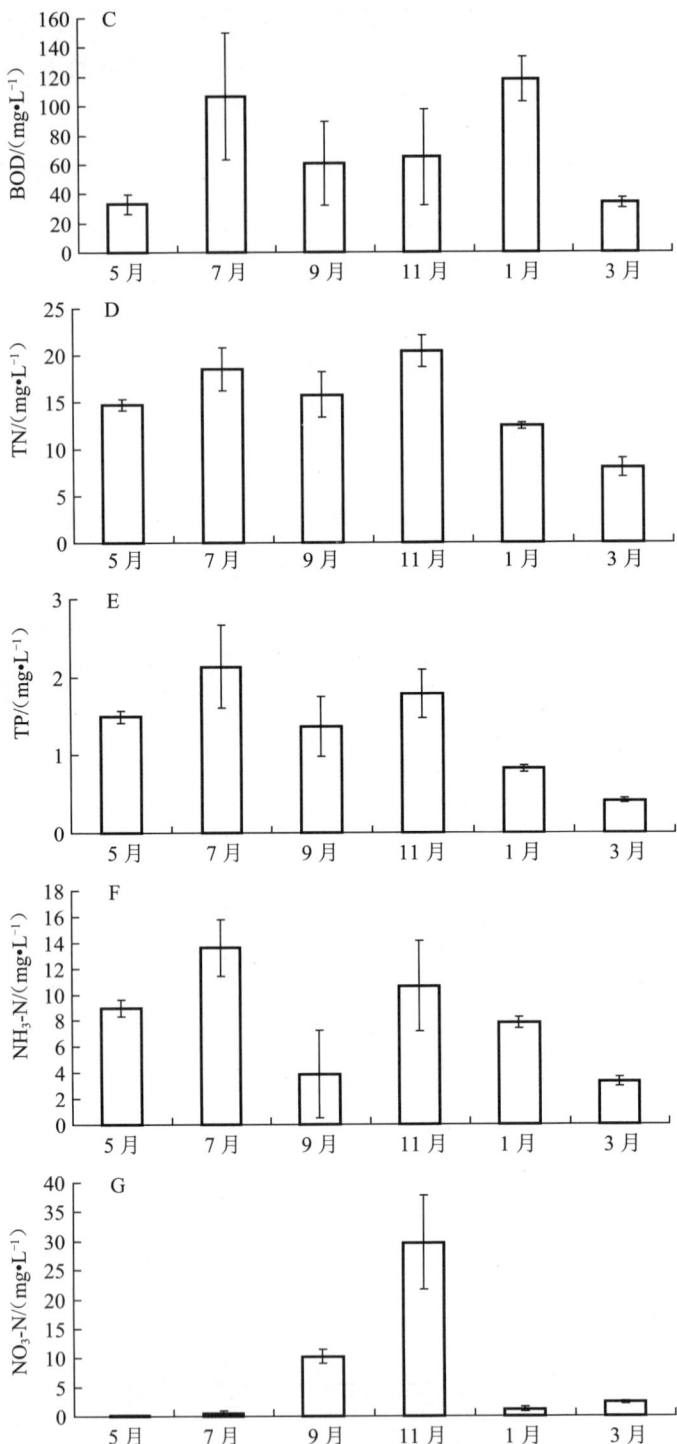

图 2-3（续） 五洲湖水环境因子 pH（A）、BOD（B）、COD（C）、TN（D）、TP（E）、NH$_3$-N（F）、NO$_3^-$-N（G）和 Chla（H）年度动态（± 标准误差）

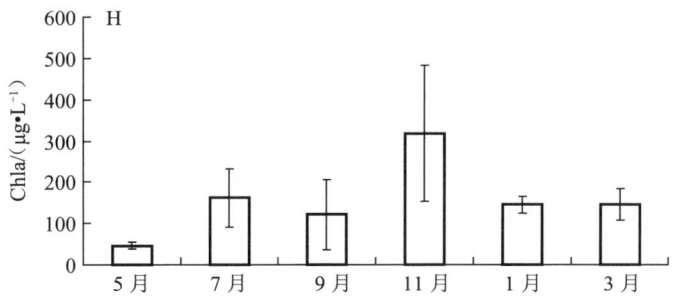

图 2-3（续） 五洲湖水环境因子 pH（A）、BOD（B）、COD（C）、TN（D）、TP（E）、NH$_3$-N（F）、NO$_3$-N（G）和 Chla（H）年度动态（±标准误差）

3.2 水质评价

依据《中国地表水环境质量标准》（GB 3838-2002），采用 BOD、COD、NH$_3$-N、TN 和 TP 单一指标，分别评价五洲湖水体质量。

以 BOD 计量，五洲湖水体 3 月和 5 月勉强为 V 类水，其他月份均为劣 V 类水。以 COD、NH^3-N、TN 和 TP 计量，五洲湖水体质量更为糟糕，年度内均为劣 V 类水，属于严重富营养化水体。

采用 Carlson 营养状态指数（CTSI）对湖水营养状况进行评价，结果表明：CTSI（Chla）=80.14，CTSI（TP）=107.92，表明五洲湖水质严重富营养化。

3.3 水环境因子相关性

五洲湖水域水环境因子相关性呈现为：Chla 与 BOD、COD、TN、TP 和 NH$_3$-N 相互间均呈现为极显著正相关（$p < 0.01$），pH 与 TN、TP 和 NO^3-N 显著负相关（$p < 0.05$），NO$_3$-N 与 NH$_3$-N 呈现为极显著负相关（表 2-4）。五洲湖的水质参数也与降水和温度有关（图 2-4）。

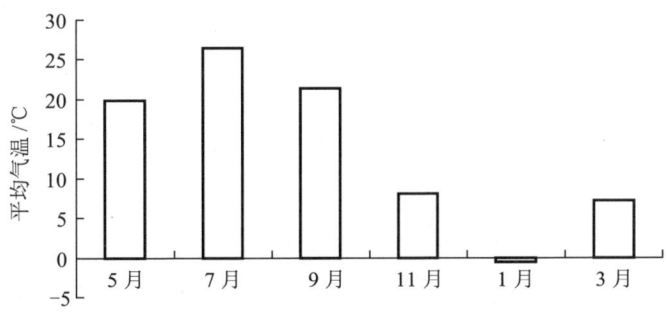

图 2-4 五洲湖平均气温和降水量

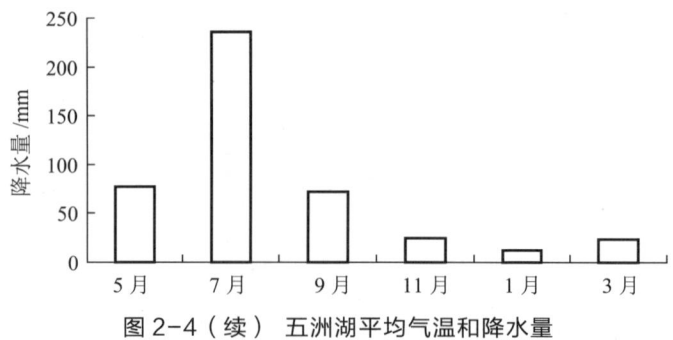

图 2-4（续） 五洲湖平均气温和降水量

表 2-4 五洲湖水域环境因子相关性

	pH	COD	BOD	TN	TP	NH_3-N	NO_3-N	Chla
pH	1.000							
COD	−0.048	1.000						
BOD	−0.003	0.984**	1.000					
TN	−0.521**	0.687**	0.657**	1.000				
TP	−0.418**	0.789**	0.748**	0.917**	1.000			
NH_3-N	−0.213	0.699**	0.691**	0.808**	0.849**	1.000		
NO_3-N	−0.277*	−0.166	−0.203	0.110	−0.061	−0.335**	1.000	
Chla	−0.159	0.686**	0.678**	0.645**	0.664**	0.714**	−0.153	1.000

注：**，$p < 0.01$；*，$p < 0.05$。

4 讨论

中国乌梁素海[12]和白洋淀[13]的研究表明，莲种植可以明显改善水质，明显抑制水体中藻类的生长。当前五洲湖部分水域内，种植有高密度莲和低密度芦苇，却拥有了高度富营养化的水体。五洲湖小型水体的研究与中国乌梁素海[12]和白洋淀[13]两处大中型水体研究结果相反，而与中国沂河城市湿地[14,15]莲可有效增加 BOD、COD、Chla 的结果较为相似，这可能源于莲的密度会对水体藻类呈现出低促高抑[1]，芦苇可大幅度降低 BOD、COD、总氮、硝酸盐和 Chla 含量[14,15]，而五洲湖恰恰拥有高密度莲。英国 Barton Broad[16]和中国太湖[17]等多个富营养化浅水湖泊研究表明，适宜的氮磷比将会增加水体浮游植物的生长和暴发机会，五洲湖当前氮磷比为 11.23，属于浮游植物生长和暴发的适宜区间，为典型的营养盐累积驱动型富营养水体，建议增加芦苇群落面积和密度，降低莲群落密度。

五洲湖水域水环境因子年度动态：COD 和 BOD 年度动态基本一致，均为 3 月和 5 月显著低于其他月份，5 月、9 月、11 月和 1 月呈现递增趋势。TN 和 TP 年度动态基本一致，1 月和 3 月显著低于其他月份。NH_3-N 全年 3 月和 9 月显著低于其他月份。NO_3-N 和 Chla 年度动态基本一致，均为 11 月显著高于其他月份，5 月显著低于其他月份。五洲湖 Chla 含量秋季和夏季较高，冬季和春季较低。这一观测结果与中国密云水库的观测结果相似[19]，但与美国密歇根湖和休伦湖的观测结果不同[20]。尤其是五洲湖 Chla 含量秋季最高，而葡萄牙 Vela 湖 Chla 含量春季最高。这表明，像五洲湖这样的袖珍水体更可能受到水温和营养盐的限制，而不是受到降水的限制。[22]

根据我们的呼吁和建议，临沂市政府为五洲湖修建了一条水源管道。2019 年 12 月 3 日，五洲湖引水管道工程竣工。目前，来自柳青河的水通过引水闸进入引水管道，流入五洲湖，源源不断地供应清水。

5 结论

（1）五洲湖水域水质评价年度动态：以 BOD 计量，五洲湖水体 3 月和 5 月勉强为Ⅴ类水，其他月份均为劣Ⅴ类水。以 COD、NH_3-N、TN 和 TP 计量，五洲湖年度水体均为劣Ⅴ类水，属于严重富营养化水体。

（2）五洲湖水域水环境因子相关性：Chla 与 BOD、COD、TN、TP 和 NH_3-N 相互间均呈现为极显著正相关（$p<0.01$），pH 与 TN、TP 和 NO_3-N 显著负相关（$p<0.05$），NO_3-N 与 NH_3-N 呈现为极显著负相关。

参考文献

[1] SCHAFFNER M, BADER H P, SCHEIDEGGER R. Modeling the contribution of point sources and nonpoint sources to Thachin River water pollution[J]. Sci. Total Environ., 2009, 407: 4902-4915.

[2] ZHANG H, HUANG G H. Assessment of non-point source pollution using a spatial multicriteria analysis approach[J]. Ecol. Model, 2011, 222: 313-321.

[3] LI D L, ZHANG T, XIAO T Y, YU J B, WANG H Q, CHEN K J, LIU A M, LI Z J. Phytoplankton's community structure and its relationships with environmental factors in an aquaculture lake, Datong Lake of China[J]. Chin. J. Appl. Ecol. 2012, 23: 2107-2113.

[4] ZHAO M X, LEI L M, HAN B P. Seasonal change in phytoplankton communities in

Tangxi Reservoir and the effecting factors[J]. J.Trop. & Subtrop. Bot., 2005, 13: 386–392.

[5] XU J H, PAN W B, ZHANG H Y. Studying on planktonicalgae and characteristics of water quality of some small and adlittoral artificial lake in the city zone[J]. Ecologic Science, 2007, 26: 36–40.

[6] WANG Z, ZOU H, YANG G J, ZHANG H J, ZHUANG Y. Spatial-temporal characteristics of chlorophyll-a and its relationship with environmental factors in Lake Taihu[J]. J. Lake Sci., 2014, 26: 567–575.

[7] TIAN S M, YANG Y, QIAO Y M, HE W X, LIN J H, WANG D Y. Temporal and spatial distribution of phytoplankton chlorophyll-a and its relationships with environmental factors in Dongjiang River, Pearl River basin[J]. J. Lake Sci., 2015, 27: 31–37.

[8] LV H C, WANG F E, CHEN Y X, YU Z M, FANG Z F, ZHOU G D. Multianalysis between chlorophyll-a and environmental factors in Qiandao Lake water[J]. Chin. J. Appl. Ecol., 2003, 14: 1347–1350.

[9] JAMES R T, HAVENS K, ZHU G W, QIN B Q. Comparative analysis of nutrients, chlorophyll and transparency in two large shallow lakes (Lake Taihu, P.R. China and Lake Okeechobee, USA) [J]. Hydrobiologia, 2009, 627: 211–231.

[10] CHEN M J, LI J, DAI X, SUN Y, CHEN F Z. Effects of phosphorus and temperature on chlorophyll a contents and cell sizes of *Scenedesmus obliquus* and *Microcystis aeruginosa*[J]. Limnology, 2011, 12: 187–192.

[11] BIGGS J S, VON FUMETTI M, KELLY-QUINN M. The importance of small waterbodies for biodiversity and ecosystem services: implications for policy makers[J]. Hydrobiologia, 2017, 793: 3–39.

[12] CARLSON R E. A trophic state index for lakes[J]. Limnology and Oceanography, 1977, 22: 361–369.

[13] LI X, XU X Q, GOU M M. Study on the influence of lotus planting in Wuliangsu of Inner Mongolia on water environment[J]. Journal of Environment and Health, 2018, 35: 457–459.

[14] LIU X W, LIU J. N and P dynamic of *Phragmites australis* and *Typha angustata* litter in Dawen River wetland during the decomposition[J]. Journal of Qingdao Agricultural University (Natural Science), 2012, 29: 289–293.

[15] LI X, GAO Y. Influence of the island with grass and the island with trees to water quality in Yihe River, China[J]. Desalin Water Treat, 2018, 121: 186–190.

[16] XU S Z, WANG Y X, WANG Y D, ZHAO Y J, GAO Y. Seasonal influence of reed (*Phragmites australis*) and lotus (*Nelumbo nucifera*) on urban wetland of Yi River[J]. Appl. Ecol. Env. Res., 2019, 7: 7891–7900.

[17] LAU S S S, LANE S N. Biological and chemical factors influencing shallow lake eutrophication, a long-term study[J]. Sci. Total Environ, 2002, 288: 167-181.

[18] LIU X, LU X H, CHEN Y W. The effects of temperature and nutrient ratios on *Microcystis* blooms in Lake Taihu, China: an 11-year investigation[J]. Harmful Algae, 2011, 10: 337-343.

[19] DU G S, WANG J T, WU D W, ZHAO P, ZHANG W H, GANG Y Y. Structure and density of the phytoplankton community of Miyun Reservoir[J]. Chin. J. Plan Ecolo. , 2001, 25: 501-504.

[20] STADIG M H, COLLINGSWORTH P D, LESHT B M, HÖÖK T O, Spatially heterogeneous trends in nearshore and offshore chlorophyll a concentrations in lakes Michigan and Huron (1998-2013) [J]. Freshwater Biol. 2020, 65: 366-378.

[21] ABRANTES N, ANTUNES S, PEREIRA M, GONÇALVES F. Seasonal succession of cladocerans and phytoplankton and their interactions in a Shallow Eutrophic lake (lake Vela, Portugal) [J]. Acta Oecologica, 2006, 29: 54-64.

[22] HO J C, MICHALAK A M. Exploring temperature and precipitation impacts on harmful algal blooms across continental U.S. lakes[J]. Limnol Oceanogr, 2019, 65(5): 1-18.

大青山赤松林和黑松林生态适应研究

1 引言

山东省大青山自然保护区始建于 1959 年,2000 年被山东省政府批准为省级自然保护区,总面积为 40 km²[1],已有学者就大青山自然保护区的管理现状与建设对策[1]进行了研究,但大青山自然保护区主要植物种群和群落特征研究尚未见报道。本研究采用样方法评估大青山自然保护区乔木径级分布和物种类型,分析主要乔木的种群特征、植物群落物种丰富度、Shannon-Wiener 多样性、Simpson 多样性和 Pielou 均匀度,为大青山植物群落演替提供理论依据和重要参考。

2 研究区域和方法

2.1 研究区域

大青山省级自然保护区地处山东省临沂市费县东北,海拔为 200~768 m,地理坐标为 118°10′~119°17′E、35°20′~35°29′N,年均气温为 13.8 ℃,年均降水量为 836.6 mm。[1]大青山森林群落植物高 8~12 m,现存植物群落主要为黑松群落、刺槐群落、赤松群落、麻栎群落和栓皮栎群落。

2.2 研究方法

2.2.1 野外调查

林内调查采用典型取样法,设置样方 21 个,样方规格为 20 m×30 m,测量并记录样方内所有乔木的种类、个体数量和胸径。

2.2.2 数据分析

依据径级结构代替龄级结构分析种群格局动态。[2,3] 植物物种多样性采用物种丰富度指数(S)、Shannon-Wiener 多样性指数(H)、Simpson 多样性指数(P)和 Pielou 均匀度指数(E)。[4,5]

3 结果与分析

3.1 群落结构与物种组成

21 个森林样方内共发现维管植物 101 种,其中乔木 29 种(含当前为灌木状态的乔木树种)、灌木 14 种(不含当前为灌木状态的乔木树种)、草本植物 68 种。我们搜集了大青山周边 50 km 半径内山体的部分样方调查数据并列表比较(表 2-5),发现大青山森林群落植物种类少,物种多样性低。

表 2-5 大青山与周边 50 km 范围内山体植物种数差异

研究区域	地理坐标	面积 /km²	样方面积 /m²	植物种数
蒙山	36°00′N, 118°20′E	1125	12800	216
塔山	35°10′N, 117°35′E	204	24000	147
大青山	35°20′N, 118°10′E	40	12600	101

3.2 径级结构与乔木物种类型

3.2.1 扩展种

黑松、栓皮栎、麻栎、小叶朴、黄檀、君迁子、槲树、花曲柳、山合欢、鹅耳枥、豆梨、柿树和杜梨,共 13 种(表 2-6),其中,黑松为大青山人工造林的先锋树种,柿树为栽培树种逸散,其余 11 种均为大青山森林地带性乡土植物。

3.2.2 隐退种

刺槐和赤松,共 2 种(表 2-6),均为大青山人工造林的先锋树种。

3.2.3 稳定侵入种

大叶朴、卫矛、朴树、黄连木和白蜡,共 5 种(表 2-6),均为大青山森林地带性乡土植物。

3.2.4 随机侵入种

臭椿、桑、板栗、乌桕、杏树和盐肤木,共 6 种(表 2-6),其中,板栗和杏树为栽培树种逸散，臭椿、桑、乌桕和盐肤木为大青山森林地带性乡土植物。

3.2.5 随机隐退种

油松、毛白杨和侧柏，共3种（表2-6），其中，毛白杨和侧柏为栽培树种逸散，油松为大青山附近的蒙山森林地带性乡土植物。

表2-6 大青山森林乔木径级分布

植物种类	径级Ⅰ	径级Ⅱ	径级Ⅲ	径级Ⅳ
黑松 Pinus thunbergii	113	206	286	57
栓皮栎 Quercus variabilis	299	161	87	12
刺槐 Robinia pseudoacacia	94	56	268	35
赤松 Pinus densiflora	18	43	285	48
麻栎 Quercus acutissima	199	137	27	0
小叶朴 Celtis bungeana	433	52	4	0
黄檀 Dalbergia hupeana	235	70	3	0
大叶朴 Celtis koraiensis	229	6	0	0
君迁子 Diospyros lotus	165	40	9	0
槲树 Quercus dentata	127	28	15	1
花曲柳 Fraxinus rhynchophylla	101	13	11	0
山合欢 Albizia kalkora	94	7	1	0
鹅耳枥 Carpinus turczaninowii	52	41	4	0
卫矛 Euonymus alatus	54	38	0	0
朴树 Celtis sinensis	11	20	0	0
黄连木 Pistacia chinensis	17	6	0	0
豆梨 Pyrus calleryana	10	4	4	1
柿 Diospyros kaki	7	8	2	0
杜梨 Pyrus betulifolia	5	10	1	0
臭椿 Ailanthus altissima	12	0	0	0
白蜡 Fraxinus chinensis	5	2	2	0
桑 Morus alba	1	2	0	0
板栗 Castanea mollissima	0	3	0	0
油松 Pinus tabuliformis	0	0	1	0
乌桕 Sapium sebiferum	0	1	0	0
杏树 Armeniaca vulgaris	1	0	0	0
盐肤木 Rhus chinensis	1	0	0	0
毛白杨 Populus tomentosa	0	0	0	1
侧柏 Platycladus orientalis	0	0	1	0

3.3 主要乔木的径级结构

大青山森林群落的主要乔木径级结构呈现为两种特征:黑松种群、栓皮栎种群、麻栎种群、小叶朴种群、黄檀种群、君迁子种群和槲树种群,DBH 等级呈明显"L"形(图2-5),Ⅰ级幼苗和Ⅱ级幼树充沛,为显著增长型;刺槐种群和赤松种群 DBH 等级呈纺锤形,为稳定型,但赤松种群Ⅰ级幼苗和Ⅱ级幼树的稀缺将会带来更新困难的潜在风险(图2-5)。大青山森林群落乔木 DBH 等级整体上呈现为清晰的"L"形(图2-5),Ⅰ级幼苗和Ⅱ级幼树充沛,为增长型群落。

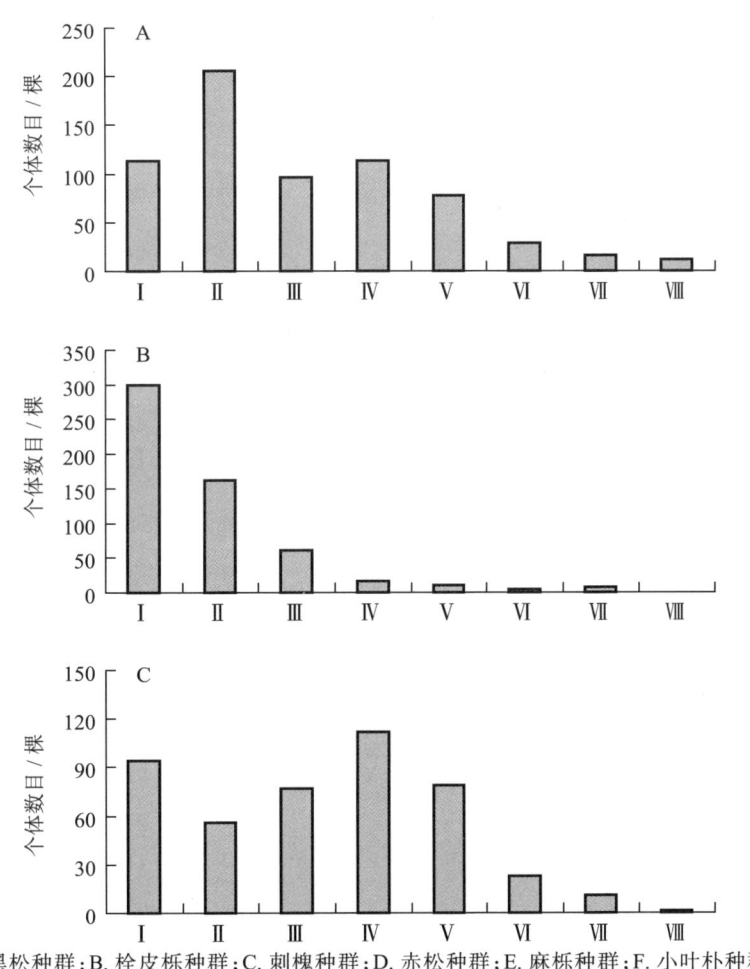

A.黑松种群;B.栓皮栎种群;C.刺槐种群;D.赤松种群;E.麻栎种群;F.小叶朴种群;
G.黄檀种群;H.君迁子种群;I.槲树种群;J.大青山乔木。

图 2-5 大青山森林群落主要乔木径级分布

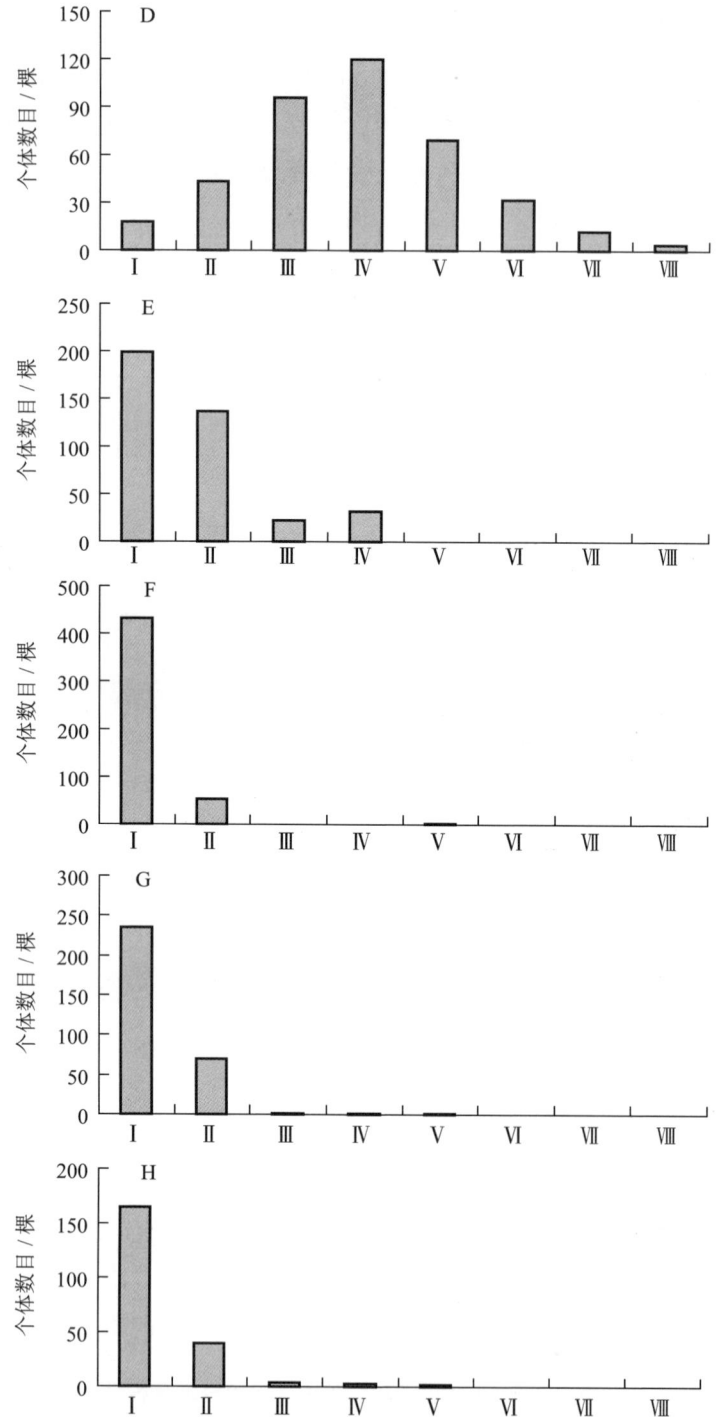

A. 黑松种群；B. 栓皮栎种群；C. 刺槐种群；D. 赤松种群；E. 麻栎种群；F. 小叶朴种群；G. 黄檀种群；H. 君迁子种群；I. 槲树种群；J. 大青山乔木。

图 2-5（续） 大青山森林群落主要乔木径级分布

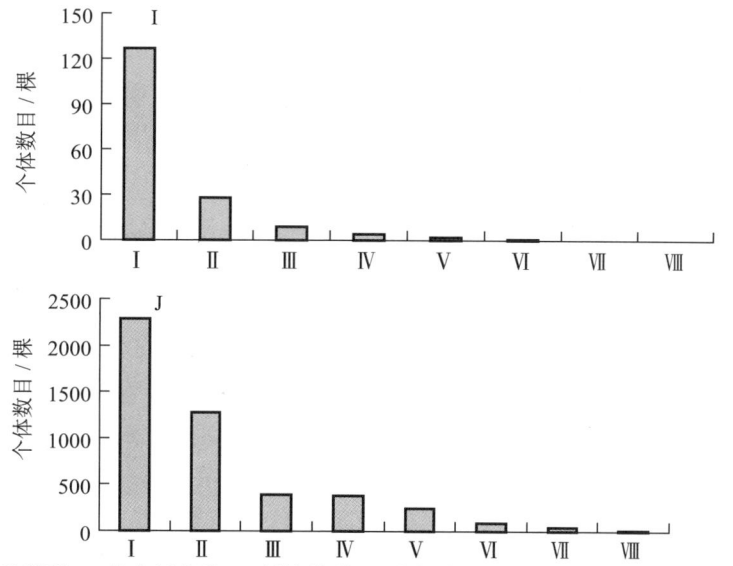

A. 黑松种群；B. 栓皮栎种群；C. 刺槐种群；D. 赤松种群；E. 麻栎种群；F. 小叶朴种群；G. 黄檀种群；H. 君迁子种群；I. 槲树种群；J. 大青山乔木。

图 2-5（续） 大青山森林群落主要乔木径级分布

3.4 乔木层物种多样性

大青山森林群落乔木层物种丰富度指数、Shannon-Wiener 多样性指数和 Simpson 多样性指数从高到低均呈现为赤松林＞黑松林＞刺槐林，而 Pielou 均匀度指数则呈现为黑松林＞赤松林＞刺槐林（图 2-6）。

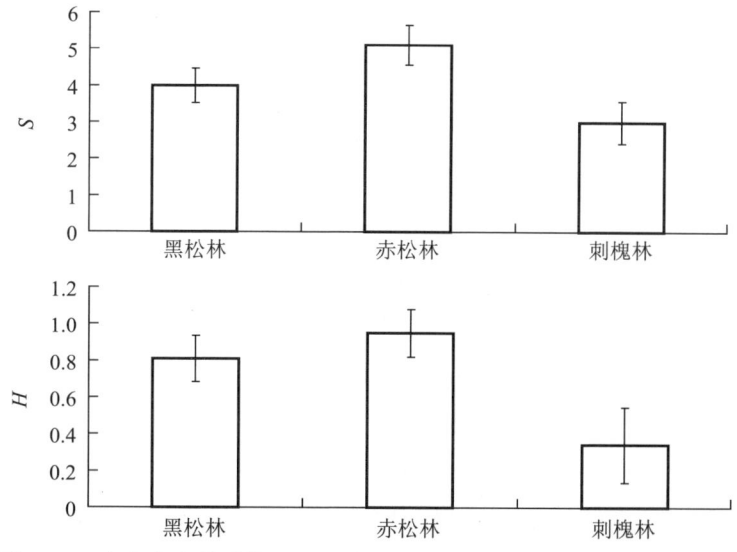

图 2-6 大青山森林群落乔木层植物物种多样性（平均值 ± 标准误差）

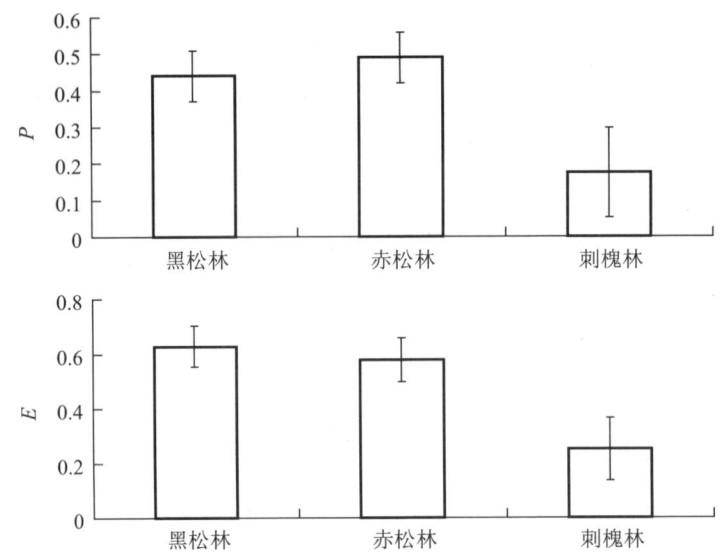

图 2-6（续） 大青山森林群落乔木层植物物种多样性（平均值 ± 标准误差）

4 结论与讨论

（1）大青山省级自然保护区 21 个植物样方内共发现维管植物 101 种,其中乔木 29 种、灌木 14 种、草本植物 68 种,群落相较于周边的塔山和蒙山来说植物种类少,物种多样性低。面积狭小、农田景观阻隔和强烈的人为干扰,导致大青山森林景观破碎化,进而致使物种稀少。另外,调查中我们发现,大青山省级自然保护区森林内有居民点、果园农田等人类活动,甚至有违规建成养殖场、农家乐等设施问题,建议保护区切实履行职责,彻底清理违规建设项目,严控人类活动及其影响。

（2）根据径级结构将本调查发现的 29 种乔木划分为 13 种扩展种、2 种隐退种、5 种稳定侵入种、6 种随机侵入种和 3 种随机隐退种。主要乔木种群径级结构型为两种：黑松种群、栓皮栎种群、麻栎种群、小叶朴种群、黄檀种群、君迁子种群和槲树种群为增长型；刺槐种群和赤松种群为稳定型。大青山乔木群落整体上为增长型群落。

（3）1966 年至 1974 年,大青山森林植被恢复时大量选择了黑松、赤松和刺槐为造林种。乔木层物种丰富度指数、Shannon-Wiener 多样性指数和 Simpson 多样性指数从高到低均呈现为赤松林＞黑松林＞刺槐林,而 Pielou 均匀度指数则呈现为黑松林＞赤松林＞刺槐林,所以赤松更适合作为大青山造林树种。经过四五十年的封育和抚育,加之受自然演替影响,原有造林类型仍较大规模存在，但当前植被类型中麻栎和栓皮栎种群已有较大幅度恢复，且顺利扩散侵入黑松林、赤松林和刺槐林内，局部区域甚至已成林。小叶朴、黄檀、君迁子和槲树等乡土树种的定居和拓殖对植物群落的组成结构、抗干扰能力及生态效益产生了重大影响，表明该区域人工造林或长期封育能促进植被的恢复。

参考文献

[1] 吴丽云,刘莉,江秀莲,等.浅析临沂大青山省级自然保护区的管理现状与建设对策[J].内蒙古林业调查设计,2014,37(2):13-14.

[2] 高远,朱孔山,郝加琛,等.山东蒙山6种造林树种40余年成林效果评价[J].植物生态学报,2013,37:728-738.

[3] 高远,刘建,赵卫光.蒙山沟谷次生林群落结构和物种多样性[J].林业资源管理,2017,33(4):69-74.

[4] 方精云,王襄平,沈泽昊,等.植物群落清查的主要内容、方法和技术规范[J].生物多样性,2009,17:533-548.

[5] TOM L, CHRISTINA A C. Measuring diversity: the importance of species similarity[J]. Ecology, 2012, 93: 477-489.

[6] 高远,慈海鑫,邱振鲁,等.山东蒙山植物多样性及其海拔梯度格局[J].生态学报,2009,29:6377-6384.

[7] 高远,陈玉峰,董恒,等.50年来山东塔山植被与物种多样性的变化[J].生态学报,2011,31:5984-5991.

山东塔山大面积赤松人工造林 50 年适生性评价

1 引言

生物多样性与物种共存向来被列为生态学核心研究问题[1],森林发育现状和潜力受限于并制约区域生态保育和生物多样性恢复[2]。当前我国森林资源主体为各种次生林与人工林,其结构研究受到大量学者的高度重视。[3] 土壤是森林生态系统的基础条件和物质基础[4],决定且限制林业生产和森林健康[5]。

赤松(*Pinus densiflora*)主要从长白山经辽东半岛和山东半岛至云台山狭长间断分布。[6,7] 赤松喜光耐寒,生长快,是分布区内中性至酸质土山地的主要造林树种选择。[8] 山东塔山赤松林主要源于 20 世纪 50 年代末至 70 年代中期人工造林后转为长期封育形成的,约占塔山森林面积的 30%,黑松林和次生林面积分别为 50% 和 15%。

已有学者就 1959 年和 2009 年的塔山植被现状[9,10]进行了系统调查,但尚未见关于赤松人工造林适生性评价的报道,本研究以赤松林为实验组,次生林为对照组,采用样方法评估赤松林和次生林乔木径级分布和物种类型,分析 4 种物种多样性指数和 7 种土壤养分指标,明确判断塔山赤松人工造林适生性,并为塔山乃至沂蒙山区赤松人工造林和植物群落演替提供参考依据。

本研究的研究假设为:① 从个体和种群层面预测,塔山为赤松林适生分布区。② 从群落和生态系统层面预测,塔山赤松林 4 种物种多样性指数和 7 种土壤养分值不会显著低于当地次生林。

2 研究区域和方法

2.1 研究区域

塔山位于 35°1′~36°0′N、117°4′~118°2′E,地处山东东南部,面积为 204 km²,年均气温为 13.4 ℃,年均降水量为 900 mm,森林覆盖率为 85%[10],现为世界地质公园和国家森林公园。

2.2 研究方法

2.2.1 野外调查

本次所调查森林群落为中龄林[11],处于长期封育自然演替状态。设置赤松林和次生林各 5 组重复样地。样地位置接近,生态环境相似,林龄均为 50 年。设置样方规模为 20 m×30 m。乔木层和灌木层测量胸径(DBH)≥ 5 cm 和 < 5 cm 种类、数量和胸径[11-12],草本层测量种类、数量和草高[12,13]。土壤规格为 5 m×5 m,选取多点挖取约 1 kg 土样封袋。土壤有机质依据 LY/T 1237—1999,采用滴定法测定;全氮和水解性氮依据 LY/T 1228—2015,采用凯氏定氮法和滴定法测定;全磷和有效磷依据 LY/T 1232—2015,采用碱熔-钼锑抗分光光度法和比色法测定;全钾和速效钾依据 LY/T 1234—2015,采用原子吸收分光光度法测定。

2.2.2 数据分析

本研究采用径级结构分析种群类型[14]:Ⅰ级,DBH < 2.5 cm;Ⅱ级,2.5 cm ≤ DBH < 7.5 cm;Ⅲ级,7.5 cm ≤ DBH < 22.5 cm;Ⅳ级,DBH ≥ 22.5 cm。扩展种,Ⅰ+Ⅱ>Ⅳ 或 Ⅰ+Ⅱ>Ⅲ;隐退种,Ⅳ>Ⅰ+Ⅱ 或 Ⅲ>Ⅰ+Ⅱ;稳定侵入种,Ⅰ>Ⅱ,Ⅲ=Ⅳ=0;随机侵入种,Ⅰ 或 Ⅱ≈0,Ⅲ=Ⅳ=0。[14,15]

4 种植物多样性指数采用丰富度指数(S)、Shannon-Wiener 多样性指数(H)、Simpson 多样性指数(P)和 Pielou 均匀度指数(E)。[12,13]计算公式分别为:S=样方内的植物物种数目;$H = -\sum P_i \ln P_i$;$P = 1 - \sum P_i^2$;$E = H/\ln S$。统计分析采用 SPSS 17.0 中文版统计软件分析。

3 结果与分析

3.1 径级结构与乔木物种类型

3.1.1 扩展种

栓皮栎、刺槐和元宝槭,共 3 种(表 2-7),其中,刺槐为塔山人工造林的先锋树种,栓皮栎和元宝槭为塔山森林地带性乡土植物。

3.1.2 隐退种

赤松、黑松和日本落叶松,共3种(表2-7),均为塔山人工造林的先锋树种。

3.1.3 稳定侵入种

花曲柳、水榆花楸、君迁子、山樱花、槲树、糖槭、山合欢、黄连木、毛樱桃、黄檀、麻栎、黄栌和大叶朴,共13种(表2-7),除糖槭和毛樱桃为栽培逸散种外,其余11种均为塔山森林地带性乡土植物。

3.1.4 随机侵入种

大果榆、白檀、三桠乌药、臭椿、花楸、豆梨、鹅耳枥、桑和朴树,共9种(表2-7),均为塔山森林地带性乡土植物。

表2-7　塔山赤松林和次生林森林群落乔木径级分布

	Ⅰ级/棵 ($DBH<2.5$ cm)	Ⅱ级/棵 (2.5 cm$\leqslant DBH<7.5$ cm)	Ⅲ级/棵 (7.5 cm$\leqslant DBH<22.5$ cm)	Ⅳ级/棵 (22.5 cm$\leqslant DBH$)
栓皮栎	283	86	43	4
赤松	5	13	135	12
刺槐	57	22	23	3
花曲柳	71	8	0	0
水榆花楸	59	1	0	0
君迁子	37	10	0	0
山樱花	42	1	0	0
槲树	39	2	0	0
糖槭	23	1	0	0
山合欢	22	1	0	0
元宝槭	10	6	5	0
黄连木	12	6	0	0
毛樱桃	14	3	0	0
黑松	0	3	14	0
朴树	2	14	0	0
黄檀	9	3	0	0
麻栎	6	6	0	0
黄栌	6	5	0	0

续表

	Ⅰ级/棵 (DBH<2.5 cm)	Ⅱ级/棵 (2.5 cm≤DBH<7.5 cm)	Ⅲ级/棵 (7.5 cm≤DBH<22.5 cm)	Ⅳ级/棵 (22.5 cm≤DBH)
栓皮栎	283	86	43	4
大果榆	7	0	0	0
大叶朴	6	1	0	0
白檀	6	0	0	0
三桠乌药	5	0	0	0
臭椿	4	0	0	0
花楸	4	0	0	0
豆梨	1	1	0	0
日本落叶松	0	1	1	0
鹅耳枥	1	0	0	0
桑	1	0	0	0
总计	732	194	221	19

3.1.5 各径级类型内主要树种

群落内Ⅰ级径级类型主要为栓皮栎幼苗,花曲柳、水榆花楸、刺槐、山樱花、槲树、君迁子等幼苗也较多(图2-7A)。群落内Ⅱ级径级类型主要为栓皮栎幼树,刺槐、朴树、赤松、君迁子、花曲柳等幼树也较多(图2-7B)。群落内Ⅲ级径级类型主要为赤松,栓皮栎、刺槐、黑松、元宝槭、日本落叶松等也较多(图2-7C)。群落内Ⅳ级径级类型主要为赤松,其次为栓皮栎和刺槐(图2-7D)。

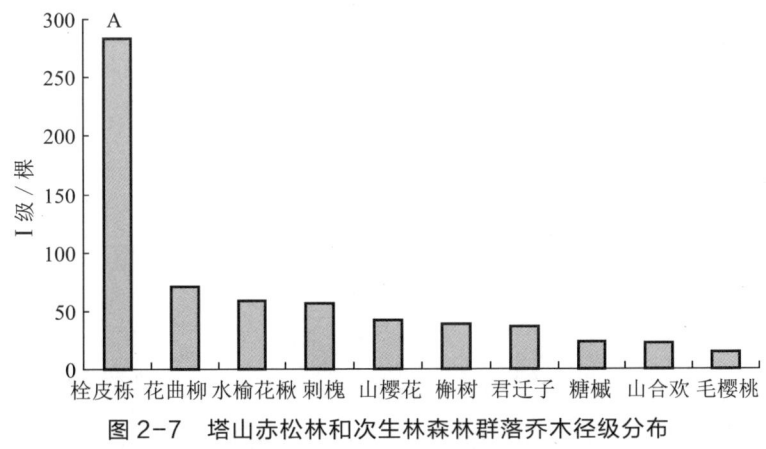

图2-7 塔山赤松林和次生林森林群落乔木径级分布

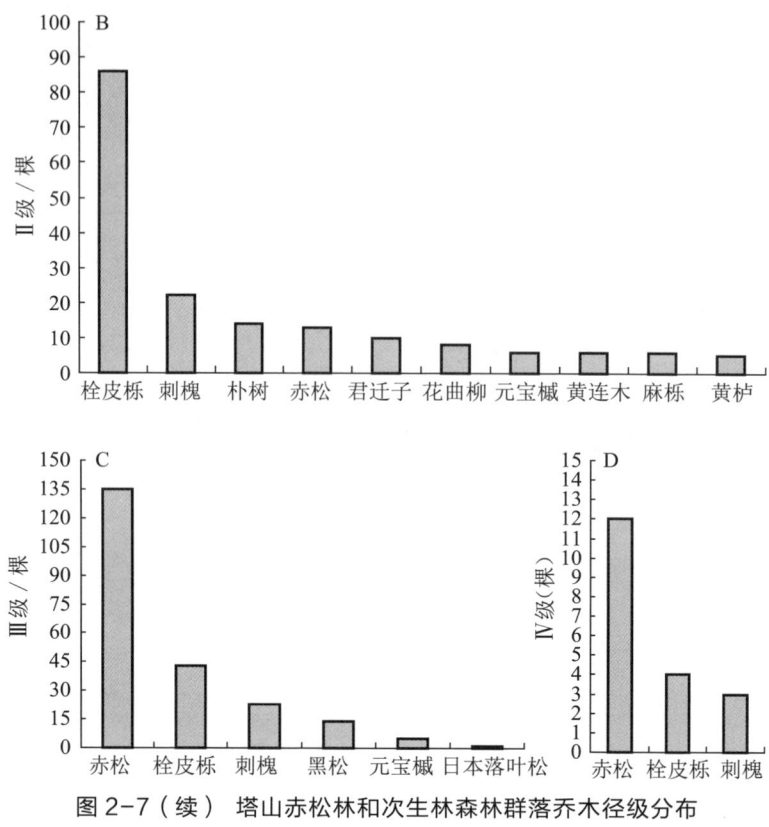

图2-7（续） 塔山赤松林和次生林森林群落乔木径级分布

3.2 物种多样性

乔木层的丰富度：赤松林＞次生林；Shannon-Wiener多样性、Simpson多样性和Pielou均匀度：赤松林＜次生林（$p>0.05$）。灌木层的丰富度和Shannon-Wiener多样性：赤松林＞次生林；Simpson多样性和Pielou均匀度：赤松林＜次生林（$p>0.05$）。草本层的物种多样性指数：赤松林＞次生林（$p<0.05$）（图2-8）。

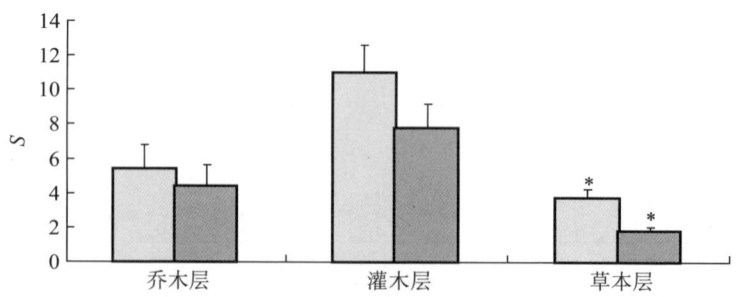

图2-8 塔山赤松林和次生林乔木层、灌木层和草本层植物物种多样性差异（平均值+标准误差）

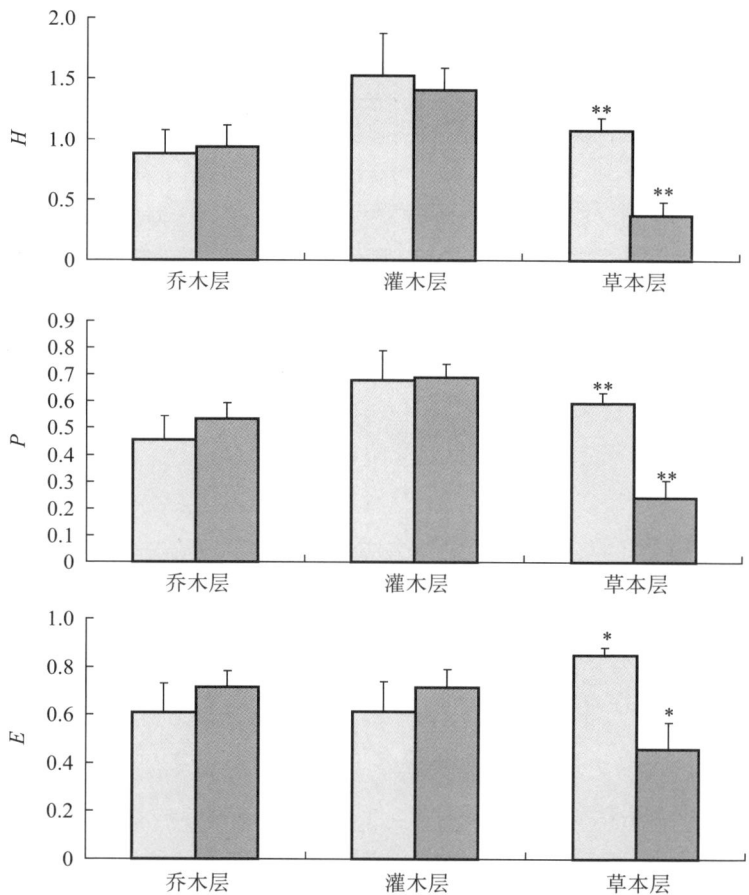

图 2-8(续) 塔山赤松林和次生林乔木层、灌木层和草本层植物物种多样性差异（平均值+标准误差）

3.3 土壤养分

塔山赤松林和次生林 7 种土壤养分指标呈现为：土壤有机质、全氮、水解性氮和速效钾含量为赤松林＞次生林（$p>0.05$），土壤全磷、全钾和有效磷含量为赤松林＜次生林（$p>0.05$）（图 2-9）。

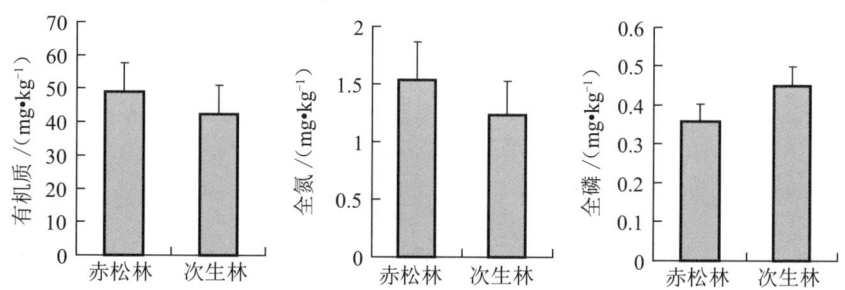

图 2-9 塔山赤松林和次生林土壤有机质、全氮磷钾和速效氮磷钾差异（平均值+标准误差）

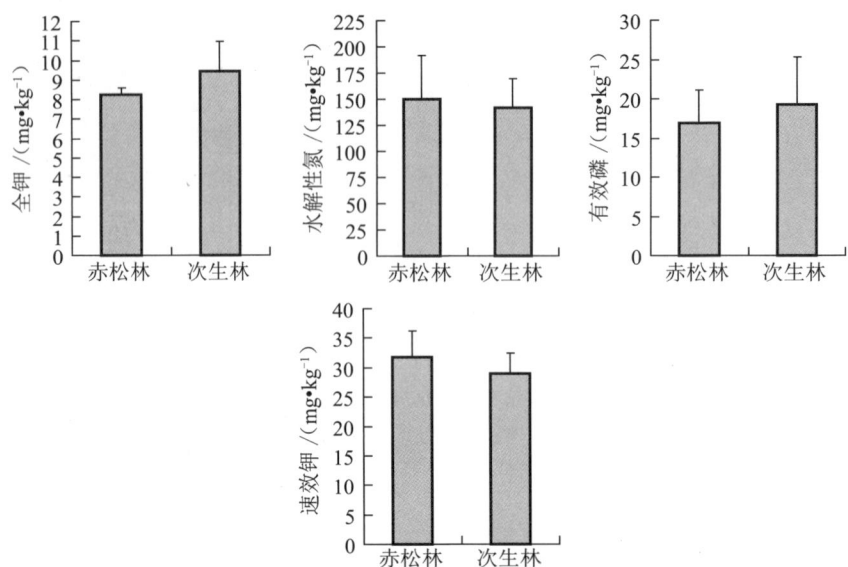

图 2-9（续） 塔山赤松林和次生林土壤有机质、全氮磷钾和速效氮磷钾差异（平均值＋标准误差）

4 结论与讨论

（1）调查中发现扩展种和隐退种各有 3 种，稳定侵入种有 13 种，随机侵入种有 9 种。其中，赤松、黑松、刺槐、日本落叶松为塔山人工造林的先锋树种，糖槭和毛樱桃为栽培逸散种，栓皮栎、元宝槭、花曲柳、水榆花楸、君迁子、山樱花、槲树、山合欢、黄连木、黄檀、麻栎、黄栌、大叶朴、大果榆、白檀、三桠乌药、臭椿、花楸、豆梨、鹅耳枥、桑和朴树为塔山森林地带性乡土植物。赤松可以在塔山完成整个生活史和繁殖过程，从个体和种群层面评价，塔山是赤松适生区，但赤松幼苗和幼树显著稀缺，将会导致种群难以更新。

（2）塔山乔木层和灌木层的 4 种物种多样性指数在赤松林与次生林无显著差异，而草本层 4 种物种多样性指数在赤松林均显著高于次生林。塔山（赤松林与次生林）的土壤有机质、全氮磷钾和速效氮磷钾含量无显著差异。从群落和生态系统层面评价，塔山是赤松林适生区。

（3）20 世纪 50 年代至 70 年代，塔山森林植被恢复时大面积以赤松为造林种，经过 50 年封育和自然演替影响，原有赤松林仍有较大规模存在，但栓皮栎等次生乡土树种已有较大幅度恢复，且顺利扩散侵入赤松林内，局部区域甚至已成林，表明该区域赤松人工造林或长期封育能促进植被恢复进程。

参考文献

[1] 牛克昌,刘怿宁,沈泽昊,等.群落构建的中性理论和生态位理论[J].生物多样性,2009,17:579-593.

[2] 丁易,臧润国.海南岛霸王岭热带低地雨林植被恢复动态[J].植物生态学报,2011,35:577-586.

[3] 邓莉萍,白雪娇,秦胜金,等.辽东山区次生林物种多样性的空间分布及尺度效应[J].应用生态学报,2016,27:2197-2204.

[4] 宋会兴,苏智先,彭远英.山地土壤肥力与植物群落次生演替关系研究[J].生态学杂志,2005,24:1531-1533.

[5] 姜林,耿增超,张雯,等.宁夏贺兰山、六盘山典型森林类型土壤主要肥力特征[J].生态学报,2013,33:1982-1993.

[6] 王仁卿,周光裕.山东半岛赤松林的天然更新及其发展前途的研究[J].生态学杂志,1989,8(2):18-22.

[7] 杜华.昆嵛山赤松林不同林型结构特征与生产力的研究[J].北京林业大学学报,2012,34(1):19-24.

[8] 白世红,董金伟,马风云.山东药乡林场赤松林适地适树调查研究[J].山东林业科技,2017,230(3):78-81.

[9] 周光裕.山东塔山的植被[J].山东大学学报(自然科学版),1962,(3):53-67.

[10] 高远,陈玉峰,董恒,等.50年来山东塔山植被与物种多样性的变化[J].生态学报,2011,31:5984-5991.

[11] 汪舟,方欧娅.山东蒙山森林冠层绿度与树干径向生长的关系[J].生态学报,2017,37:7514-7527.

[12] 方精云,沈泽昊,唐志尧,等."中国山地植物物种多样性调查计划及若干技术规范"[J].生物多样性,2004,12:5-9.

[13] 方精云,王襄平,沈泽昊,等.植物群落清查的主要内容、方法和技术规范[J].生物多样性,2009,17:533-548.

[14] 高远,朱孔山,郝加琛,等.山东蒙山6种造林树种40余年成林效果评价[J].植物生态学报,2013,37:728-738.

[15] 万慧霖,冯宗炜.庐山常绿阔叶林物种组成及其演替趋势[J].生态学报,2008,28:1147-1156.

一种新发现的 Cr 超富集植物金银花及其抗性机制研究

1 引言

土壤重金属污染是我国环境污染中面积最广、危害最大的环境问题之一。[1]环境保护部曾对 3600 km² 的基本农田保护区进行土壤重金属调查,发现超标率达 12.1%。[2]有毒重金属进入土壤,不仅直接破坏土壤理化结构和毒害土壤生态系统,还会间接造成水体污染以及生物富集作用进而危害人体健康[3],其污染过程具有隐蔽性、滞后性、长期性、积累性、不可逆性和地域差异性的特点[4]。因此,治理和修复重金属污染土壤成为研究热点和迫切需要解决的全球性问题。[3,5]

重金属污染土地的治理大致有客土法、石灰改良法、化学淋洗法、植物修复技术等。[6]植物修复技术属原位修复技术,具有廉价、高效、就地、土壤扰动小、环境友好性、能大面积推广等优点[3,4],逐渐成为研究热点,并被认为是最有前途的重金属污染土壤修复技术[3,5]。

植物修复是指利用野生植物或栽培植物对污染土壤、沉积物、地下水和地表水中的污染物进行的清除技术,是一种有效的绿色生物技术。[6]植物修复技术分为植物挥发、植物稳定、植物提取和植物过滤四种方法[7],以植物提取最为重要,即通过超富集植物的吸收积累和转运作用,将土壤中的重金属转移到植物的地上部分,通过收获地上部分并集中处理的方法以降低土壤中的重金属含量[3,4]。

铬被认为是全球第二大重金属污染源,多以 Cr(Ⅲ)和 Cr(Ⅵ)形式存在,主要源自含铬矿石的加工、金属表面处理、皮革揉制和印染等行业。[8,9]铬会影响植物的生理过程,如光合作用、水分运输和养分吸收[10-13],减缓植物生长[14,15],并最终会导致植物死亡。目前迫切需要利用有效的技术将铬从环境中去除[16],而植物修复已成为一个非常有前途的铬污染土壤的修复技术[16-19]。全球科学家们已发现 4 种铬超富集植物,可以作为铬污染土壤的植物修复工具种,即尼科菊(*Dicoma niccolifera*)和线蓬(*Sutera fodina*)[20,21]、李氏禾(*Leersia hexandra*)[22,23]和互花米草(*Spartina alterniflora*)[24]。铬污染土壤亟须修复,而我们对铬超富集植物的耐受机制和影响因子还缺乏足够的认识。[25,26]因此深入研究铬超富集植物的耐受机制和影响因子,对于培育高耐性铬超富集植物,提高铬污染土壤的植物修复效率有着重要的理论意义和现实价值。

本研究新发现 1 种铬超富集植物金银花(*Lonicera japonica*),利用 Cr(Ⅲ)水培处理研究其富集特征,利用 Cr(Ⅲ)水培和土培处理分析检测有机酸和色素含量,以尝试揭示其耐受机制。

2 材料与方法

2.1 植物材料

本研究选用的植物是金银花,为多年生半常绿灌木,是我国典型藤本植物,具有生长快、寿命长、根系发达、抗性强、适应性广和对土壤要求不严等特点,具有很高的经济价值和绿化价值。选用的金银花为 1 年生苗,基茎约为 0.5 cm,高度约为 30 cm,购自临沂市平邑沂蒙金银花苗木繁育基地。

2.2 Cr(Ⅲ)胁迫模拟实验

2.2.1 Cr(Ⅲ)胁迫耐受模拟实验

采用室内 Cr(Ⅲ)胁迫模拟的水培实验方法,选择长势基本相同的金银花苗木,用 $CrCl_3 \cdot 6H_2O$ 配置 Cr(Ⅲ)胁迫水溶液进行水培耐受试验。设置初筛浓度梯度为 CK(0 mg·L^{-1})、1000 mg·L^{-1}、2000 mg·L^{-1}、3000 mg·L^{-1}、4000 mg·L^{-1}和 5000 mg·L^{-1},每个梯度处理设置 3 个重复,自 2014 年 6 月 15 日至 6 月 25 日,室内自然光培养 10 天后检测植株存活状况。

2.2.2 Cr(Ⅲ)胁迫富集模拟实验

选择长势齐整的金银花苗木,用 $CrCl_3 \cdot 6H_2O$ 配置 Cr(Ⅲ)胁迫水溶液进行水培和土培试验。水培组设置浓度梯度为 CK(0 mg·L^{-1})、150 mg·L^{-1}、

300 mg·L^{-1} 和 450 mg·L^{-1}，每个梯度处理均设置 6 个重复。自 2014 年 7 月 12 日至 10 月 22 日，室内自然光培养，每隔 10 天添自来水 1 次，100 天后取样测定 Cr（Ⅲ）在植株的分布情况与叶片各项指标含量。土培组设置与水培组相同的浓度梯度、重复数、培养时间和维护方式，室外自然光培养，100 天后取样测定叶片各项指标含量。

图 2-10　照片组 1 Cr（Ⅲ）胁迫水培和土培模拟实验

2.3　检测内容

将 Cr（Ⅲ）胁迫富集模拟实验水培组金银花苗木约 1/2 叶片摘取，封袋，送检，检测柠檬酸、苹果酸、草酸、花青素、胡萝卜素、Chla 和 Chlb 含量。植株收集，封袋，送检，检测 Cr（Ⅲ）含量。

将 Cr（Ⅲ）胁迫富集模拟实验土培组金银花苗木叶片摘取，封袋，送检，检测柠檬酸、苹果酸、草酸、花青素、胡萝卜素、Chla 和 Chlb 含量。

2.4　检测方法

2.4.1　Cr（Ⅲ）含量检测

将待测金银花苗木放入 120 ℃烘箱杀青 30 min，然后以 85 ℃恒温烘干 24 h，分解为根茎和叶片两部分后称重，取少量放入马伏炉中 510 ℃灰化 12 h，室温冷却后用浓 HNO_3 硝解，以去离子水定容至 25 mL 后，用日立原子吸收光谱仪测定 Cr（Ⅲ）含量，本项检测在临沂大学生命科学学院实验室完成。

2.4.2　柠檬酸、苹果酸和草酸含量检测

叶片经过提取和离心后，样液经 0.3 μm 滤膜抽滤，以（NH_4）$2HPO_4$-H_3PO_4 缓冲溶液（pH=2.7）为流动相，用高效液相色谱法在 C_{18} 色谱柱上分离，于 210 nm 处经紫外检测器检测，外标法测定柠檬酸、苹果酸和草酸含量，此三项检

测在青岛科标检测研究院环境实验室完成。

2.4.3 花青素和胡萝卜素含量检测

胡萝卜素含量检测依据 GB/T 5009.83—2003,采用高效液相色谱法检测;花青素含量检测依据 GB/T 22244—2008,采用高效液相色谱法检测。这两项检测在青岛科标检测研究院环境实验室完成。

2.4.4 Chla 和 Chlb 含量检测

称取 0.1 g 叶片,剪碎,放在研钵中,加入乙醇 10 mL 共研磨成匀浆,再加 5 mL 乙醇,过滤,将滤液用乙醇定容到 25 mL,用 721 分光光度计以 665 nm 和 649 nm 波长测出该色素液的光密度,计算转化为 Chla 和 Chlb 含量。这两项检测在青岛科标检测研究院环境实验室完成。

3 结果与分析

3.1 金银花的 Cr(Ⅲ)胁迫耐受性

室内金银花一年生苗木 Cr(Ⅲ)胁迫耐受实验显示,金银花植株最高可耐受 3000 $mg·L^{-1}$ 的极端 Cr(Ⅲ)浓度,此浓度下植株还可正常生长;金银花植株在 4000 $mg·L^{-1}$ 的极端 Cr(Ⅲ)浓度下出现干枯和死亡现象,此浓度下植株无法存活。金银花的 Cr(Ⅲ)胁迫耐受性远远超过我国早前发现的唯一的铬超富集植物李氏禾 60 $mg·L^{-1}$ 的 Cr(Ⅲ)浓度。[25-26]

3.2 金银花的 Cr(Ⅲ)胁迫富集性

铬超富集植物是指能超量吸收土壤中的铬并将其转运到地上部分的特殊植物。被确定为铬超富集植物应同时具备以下三个基本特征(铬超富集植物筛选标准和依据):① 植物地上部分富集的铬达到或超过临界含量 1000 $mg·kg^{-1}$。② 植物铬富集系数(植物体内铬浓度与水培铬浓度或土壤铬浓度的比值)和铬转运系数(植物地上部分铬含量与根部铬含量的比值)均要大于 1。③ 植物在满足上述两个条件的前提下,没有出现明显的毒害症状。[27,28]基于此标准,150～450 $mg·L^{-1}$ 的水培 Cr(Ⅲ)溶液下金银花生长良好,叶片平均铬含量为 1297.14 $mg·kg^{-1}$(图 2-11),平均铬富集系数为 5.19,平均铬转运系数为 1.79,符合铬超富集植物的认定标准,即金银花是一种新的铬超富集植物。

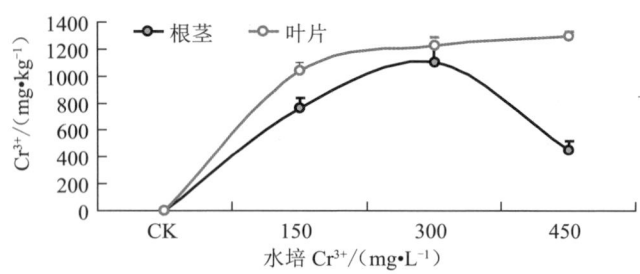

图 2-11 Cr（Ⅲ）胁迫下水培组金银花根茎和叶片的 Cr（Ⅲ）含量变化

3.3 金银花的 Cr（Ⅲ）胁迫耐受机制

已有大量证据表明，超富集植物能够大量分泌有机酸，活化土壤中的重金属，促进植物体对重金属的吸收、转运、积累和贮存。[25, 26] 本研究发现，随着 Cr（Ⅲ）胁迫浓度增加，柠檬酸和苹果酸含量呈现先下降后上升的特征（图 2-12A 和图 2-12B），土培组金银花 450 mg•L^{-1} 和 300 mg•L^{-1} 两组 Cr 胁迫浓度下的柠檬酸含量极显著低于 CK（$p<0.01$）。而草酸含量则随着 Cr 胁迫浓度增加呈现上升的特征（图 2-12C），水培组金银花 450 mg•L^{-1} Cr 胁迫浓度下的草酸含量显著高于 CK（$p<0.05$）。这表明，在金银花耐受 Cr（Ⅲ）胁迫过程中，草酸的大量分泌起到了重要作用，而柠檬酸和苹果酸基本没有产生影响。这与铬超富集植物李氏禾的 Cr（Ⅲ）胁迫耐受实验结果[25-26]一致，预示着草酸可能是铬超富集植物共同的耐受性来源。

随着 Cr（Ⅲ）胁迫浓度增加，花青素和胡萝卜素含量呈现一直上升的特征（图 2-12D～E）。水培组金银花 450 mg•L^{-1} Cr 胁迫浓度下的花青素含量极显著高于 CK（$p<0.01$）。土培组金银花 450 mg•L^{-1} 和 300 mg•L^{-1} 两组 Cr 胁迫浓度下的花青素含量极显著或显著高于 CK（$p<0.01$，$p<0.05$）。水培组金银花 450 mg•L^{-1} 和 300 mg•L^{-1} 两组 Cr（Ⅲ）胁迫浓度下的胡萝卜素含量极显著或显著高于 CK（$p<0.01$，$p<0.05$）。这表明，在金银花耐受 Cr（Ⅲ）胁迫过程中，花青素和胡萝卜素的大量分泌起到重要作用，预示着花青素和胡萝卜素也可能是铬超富集植物的耐受性来源。

随着 Cr（Ⅲ）胁迫浓度增加，Chla、Chlb 和 Chl（a+b）含量呈现一直上升的特征（图 2-12F～H）。水培组金银花 450 mg•L^{-1} 和 300 mg•L^{-1} 两组 Cr 胁迫浓度下的 Chla 含量均显著高于 CK（$p<0.05$），Chlb 含量极显著或显著高于 CK（$p<0.01$，$p<0.05$）。土培组金银花 300 mg•L^{-1} Cr 胁迫浓度下的 Chlb 含量显著高于 CK（$p<0.05$）。水培组和土培组两种类型的金银花在

450 mg·L^{-1} Cr 胁迫浓度下的 Chl（a+b）含量极显著或显著高于 CK（$p < 0.01$，$p < 0.05$）。已发现 1 μmorl·L^{-1}（低浓度）和 100 μmorl·L^{-1}（中浓度）Cr（Ⅲ）胁迫可以增加植物叶片的叶绿素和糖含量[29]，甚至 1 morl·L^{-1}（高浓度）Cr（Ⅲ）胁迫可以在短期内增加植物叶片的叶绿素含量和光合作用，但接着会迅速引起 Chla 减少。[30] 本研究表明，在金银花耐受 3～9 morl·L^{-1}（高浓度）Cr（Ⅲ）胁迫过程中，代表植物体光合作用能力的 Chla、Chlb 和 Chl（a+b）含量随着 Cr（Ⅲ）胁迫浓度增加而增加，从而抵抗和消解了 Cr（Ⅲ）胁迫。

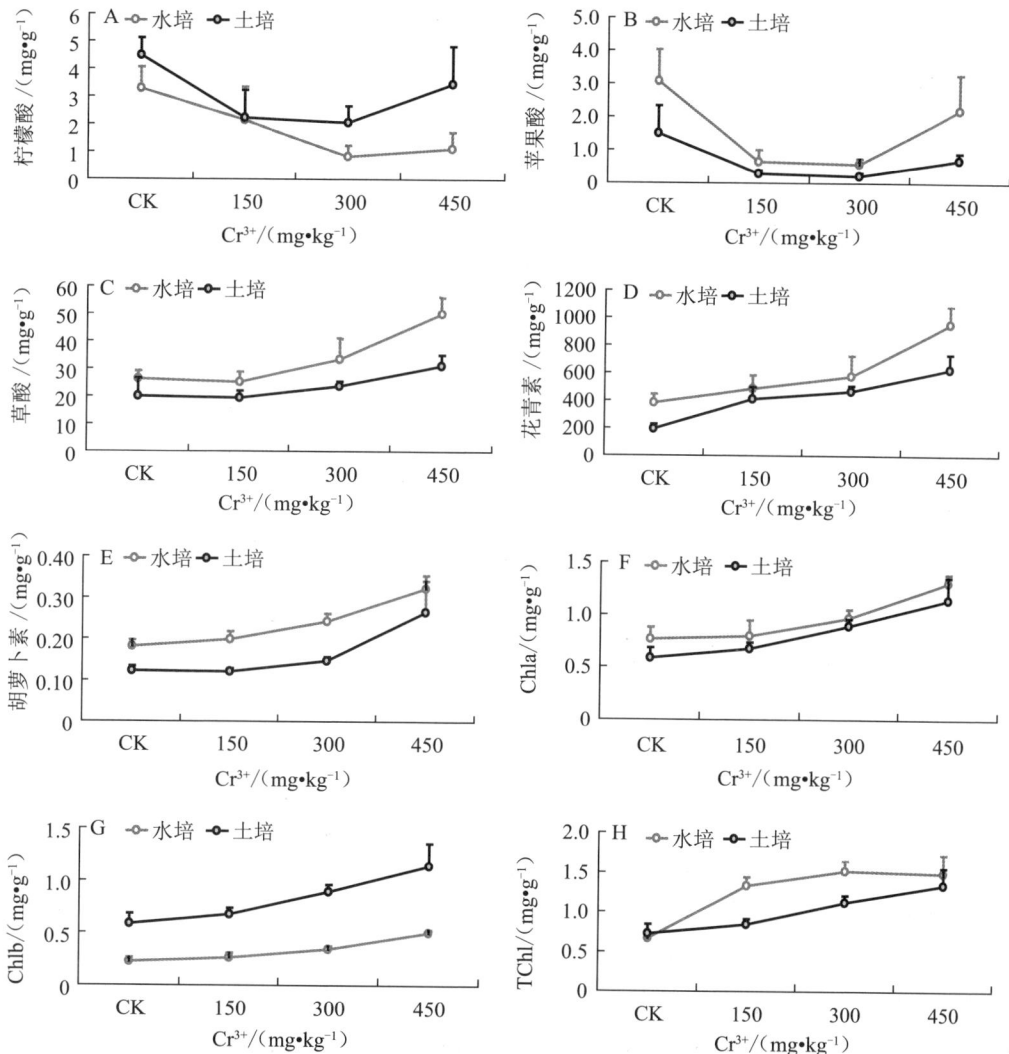

图 2-12　Cr（Ⅲ）胁迫下水培组和土培组金银花叶片的柠檬酸、苹果酸、草酸、花青素、胡萝卜素、Chla、Chlb 和 Chl（a+b）含量变化

从表2-8可看出，C_r（Ⅲ）胁迫下水培组和土培组金银花叶片的Chla、Chlb、花青素、胡萝卜素、草酸任意两者之间呈显著正相关，柠檬酸与草酸、苹果酸呈显著正相关。

表2-8 C_r（Ⅲ）胁迫下水培组和土培组金银花叶片的柠檬酸、苹果酸、草酸、花青素、胡萝卜素、Chla、Chlb的相关性分析

	Chla	Chlb	花青素	胡萝卜素	草酸	柠檬酸	苹果酸
Chla	1.00						
Chlb	0.64**	1.00					
花青素	0.47**	0.42**	1.00				
胡萝卜素	0.87**	0.48**	0.47**	1.00			
草酸	0.53**	0.61**	0.51**	0.55**	1.00		
柠檬酸	0.23	0.30*	0.11	0.32*	0.34**	1.00	
苹果酸	0.03	0.16	-0.03	0.12	0.25*	0.62**	1.00

注：**，$P<0.01$；*，$P<0.05$。

4 结论

（1）本研究新发现1种Cr超富集植物金银花，其叶片Cr平均含量为1297.14 mg·kg^{-1}，平均Cr富集系数为5.19，平均Cr转运系数为1.79，为全球第5种、中国第2种Cr超富集植物，为全球首例木本Cr超富集植物。

（2）本研究发现金银花最高可耐受3000 mg·L^{-1}的极端Cr（Ⅲ）浓度，是当前世界上Cr（Ⅲ）耐受性最强的植物，是Cr超富集植物李氏禾60 mg·L^{-1}极端Cr（Ⅲ）耐受浓度的50倍。

（3）本研究支持Cr超富集植物李氏禾"草酸分泌会增大Cr耐受性，而柠檬酸和苹果酸分泌基本不起作用"论断，共同揭示草酸可能是铬超富集植物共同的耐受性来源。同时还新发现花青素和胡萝卜素分泌会增大Cr耐受性，可能也是铬超富集植物的耐受性来源。

（4）本研究新发现的铬超富集植物金银花，与早前报道的4种铬超富集植物尼科菊、线蓬、李氏禾和互花米草相比，具有更强的生存适应能力，尤其适合作为各种干旱半干旱或贫瘠半贫瘠乃至各种高热高寒等极端铬污染土壤的植物修复工具种，具有很广阔的推广应用前景。

参考文献

[1] 杨红飞,王友保,李建龙. 铜、锌污染对水稻土中油菜(Brassica chinensis L.)生长的影响及累积效应研究[J]. 生态环境学报, 2011, 20: 1470-1477.

[2] 曾希柏,李莲芳,梅旭荣. 中国蔬菜土壤重金属含量及来源分析[J]. 中国农业科学, 2007, 40: 2507-2517.

[3] 张富运,陈永华,吴晓芙,梁希. 铅锌超富集植物及耐性植物筛选研究进展[J]. 中南林业科技大学学报, 2012, 32(12): 92-96.

[4] 刘茜,闫文德,项文化. 湘潭锰矿业废弃地土壤重金属含量及植物吸收特征[J]. 中南林业科技大学学报, 2009, 29(4): 25-29.

[5] Purakayastha T J, Chhonkar P K. Phytoremediation of heavy metal contaminated soils[J]. Soil Biology, 2010, 19: 389-429.

[6] 方晰,田大伦,康文星. 湘潭锰矿矿渣废弃地植被修复盆栽试验[J]. 中南林业科技大学学报(自然科学版), 2007, 27: 14-19.

[7] XU S, JAFFE P R. Effects of plants on the removal of hexavalent chromium in wetland sediments[J]. J. Environ. Qual., 2006, 35: 334-341.

[8] FANG H H, JING T, LIU Z Q, ZHANG L P, JIN Z P, PEI Y X. Hydrogen sulfide interacts with calcium signaling to enhance the chromium tolerance in Setaria italica[J]. Cell Calcium, 2014, 56: 472-481.

[9] SHANKER A K, CERVANTES C, LOZA-TAVERA H, Avudainayagam S. Chromium toxicity in plants[J]. Environ. Int., 2005, 31: 739-753.

[10] GILL R A, ZANG L, ALI B, FAROOQ M A, CUI P, YANG S, ZHOU W. Chromium-induced physio-chemical and ultrastructural changes in four cultivars of Brassica napus L[J]. Chemosphere, 2015, 120: 154-164.

[11] ALI S, ZENG F, CAI S, QIU B, ZHANG G P. The interaction of salinity and chromium in the influence of barley growth and oxidative stress[J]. Plant Soil Environ., 2011, 57: 153-159.

[12] DIWAN H, AHMAD A, IQBAL M. Chromium-induced modulation in the antioxidant defense system during phenological growth stages of Indian mustard[J]. Int. J. Phytoremediat, 2010, 12: 142-158.

[13] NAGAJYOTI P C, LEE K D, SREEKANTH T V M. Heavy metals occurrence and toxicity for plants: a review[J]. Environ. Chem. Lett., 2010, 8: 199-216.

[14] SINGH H P, MAHAJAN P, KAUR S, BATISH D R, KOHLI R K. Chromium toxicity and tolerance in plants[J]. Environ. Chem. Lett., 2013, 11: 229-254.

[15] GARDEA-TORRESDAY J L, DE LA ROSA G, PERALTA-VIDEA J R, MONTES M,

CRUZ-JIMINEZ G, CANO-AGUILERA I. Differential uptake and transport of trivalent and hexavalent chromium by tumble weed (*Salsola kali*)[J]. Arch Environ Contam Toxicol, 2005, 48: 225-232.

[16] REDONDO-GÓMEZ S, MATEOS-NARANJO E, VECINO-BUENO I, FELDMAN S R. Accumulation and tolerance characteristics of chromium in a cordgrass Cr-hyperaccumulator, Spartina argentinensis[J]. Journal of Hazard Mater, 2011, 185: 862-869.

[17] FONT R, DEL RÍO M, DE HARO A. Use of near infrared spectroscopy to evaluate heavy content in *Brassica juncea* cultivated on the polluted soils of Guadiamar river area[J]. Fresen. Environ. Bull., 2002, 11: 777-781.

[18] PURAKAYASTHA T J, CHHONKAR P K. Phytoremediation of heavy metal contaminated soils[J]. Soil Biology, 2010, 19: 389-429.

[19] BAKER A J M. Metal tolerance[J]. New Phytologist, 1987, 106: 93-111.

[20] BAKER A J M, BROOKS R R. Terrestrial higher plants which hyperaccumulate metallic elements a review of their distribution ecology and phytochemistry[J]. Biorecovery, 1989, 1: 81-126.

[21] WILD H. Indigenous plants and chromium in Rhodesia[J]. Kiekia, 1974, 9: 233-241.

[22] ZHANG X H, LIU J, HUANG H T, CHEN J, ZHU Y N, WANG D Q. Chromium accumulation by the hyperaccumulator plant *Leersia hexandra* Swartz[J]. Chemosphere, 2007, 67: 1138-1143.

[23] 张学洪,罗亚平,黄海涛,刘杰,朱义年,曾全方. 一种新发现的湿生铬超积累植物——李氏禾(*Leersia hexandra* Swartz)[J]. 生态学报, 2006, 26: 950-953.

[24] REDONDO-GÓMEZ S, MATEOS-NARANJO E, VECINO-BUENO I, FELDMAN S R. Accumulation and tolerance characteristics of chromium in a cordgrass Cr-hyperaccumulator, Spartina argentinensis[D]. Journal of Hazard Mater, 2011, 185: 862-869.

[25] 李恺. 草酸与超富集植物李氏禾铬耐性的关系[D]. 桂林:桂林理工大学, 2012.

[26] 张爱莉. 铬(Ⅲ)胁迫下李氏禾抗性生理的研究[D]. 桂林:桂林理工大学, 2009.

[27] ZAYED A M, TERRY N. Chromium in the environment: factors affecting biological remediation[J]. Plant Soil, 2003, 249: 139-156.

[28] REEVES R D, BAKER A J M. Metal-accumulating plants[M]//RASKIN I, ENSLEY B D. Phytoremediation of toxic metals: using plants to clean up the environment. New York:Wiley, 2000: 193-230.

[29] ZEID I M. Responses of *Phaseolus vulgaris* to chromium and cobalt treatments[J]. Biol. Plant, 2001, 44: 111-115.

[30] PAIVA L B, DE OLIVEIRA J G, AZEVEDO R A, RIBEIRO D R, DA SILVA M G, VITÓRIA AP. Ecophysiological responses of water hyacinth exposed to Cr^{3+} and Cr^{6+}[J]. Environ. Exp. Bot., 2009, 65: 403-409.

中国北方三种典型松属植物的化感作用栽培研究

1 引言

化感作用是指植物产生的化学物质通过淋溶、挥发、残茬降解和根系分泌释放到环境中,从而对自身或周围其他植物的生长产生不利或有利的作用。[1-3]化感作用研究自20世纪70年代大量增加,90年代以来经历了快速发展,最近几年已成为植物学、生态学、农学和土壤学等领域的热门话题。[4,5]目前明确的化感物质基本都为次生代谢物质,最常见的化感物质为有机酸、酚类和内萜类化合物。[6,7]

化感作用广泛存在于自然界,显著影响森林群落演替、植被恢复和林业生产。[4,5,8]针叶树是我国重要的用材和造林树种,近年来陆续发现许多针叶人工林经常会出现生产力下降、地力衰退和天然更新障碍等问题。传统观点认为这种现象是由于轮伐期、采伐方式、采伐剩余物清理、耕作和整地等原因造成的。[9,10]近年来有证据表明,化感作用可能是影响针叶林天然更新成败的关键因素,化感物质可以通过松针枯落物输送到地面[11],限制林下幼苗和草本植物生长[12,13],阻碍林分更新[10,14]。研究我国北方森林主要造林树种的化感作用,可以对区域人工林的经营和存续起到重要的理论参考和实践指导。

植物向环境释放化感物质的类型和剂量取决于植物本身的联合效应和环境因素,环境压力可增加化感物质的释放[4],因此研究化感作用必须结合植物本身所处的环境和作用对象。黑松(*Pinus thunbergii*)、油松(*Pinus tabuliformis*)和红松(*Pinus koraiensis*)是中国北方主要造林树种。目前仅有少量研究报道了黑松植物组织及林下表土浸提液对大白菜存在化感作用[15]、凋落物叶和土壤浸提液对红松种子萌发及幼苗生长的影响[16]、化感作用物对油松幼苗生长及光合作用的影响[17]、油松的自毒作用[8]、黄土高原油松纯林腐殖层土壤的化感效应[18]和黄土丘陵区油松根系化感效应[19]等。研究黑松、油松和红松交互化感的文献未见报道,本研究选用黑松、油松和红松2年生幼苗为研究对象设置盆栽试验,采用清水、黑松松针水浸出液、油松松针水浸出液和红松松针水浸出液4种处理,30天后检测幼苗的光合色素(Chla和Chlb)和化感物质(柠檬酸、苹果酸、草酸和总三萜)含量变化。

2 材料与方法

2.1 实验材料

黑松和油松的松针枯落物采自蒙山天蒙景区,目标树均为自然生长,高度约为10 m,胸径约为15 cm。红松的松针枯落物购自吉林珲春苗木繁育基地。黑松和油松幼苗购买自临沂市莒南县苗木繁育基地,幼苗高度约为0.5 m,胸径约为1.5 cm。红松幼苗购自吉林珲春苗木繁育基地,幼苗高度约为0.5 m,胸径约为1.5 cm。盆栽实验在临沂市科学探索实验室基地进行。

2.2 实验方法

具体方法:① 黑松和油松设置600 m^2 样地5个,每个样地均放置1 m^2 枯落松针收集框1个;② 从2017年1月至2017年7月,将黑松和油松收集框内松针分类汇总,封装带回实验室,自然阴干;③ 从2017年7月25日至8月25日,将黑松、油松和红松的松针枯落物做浸水处理;④ 从2017年7月20日至8月25日,将黑松、油松和红松幼苗正常盆栽培养;⑤ 从2017年8月25日至9月25日,进行黑松、油松和红松幼苗盆栽培养试验,3种幼松均设置4组处理(清水对照组、黑松松针水浸出液处理组、油松松针水浸出液处理组和红松松针水浸出液处理组),每组平行培养5株。每隔5天向幼松依次添加清水或松针水浸出液100 mL,共添加6次计600 mL;⑥ 在9月25日,依次剪去3种幼松的全部松针,封袋送检。

2.3 检测方法

2.3.1 Chla和Chlb含量检测

精确称取0.1 g松针,剪碎放于研钵中,加入10 mL无水乙醇研磨成匀浆,再加 5 mL 无水乙醇过滤,将滤液用无水乙醇定容到 25 mL,用 721 分光光度计以 665 nm 和 649 nm 波长测出该色素液的光密度,计算转化为 Chla 和 Chlb 含量。这两项检测在临沂市科学探索实验室完成。

2.3.2 柠檬酸、苹果酸、草酸和总三萜含量检测

待测松针经过提取和离心后,样液经 0.3 μm 滤膜抽滤,以 $(NH_4)_2HPO_4$-H_3PO_4 缓冲溶液(pH=2.7)为流动相,用高效液相色谱法在 C_{18} 色谱柱上分离,于 210 nm 处经紫外检测器检测,外标法测定柠檬酸、苹果酸和草酸含量,以及总三萜含量。这四项检测在临沂市科学探索实验室和青岛科标检测研究院环境实验室完成。

2.3.3 数据处理

利用 Excel 2007 和 SPSS 17.0 中文版软件进行处理,采用单因素方差分析。

3 结果与分析

3.1 4 种处理对 3 种幼苗 Chla 含量的影响

黑松幼苗 Chla 含量呈现为:清水对照组＞黑松松针水浸出液处理组＞油松松针水浸出液处理组＞红松松针水浸出液处理组,其中,黑松松针水浸出液处理组、油松松针水浸出液处理组和红松松针水浸出液处理组均显著低于清水对照组($p<0.01$, $p<0.01$, $p<0.01$),且红松松针水浸出液处理组显著低于黑松松针水浸出液处理组和油松松针水浸出液处理组($p<0.01$, $p<0.01$)(图 2-13A)。

油松幼苗 Chla 含量呈现为:清水对照组＞黑松松针水浸出液处理组＞油松松针水浸出液处理组＞红松松针水浸出液处理组,其中,黑松松针水浸出液处理组、油松松针水浸出液处理组和红松松针水浸出液处理组均显著低于清水对照组($p<0.05$, $p<0.01$, $p<0.01$),且红松松针水浸出液处理组显著低于黑松松针水浸出液处理组和油松松针水浸出液处理组($p<0.01$, $p<0.01$)(图 2-13A)。

红松幼苗 Chla 含量呈现为:清水对照组＞黑松松针水浸出液处理组＞油松松针水浸出液处理组＞红松松针水浸出液处理组,其中,黑松松针水浸出液处理组、油松松针水浸出液处理组和红松松针水浸出液处理组均显著低于清水对照

组($p<0.05$, $p<0.01$, $p<0.01$),且红松松针水浸出液处理组显著低于黑松松针水浸出液处理组和油松松针水浸出液处理组($p<0.01$, $p<0.05$),油松松针水浸出液处理组显著低于黑松松针水浸出液处理组($p<0.01$)(图2-13A)。

3.2　4种处理对3种幼苗Chlb含量的影响

黑松幼苗Chlb含量呈现为:清水对照组>黑松松针水浸出液处理组>油松松针水浸出液处理组>红松松针水浸出液处理组,其中,红松松针水浸出液处理组显著低于清水对照组、黑松松针水浸出液处理组和油松松针水浸出液处理组($p<0.01$, $p<0.01$, $p<0.05$)(图2-13B)。

油松幼苗Chlb含量呈现为:清水对照组>黑松松针水浸出液处理组>油松松针水浸出液处理组>红松松针水浸出液处理组,其中,黑松松针水浸出液处理组、油松松针水浸出液处理组和红松松针水浸出液处理组均显著低于清水对照组($p<0.01$, $p<0.01$, $p<0.01$),且红松松针水浸出液处理组显著低于黑松松针水浸出液处理组和油松松针水浸出液处理组($p<0.01$, $p<0.01$)(图2-13B)。

红松幼苗Chlb含量呈现为:清水对照组>黑松松针水浸出液处理组>油松松针水浸出液处理组>红松松针水浸出液处理组,其中,黑松松针水浸出液处理组、油松松针水浸出液处理组和红松松针水浸出液处理组均显著低于清水对照组($p<0.01$, $p<0.01$, $p<0.01$),且红松松针水浸出液处理组显著低于黑松松针水浸出液处理组和油松松针水浸出液处理组($p<0.01$, $p<0.05$),油松松针水浸出液处理组显著低于黑松松针水浸出液处理组($p<0.01$)(图2-13B)。

3.3　4种处理对3种幼苗柠檬酸含量的影响

黑松幼苗柠檬酸含量呈现为:黑松松针水浸出液处理组>清水对照组>红松松针水浸出液处理组>油松松针水浸出液处理组,但均无显著性差异(图2-13C)。

油松幼苗柠檬酸含量呈现为:红松松针水浸出液处理组>清水对照组>油松松针水浸出液处理组>黑松松针水浸出液处理组,其中,黑松松针水浸出液处理组显著低于红松松针水浸出液处理组、清水对照组和油松松针水浸出液处理组($p<0.05$, $p<0.01$, $p<0.01$)(图2-13C)。

红松幼苗柠檬酸含量呈现为:红松松针水浸出液处理组>清水对照组>黑松松针水浸出液处理组>油松松针水浸出液处理组,其中,油松松针水浸出液处理组显著低于红松松针水浸出液处理组（$p<0.01$）（图 2-13C）。

3.4　4 种处理对 3 种幼苗苹果酸含量的影响

黑松幼苗苹果酸含量呈现为：清水对照组＞黑松松针水浸出液处理组＞红松松针水浸出液处理组＞油松松针水浸出液处理组，但均无显著性差异（图 2-13D）。

油松幼苗苹果酸含量呈现为：油松松针水浸出液处理组＞清水对照组＞红松松针水浸出液处理组＞黑松松针水浸出液处理组，但均无显著性差异（图 2-13D）。

红松幼苗苹果酸含量呈现为：红松松针水浸出液处理组＞清水对照组＞黑松松针水浸出液处理组＞油松松针水浸出液处理组，但均无显著性差异（图 2-13D）。

3.5　4 种处理对 3 种幼苗草酸含量的影响

黑松幼苗草酸含量呈现为：红松松针水浸出液处理组＞油松松针水浸出液处理组＞黑松松针水浸出液处理组＞清水对照组，其中，红松松针水浸出液处理组和油松松针水浸出液处理组均显著高于清水对照组（$p<0.01$，$p<0.05$），且红松松针水浸出液处理组显著高于油松松针水浸出液处理组和黑松松针水浸出液处理组（$p<0.05$，$p<0.01$）（图 2-13E）。

油松幼苗草酸含量呈现为：红松松针水浸出液处理组＞油松松针水浸出液处理组＞黑松松针水浸出液处理组＞清水对照组，其中，红松松针水浸出液处理组、油松松针水浸出液处理组和黑松松针水浸出液处理组均显著高于清水对照组（$p<0.01$，$p<0.01$，$p<0.01$），且红松松针水浸出液处理组显著高于油松松针水浸出液处理组和黑松松针水浸出液处理组（$p<0.05$，$p<0.01$）（图 2-13E）。

红松幼苗草酸含量呈现为：红松松针水浸出液处理组＞油松松针水浸出液处理组＞黑松松针水浸出液处理组＞清水对照组，其中，红松松针水浸出液处理组和油松松针水浸出液处理组均显著高于清水对照组（$p<0.01$，$p<0.05$），且红松松针水浸出液处理组显著高于油松松针水浸出液处理组和黑松松针水浸出液处理组（$p<0.05$，$p<0.01$）（图 2-13E）。

3.6　4 种处理对 3 种幼苗总三萜含量的影响

黑松幼苗总三萜含量呈现为：红松松针水浸出液处理组＞黑松松针水浸出液处理组＞油松松针水浸出液处理组＞清水对照组，其中，红松松针水浸出液处理组显著高于黑松松针水浸出液处理组、油松松针水浸出液处理组和清水对照组（$p<0.01$，$p<0.05$，$p<0.05$），而黑松松针水浸出液处理组、油松松针水浸出液处理组和清水对照组无显著差异（图2-13F）。红松松针水浸出液对黑松幼苗产生显著化感作用。

油松幼苗总三萜含量呈现为：红松松针水浸出液处理组＞油松松针水浸出液处理组＞黑松松针水浸出液处理组＞清水对照组，其中，红松松针水浸出液处理组、油松松针水浸出液处理组和黑松松针水浸出液处理组均显著高于清水对照组（$p<0.01$，$p<0.01$，$p<0.05$），且红松松针水浸出液处理组显著高于油松松针水浸出液处理组和黑松松针水浸出液处理组（$p<0.01$，$p<0.01$），而油松松针水浸出液处理组和黑松松针水浸出液处理组无显著差异（图2-13F）。红松松针水浸出液、油松松针水浸出液和黑松松针水浸出液均对油松幼苗产生显著化感作用。

红松幼苗总三萜含量呈现为：红松松针水浸出液处理组＞黑松松针水浸出液处理组＞油松松针水浸出液处理组＞清水对照组，其中，红松松针水浸出液处理组和黑松松针水浸出液处理组均显著高于清水对照组（$p<0.05$，$p<0.05$），而油松松针水浸出液处理组与清水组无显著差异（图2-13F）。红松松针水浸出液和黑松松针水浸出液均对红松幼苗产生显著化感作用。

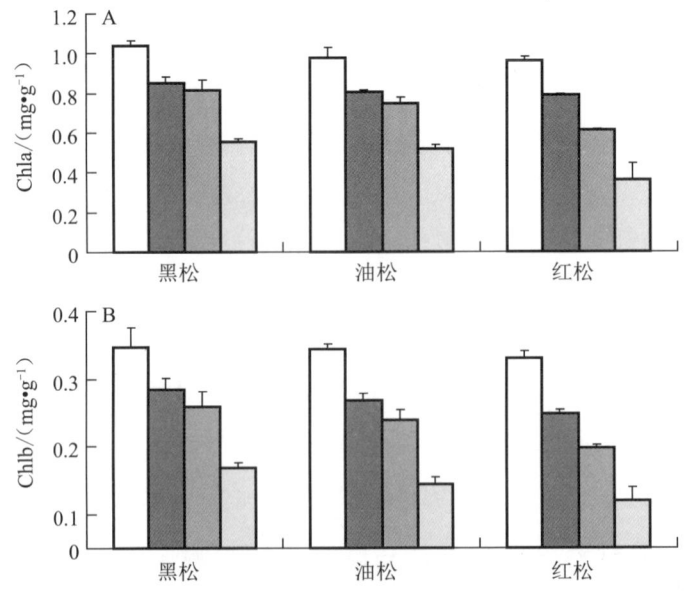

图2-13　4种处理对3种幼苗Chla（A）、Chlb（B）、柠檬酸（C）、苹果酸（D）、草酸（E）和总三萜（F）含量的影响

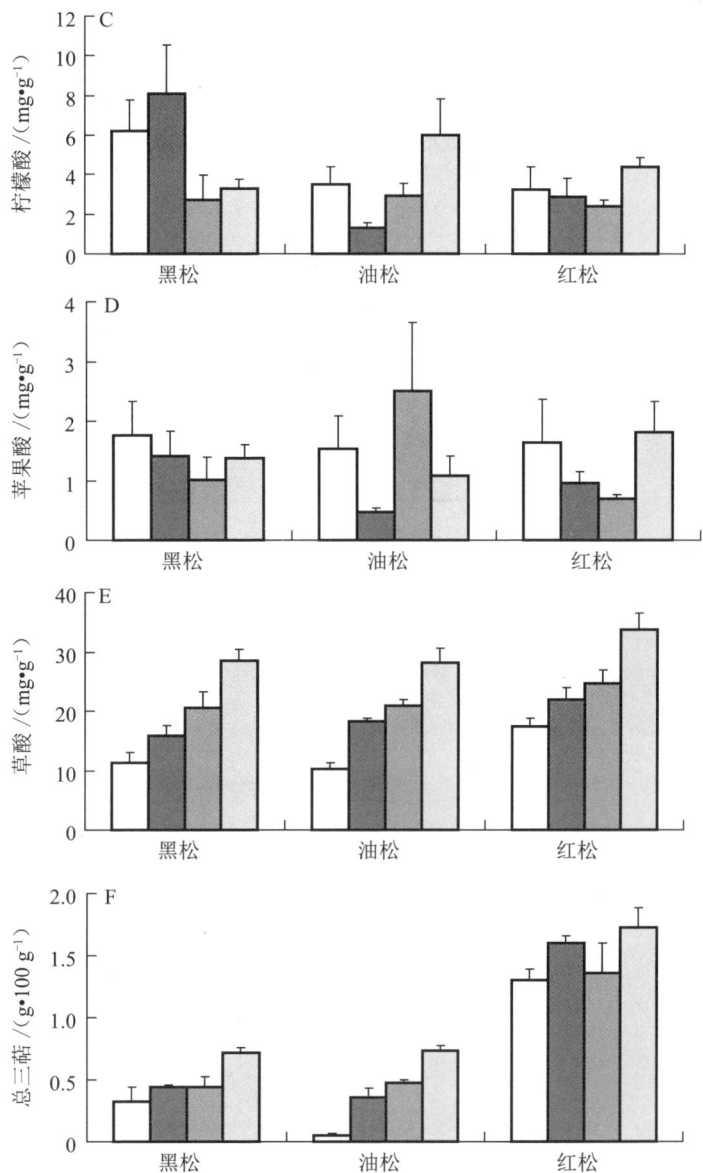

□清水对照组;■黑松松针水浸出液处理组;■油松松针水浸出液处理组;□赤松松针水浸出液处理组。

图 2-13（续） 4 种处理对 3 种幼苗 ChIa（A）、ChIb（B）、柠檬酸（C）、苹果酸（D）、草酸（E）和总三萜（F）含量的影响

3.7 ChIa、ChIb 与总三萜相关性

ChIa 和 ChIb 呈极显著线性正相关（$y=0.3976x-0.1056$，$R^2=0.9435$，$p<0.01$，$n=58$）（图 2-14A），ChIa 和总三萜呈显著正相关（$y=-0.1303x^3+0.4627x^2-0.4896x+0.3312$，$R^2=0.37$，$p<0.01$，$n=58$）（图 2-14B），ChIb 和总三萜呈显著正

相关($y=-0.3161x^3+1.1339x^2-1.2147x+1.0971$，$R^2=0.3815$，$p<0.01$，$n=58$)（图2-14C）。

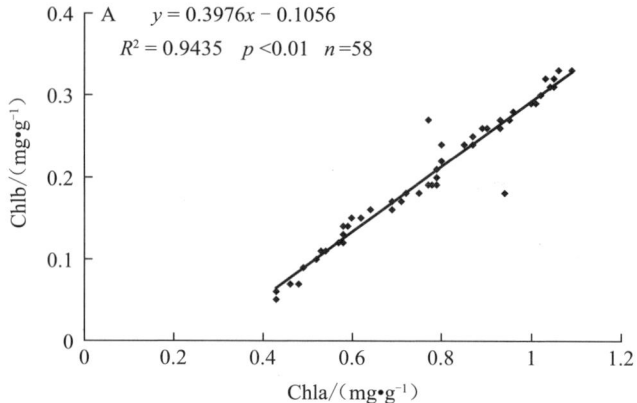

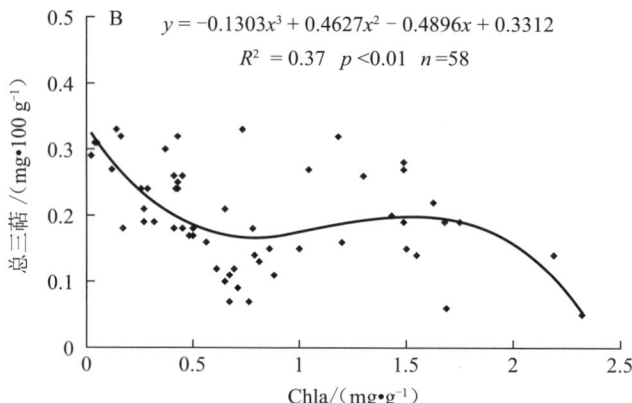

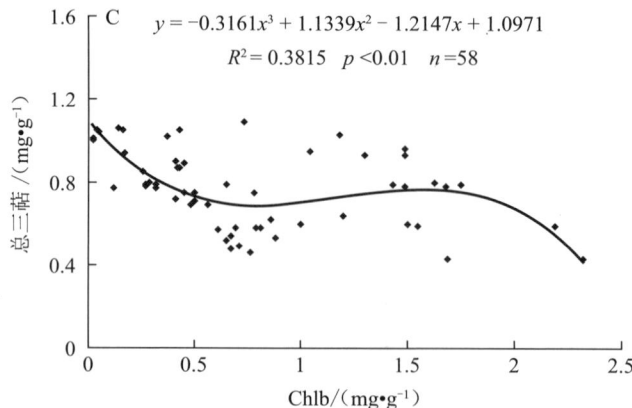

图2-14　3种幼苗的Chla、Chlb和总三萜相关性

4 结论

黑松松针水浸出液处理显著降低黑松幼苗 Chla 和 Chlb 含量($p<0.01$，$p<0.05$)；显著降低油松幼苗 Chla、Chlb 和柠檬酸含量($p<0.05$，$p<0.01$，$p<0.01$)；显著升高油松幼苗草酸和总三萜含量($p<0.01$，$p<0.05$)；显著降低红松幼苗 Chla 和 Chlb 含量($p<0.05$，$p<0.01$)；显著升高油松幼苗总三萜含量($p<0.05$)。

油松松针水浸出液处理显著降低黑松幼苗 Chla 和 Chlb 含量($p<0.01$，$p<0.05$)；显著升高黑松幼苗草酸含量($p<0.05$)；显著降低油松幼苗 Chla 和 Chlb 含量($p<0.01$，$p<0.01$)；显著升高油松幼苗草酸和总三萜含量($p<0.01$，$p<0.01$)；显著降低红松幼苗 Chla 和 Chlb 含量($p<0.01$，$p<0.01$)；显著升高油松幼苗草酸含量($p<0.05$)。

红松松针水浸出液处理显著降低黑松幼苗 Chla 和 Chlb 含量($p<0.01$，$p<0.01$)；显著升高黑松幼苗草酸和总三萜含量含量($p<0.01$，$p<0.01$)；显著降低油松幼苗 Chla 和 Chlb 含量($p<0.01$，$p<0.01$)；显著升高油松幼苗草酸和总三萜含量($p<0.01$，$p<0.01$)；显著降低红松幼苗 Chla 和 Chlb 含量($p<0.01$，$p<0.01$)；显著升高红松幼苗草酸和总三萜含量($p<0.01$，$p<0.05$)。

综合评定得出，黑松针叶凋落物水浸出液对黑松呈现为显著低度抑制，对油松和赤松呈现为显著强烈抑制。油松针叶凋落物水浸出液对黑松呈现显著低度抑制，对油松呈现为显著中等抑制，对红松呈现为显著强烈抑制。红松针叶凋落物水浸出液对黑松、油松和红松均呈现为显著强烈抑制。

5 讨论

近年研究发现，化感物质可以抑制氨基酸的吸收和运输，干扰蛋白质的合成[20]，抑制或损伤光合色素合成，加速光合色素分解[21]，影响植物细胞的形状和结构，改变物质转运和养分积累效率[22-24]，最终导致植物细胞和个体生长受到强烈影响和改变。红松人工林土壤淋溶液对发芽率、发芽势、胚轴、胚根长、苗高、根长和干质量 7 项指标均有抑制作用。[16]油松凋落物、半枯落物和表层土壤浸润液对油松幼苗的生长、叶绿素含量(尤其是 Chla 含量)和净光合速率有明显的抑制作用。[17]本研究表明，松属 3 种植物(黑松、油松和红松)的松针水浸液,能够显著抑制 Chla 和 Chlb 的含量,且这可能是一种常态,这将为中国北方针叶林的衰退提供新的解释。建议继续加强这个方向的研究,如精细划分松针凋落物水浸出液浓度,分离和鉴定更多的新的化感物质,从而揭示中国北方松属 3 种主要植物的生理生化反应和应对策略。

参考文献

[1] 彭少麟,邵华. 化感作用的研究意义及发展前景[J]. 应用生态学报,2001,12: 780-785.

[2] 孔垂华. 21 世纪植物化学生态学前沿领域[J]. 应用生态学报,2002,13:349-353.

[3] 周凯,郭维明,徐迎春. 菊科植物化感作用研究进展[J]. 生态学报,2004,24: 1776-1784.

[4] ALBUQUERQUE M B D, SANTOS R C D, LIMA L M, CÂMARA C A G D, RAMOS A D R. Allelopathy, an alternative tool to improve cropping systems[J]. Agronomy for Sustainable Development, 2011, 31: 379-395.

[5] CHENG F, CHENG Z H. Research progress on the use of plant allelopathy in agriculture and the physiological and ecological mechanisms of allelopathy[J]. Frontiers in Plant Science, 2015, 6: 1020.

[6] 阎飞,杨振明,韩丽梅. 植物化感作用(Allelopathy)及其作用物的研究方法[J]. 生态学报,2000,20:692-696.

[7] CHEN L, ZHANG M, XIN M, JIANDONG L I. Effects of exogenous phenolic acids on allelopathy of potted soybean seedlings[J]. Agricultural Science & Technology, 2015, 16: 1151.

[8] 李登武,王冬梅,姚文旭. 油松的自毒作用及其生态学意义[J]. 林业科学,2000, 46(11):174-178.

[9] 陈龙池,汪思龙,陈楚莹. 杉木人工林衰退机理探讨[J]. 应用生态学报,2003,15: 1953-1957.

[10] 王强,阮晓,李兆慧,潘存德. 植物自毒作用及针叶林自毒研究进展[J]. 林业科学,2007,43(6):134-142.

[11] KIMURA F, SATO M, KATO-NOGUCHI H. Allelopathy of pine litter: Delivery of allelopathic substances into forest floor[J]. Journal of Plant Biology, 2015, 58: 61-67.

[12] KIL B S, YANG J Y. Allelopathic effects of *Pinus densiflora* on undergrowth of red pine forest[J]. Journal of Chemical Ecology, 1983, 9: 1135-1151.

[13] KATO-NOGUCHI H, FUSHIMI Y, TANAKA Y, TERUYA T, SUENAGA K. Allelopathy of red pine: isolation and identification of an allelopathic substance in red pine

needles[J]. Plant Growth Regulation, 2011, 65: 299-304.

[14] 潘存德,王强,阮晓,李兆慧.天山云杉针叶水提取物自毒效应及自毒物质的分离鉴定[J].植物生态学报,2009,33:183-196.

[15] 张静,王光美,曲卓卿,杨林,王丽辉,孙敬国,张晓南,邢怀静.黑松化感作用初步研究[J].山东农业科学,2012,44(7):37-40.

[16] 陈立新,李少博,乔璐,步凡,段文标.凋落物叶和土壤浸提液对红松种子萌发及幼苗生长的影响[J].南京林业大学学报(自然科学版),2016,40(2):81-87.

[17] 贾黎明,翟明普,冯长红.化感作用物对油松幼苗生长及光合作用的影响[J].北京林业大学学报,2003,25(4):6-10.

[18] 朱博超,刘增文,黄良嘉,邸塬皓,张晓曦,吕晨.黄土高原油松纯林腐殖层土壤对10种植物的化感效应[J].草地学报,2014,22:1014-1020.

[19] 王仙,魏天兴,朱金兆,赵兴凯,刘海燕.黄土丘陵区油松根系化感效应研究[J].北京林业大学学报,2015,37(4):82-89.

[20] LI Z H, WANG Q, RUAN X, PAN C D, JIANG D A. Phenolics and plant allelopathy[J]. Molecules, 2010, 15: 8933-8952.

[21] POONPAIBOONPIPAT T, PANGNAKORN U, SUVUNNAMEK U, TEERARAK M, CHAROENYING P, LAOSINWATTANA C. Phytotoxic effects of essential oil from *Cymbopogon citratus* and its physiological mechanisms on barnyardgrass (*Echinochloa crus-galli*)[J]. Industrial Crops & Products, 2013, 41: 403-407.

[22] SINGH A, SINGH D, SINGH N B. Allelochemical stress produced by aqueous leachate of *Nicotiana plumbaginifolia* Viv[J]. Plant Growth Regulation, 2009, 58: 163-171.

[23] SUNAR S, YILDIRIM N, AKSAKAL O, AGAR G. Determination of the genotoxic effects of *Convolvulus arvensis* extracts on corn (*Zea mays* L.) seeds[J]. Toxicology & Industrial Health, 2013, 29: 449-459.

[24] GRAÑA E, SOTELO T, DÍAZ-TIELAS C, ARANITI F, KRASUSKA U, BOGATEK R, REIGOSA M J, SÁNCHEZ-MOREIRAS A M. Citral induces auxin and ethylene-mediated malformations and arrests cell division in *Arabidopsis thaliana* roots[J]. Journal of Chemical Ecology, 2013, 39: 271-282.

相邻黑松的亲缘识别与生理策略研究

1 引言

植物间(特别是近邻木)的正相互作用(互助)和负相互作用(竞争)是影响群落结构、物种多样性和演替动态的一个重要过程。[1-5]一些植物由于自交、种子传播、营养繁殖或人工选择等原因,更有可能与亲缘近的植株为邻。[6]生态位理论认为,亲缘近的植株生态位严重重叠,将会产生更多激烈竞争[7-10],但支持亲缘间的竞争大于非亲缘的证据十分有限[11]。更多相反的研究发现,当植物与亲缘近的植株为邻时,生长更好,适合度增加。[12-14]有学者认为,基因相似度高的个体间可以通过相互合作减少用于竞争的资源消耗,从而将更多的资源投资于繁殖并增加适合度。[15-16]

目前已在动物界和微生物界中明确发现个体亲缘选择行为,但对于植物界亲缘识别是否真实存在,仍存在较大争议。现有研究已在至少20种植物上进行验证,包括大麦(*Hordeum vulgare*)[2]、美洲海滩芥(*Cakile edentula*)[13]、豚草(*Ambrosia artemisiifolia*)[14]、狭叶羽扇豆(*Lupinus angustifolius*)[17]、拟南芥(*Arabidopsis thaliana*)[18]和水稻(*Oryza sativa*)[19]等,大多支持植物存在亲缘识别,但也有研究得到否定结果。

从植物分类学的角度看,这20余种来自11科21属,绝大多数属于被子植物[6],而裸子植物仅见落叶松的相关报道[20];研究对象除落叶松和三齿蒿(*Artemisia tridentate*)为小灌木外,其余均为草本植物;研究指标主要集中在目标植物与不同亲缘邻居共存时表型的差异,采用初级生产能力和次级代谢产物进行的研究较少。本研究选用典型的裸子植物和重要的人工造林树种——黑松(*Pinus thunbergii*),利用基因测序分析技术构建遗传距离以区分近亲缘种和远亲缘种,利用高效液相色谱分析检测代表植物初级生产能力的叶绿素(Chla 和 Chlb)和代表次级代谢产物的酚酸(阿魏酸、香草酸和丁香酸)含量,以尝试揭示裸子植物是否存在亲缘识别。

2 材料与方法

2.1 植物材料

本研究选用的植物是黑松,为我国北方主要人工造林树种,是典型的裸子植物,属乔木,具有生长快、寿命长、根系发达、抗性强、适应性广和对土壤要求低等特点,具有很高的经济价值和绿化价值。选用的黑松为野生,树龄约为 30 年,胸径约为 15 cm,高度约为 10 m,位于蒙山天蒙景区。

2.2 检材选取

选取的野生黑松 3 棵为 1 组呈直线排列,间距约 2 m,地势平坦,土壤条件一致,周围无其他木本植物。共选择 5 组 15 棵黑松,每棵黑松各剪取健康松针 3 组,标记封袋,分别用于检测酚酸和叶绿素含量以及基因测序分析。

2.3 检测方法

2.3.1 叶绿素(Chla 和 Chlb)含量检测

称取 0.1 g 叶片,剪碎,放在研钵中,加入乙醇 10 mL 共研磨成匀浆,再加 5 mL 乙醇,过滤,将滤液用乙醇定容到 25 mL,用 721 分光光度计以 665 nm 和 649 nm 波长测出该色素液的光密度,计算转化为 Chla 和 Chlb 含量。这两项检测在临沂大学生命科学学院环境实验室完成。

2.3.2 酚酸(阿魏酸、香草酸和丁香酸)含量检测

经过提取和离心的叶片样液过 0.45 μm 滤膜,以 K_2HPO_4 缓冲溶液(pH=2.5)为流动相,超声 20 min 后上机,用高效液相色谱仪(HPLC 戴安 3000)在 C_{18} 色谱柱上分离,于 280 nm 处经紫外检测器检测,测定对羟基苯甲酸、香草酸、丁香酸、香豆酸和阿魏酸含量。这 3 项检测在青岛科标检测研究院环境实验室完成。

2.3.3 基因测序分析

利用植物提取试剂盒提取松针基因组 DNA,设计 3 组引物:A(FAM 荧光)有 Pt26081F/R、Pt79951F/R 和 Pt107517F/R;B(TET 荧光)有 Pt36480F/R、Pt45002F/R 和

Pt48210F/R；C（HEX 荧光）有 Pt30204F/R、Pt102584F/R、Pt107148F/R 和 Pt71936F/R，PCR 后测序分析。这项检测在青岛科标检测研究院环境实验室完成。

3　结果与分析

3.1　黑松近亲缘种和远亲缘种的分组

当前研究对亲缘关系的界定方式和亲缘程度的选择存在较大差异，自发形成了 3 种区分标准：① 以是否来自同一亲本为区分标准[13,21]；② 以基因型为区分标准[22,23]；③ 以人为克隆体为区分标准[24,25]。本研究利用基因测序技术，以遗传距离区分个体间亲缘关系。[26] 实际操作中，以呈直线排列的 3 棵黑松居中者为标记目标，测算两边黑松（或赤松）与中间黑松（或赤松）的亲缘远近，分别划分为近亲缘种组和远亲缘种组（图 2-15）。

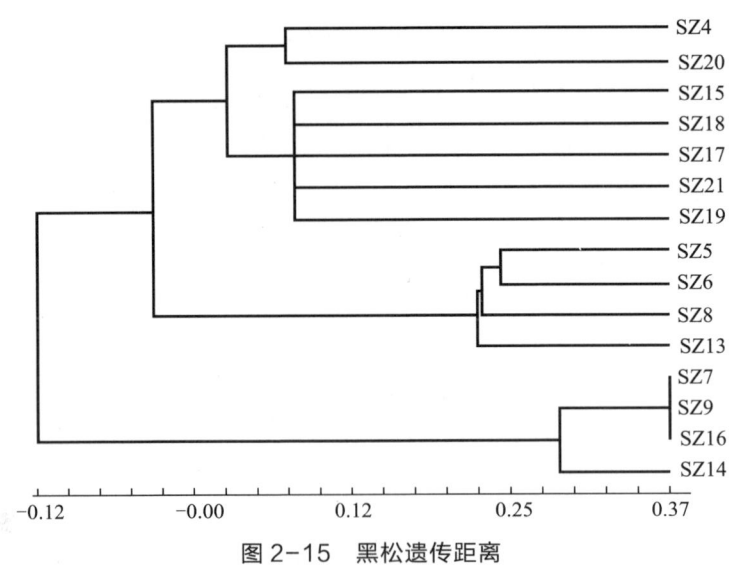

图 2-15　黑松遗传距离

3.2　黑松近亲缘种和远亲缘种的叶绿素含量差异

本研究发现，黑松松针的 Chla 和 Chlb 含量均呈现为近亲缘组显著高于远亲缘组（$p < 0.05$ 和 $p < 0.05$）（图 2-16A 和 B）。

3.3　黑松近亲缘种和远亲缘种的酚酸含量差异

本研究发现，黑松松针的阿魏酸、香草酸和丁香酸含量均呈现为近亲缘组显著高于远亲缘组（$p < 0.05$，$p < 0.05$，$p < 0.05$）（图 2-16）。

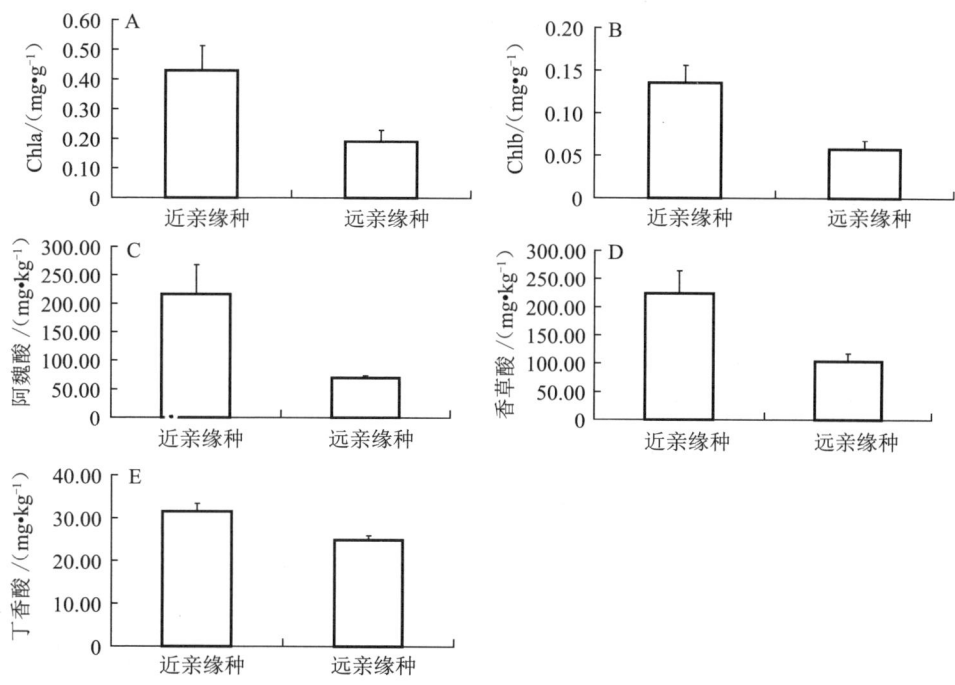

图 2-16 黑松近亲缘种和远亲缘种的叶绿素和酚酸含量差异（平均值 ± 标准误差）

4 结论与讨论

近年来有研究报道，当迷迭香（*Rosmarinus officinalis*）与同种个体共存时，叶片中酚酸类物质显著提高[27]；当山矢车菊（*Centaurea maculosa*）与同种共存时，提高了叶片酚类合成和蛋白酶抑制剂合成等次级代谢过程[28]。拟南芥与远亲缘个体共存时，其根系中与病害相关基因的表达量上调[29]，根系分泌物中病害防御类的蛋白显著增加[30]。这些研究证实，当植物与同种个体共存时，可能将更多的能量投入次级代谢中，在植株中形成了更多的酚酸类和抗氧化酶等物质，以抵御外来植食者和病菌的侵害；而减少叶片及根系形成等初级代谢的投入，以减少同种个体对外部养分的竞争，增强对外界环境胁迫的抵御能力[6]。本研究发现，黑松与同种个体共存时，会显著提高松针的 Chla、Chlb、阿魏酸、香草酸和丁香酸含量，且近亲缘组显著高于远亲缘组。

由于本研究中选用的黑松样本均为自然生长，可能存在环境变量的影响，但结合该领域现有的相关文献，本研究认为，亲缘识别是近亲缘组和远亲缘组黑松松针初级生产能力和次级代谢产物分配差异的一个很好的解释，即在自然条件下，黑松能够识别邻株亲缘远近，并对应地调整生理策略。本研究首次发现并证实黑松存在亲缘识别,黑松为全球第二例报道的裸子植物。

参考文献

[1] BROOKER R W, MAESTRE F T, CALLAWAY R M, et al. Facilitation in plant communities: The past, the present, and the future[J]. Journal of Ecology, 2008, 96: 18-34.

[2] 张炜平,潘莎,贾昕,等. 植物间正相互作用对种群动态和群落结构的影响:基于个体模型的研究进展. 植物生态学报, 2013, 37: 571-582.

[3] WRIGHT A, SCHNITZER S A, REICH P B. Living close to your neighbors: the importance of both competition and facilitation in plant communities[J]. Ecology, 2014, 95: 2213-2223.

[4] 郭俊兵,狄晓艳,李素清. 山西大同矿区煤矸石山自然定居植物群落优势种种间关系[J]. 生态学杂志, 2015, 34: 3327-3332.

[5] 周刘丽,张晴晴,赵延涛,等. 浙江天童枫香树群落不同垂直层次物种间的联结性与相关性[J]. 植物生态学报, 2015, 39: 1136-1145.

[6] 林威鹏,彭莉,肖桃艳,等. 植物亲缘识别的研究进展[J]. 植物生态学报, 2015, 39: 1110-1121.

[7] 朱春全. 生态位理论及其在森林生态学研究中的应用. 生态学杂志, 1993, 12(4): 41-46.

[8] 李契,朱金兆,朱清科. 生态位理论及其测度研究进展[J]. 北京林业大学学报, 2003, 25(1): 101-1070.

[9] SILVERTOWN J. Plant coexistence and the niche[J]. Trends in Ecology and Evolution, 2004, 19: 605-611.

[10] 牛克昌,刘怿宁,沈泽昊,等. 群落构建的中性理论和生态位理论[J]. 生物多样性, 2009, 17: 579-593.

[11] CHEPLICK G P. Sibling competition in plants[J]. Journal of Ecology, 1992, 80: 567-575.

[12] NINKOVIC V. Volatile communication between barley plants affects biomass allocation[J]. Journal of Experimental Botany, 2003, 54: 1931-1939.

[13] BHATT M V, KHANDELWAL A, DUDLEY S A. Kin recognition, not competitive interactions, predicts root allocation in young Cakile edentula seedling pairs[J]. New Phytologist, 2011, 189: 1135-1142.

[14] FILE A L, MURPHY G P, DUDLEY S A. Fitness consequences of plants growing with siblings: Reconciling kin selection, niche partitioning and competitive ability[J]. Proceedings of the Royal Society B: Biological Sciences, 2012, 279: 209-218.

[15] AXELROD R, HAMILTON W D. The evolution of cooperation[J]. Science, 1981, 211: 1390-1396.

[16] 陈青青,李德志. 根系隔离条件下的谷子亲缘识别[J]. 植物生态学报, 2015, 39: 1188-1197.

[17] MILLA R, DEL BURGO A V, ESCUDERO A, et al. Kinship rivalry does not trigger specific allocation strategies in *Lupinus angustifolius*[J]. Annals of Botany, 2012, 110: 165-175.

[18] CAFFARO M M, VIVANCO J M, BOTTO J, et al. Root architecture of *Arabidopsis* is affected by competition with neighbouring plants[J]. Plant Growth Regulation, 2013, 70: 141-147.

[19] FANG S Q, CLARK R T, ZHENG Y, et al. Genotypic recognition and spatial responses by rice roots[J]. Proceedings of the National Academy of Sciences of the United States of America, 2013, 110, 2670-2675.

[20] HUSSAIN A, RODRIGUEZ-RAMOS J C, ERBILGIN N. Spatial characteristics of volatile communication in lodgepole pine trees: Evidence of kin recognition and intra-species support[J]. Science of the Total Environment, 2019, 692: 127-135.

[21] SEMCHENKO M, SAAR S, LEPIK A. Plant root exudates mediate neighbour recognition and trigger complex behavioural changes[J]. New Phytologist, 2014, 204: 631-637.

[22] BIEDRZYCKI M L, JILANY T A, DUDLEY S A, et al. Root exudates mediate kin recognition in plants[J]. Communicative and Integrative Biology, 2010, 3: 28-35.

[23] CREPY M A, CASAL J J. Photoreceptor-mediated kin recognition in plants[J]. New Phytologist, 2015, 205: 329-338.

[24] KARBAN R, SHIOJIRI K. Self-recognition affects plant communication and defense. Ecology Letters, 2009, 12: 502-506.

[25] MERCER C A, EPPLEY S M. Kin and sex recognition in a dioecious grass[J]. Plant Ecology, 2014, 215: 845-852.

[26] OSTROWSKI E A, KATOH M, SHAULSKY G, et al. Kin discrimination increases with genetic distance in a social amoeba[J]. Plos Biology, 2008, 6: 287.

[27] ORMEÑO E, FERNANDEZ C, MÉVY J. Plant coexistence alters terpene emission and content of Mediterranean species[J]. Phytochemistry, 2007, 68: 840-852.

[28] BROZ A K, BROECKLING C D, DE-LA-PEÑA C, et al. Plant neighbor identity influences plant biochemistry and physiology related to defense[J]. BMC Plant Biology, 2010, 10: 115.

[29] BIEDRZYCKI M L, VENKATACHALAM L, BAIS H P. Transcriptome analysis of *Arabidopsis thaliana* plants in response to kin and stranger recognition[J]. Plant Signaling and Behavior, 2011, 6: 1515-1524.

[30] BADRI, D V, DE-LA-PEÑA C, LEI Z T, et al. Root secreted metabolites and proteins are involved in the early events of plant-plant recognition prior to competition[J]. Plos One, 2012, 7: 46640.

第三部分
他山之石：生命共同体生态观与实践论

景区道路对昆嵛山森林植物多样性和土壤养分影响研究

1 引言

人类活动导致生境破碎化,以致林缘面积不断增加。[1]廊道[2]会导致生态因子变化[3,4],道路加剧景观破碎化和边缘效应[5],关于道路廊道边缘正负效应的研究结果不一[6,7,8]。林缘距离与廊道边缘效应导致物种组成、群落结构和多样性的梯度变化[9,10],这使得廊道边缘效应的研究结果不一[11]。

研究景区道路廊道边缘效应的作用特点,可对生物多样性保护与旅游活动的平衡和未来景区道路建设规划提供数据参考和重要依据。本研究以昆嵛山国家级自然保护区景区道路廊道为研究对象,研究边缘效应的性质和作用特点,试图回答:两种景区道路廊道(2.5 m 和 5.0 m)造成的边缘效应,如何影响植物群落结构、物种组成和多样性?如何影响土壤养分?与距离是否相关?

2 研究区域与方法

2.1 研究区域

昆嵛山位于山东东部 37°16′~37°25′N、121°42′~121°50′E,面积为 48 km²,主峰泰礴顶海拔 923 m。土壤多为棕壤,酸性至微酸性。暖温带大陆性季风气候,年均气温约为 11.9 ℃,年均降水约为 985 mm,现为国家级自然保护区、国家森林公园和国家 4A 级旅游景区。森林覆盖率约为 92%,主要植被为赤松(*Pinus densiflora*)林、黑松(*Pinus thunbergii*)林、麻栎(*Quercus acutissima*)林和刺槐(*Robinia pseudoacacia*)林。[12]

2.2 研究方法

2.2.1 野外调查

通过查阅研究文献,询问森林管理部门,并结合野外踏查,采用典型取样法进行林内调查。[13,14] 样方规格为 20 m×30 m。设置 3 组样方:2.5 m 景区道路廊道旁样方、5.0 m 景区道路廊道旁样方和原始林区样方,每组样方各设 5 个重复。

乔木层 1 个, 20 m×30 m;灌木层 1 个, 10 m×10 m;草本层 4 个, 1 m×1 m。测量木本植物胸径(DBH)≥5 cm 和 < 5 cm 种类、个体数量与单木胸径;测量草本植物种类、个体数量与每棵草的高度。[13,14]

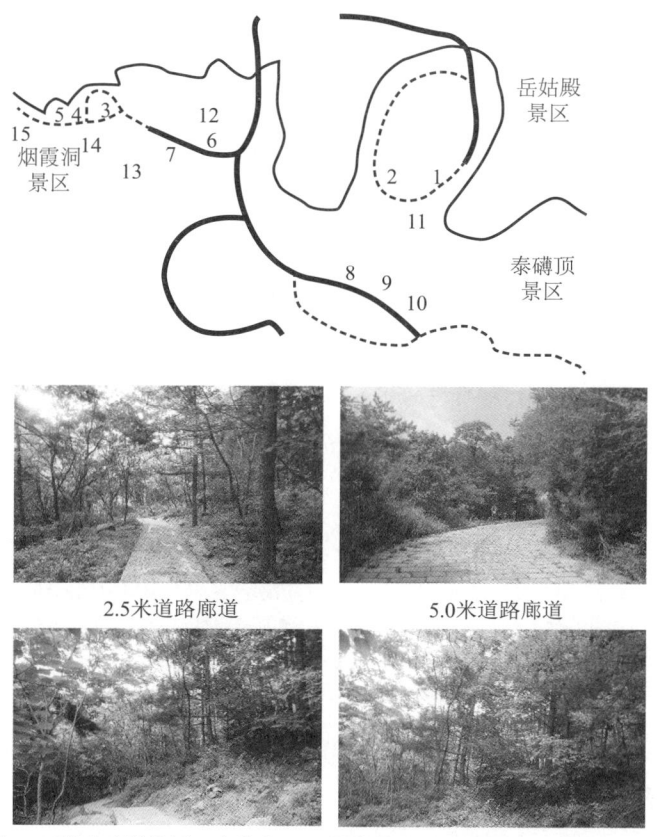

实线为2.5 m道路廊道位置,虚线为5.0 m道路廊道位置,数字为设置的样方位置。

图 3-1 植物调查样方位置图

为进一步区分道路廊道对土壤养分影响的距离效应,我们设置了土壤调查。样方规格为 20 m×30 m,设置 2.5 m 景区道路廊道旁 0 m 样方、10 m 样方、20 m 样方、50 m 样方和 5.0 m 景区道路廊道旁 0 m 样方、10 m 样方、20 m 样方、50 m 样方,每组样方各设 10 个重复。

2.2.2 数据分析

多样性分析采用4个指数：物种丰富度指数(S)、Shannon-Wiener多样性指数(H)、Simpson多样性指数(P)和Pielou均匀度指数(E)。[13-15] 公式分别为：$S=$样方内的植物物种数目；$H=-\sum P_i \ln P_i$，$P=1-\sum P_i^2$，$E=H/\ln S$ 统计分析采用SPSS 17.0中文版。

依据LY/T 1239—1999、LY/T 1237—1999、LY/T 1228—2015、LY/T 1232—2015和LY/T 1234—2015，实验室检测分析土壤pH、有机质和全氮磷钾含量。

3 结果与分析

3.1 乔木层种类组成

乔木层植物种类数：5.0 m景区道路廊道旁（26种）＞原始林区（14种）＞2.5 m景区道路廊道旁（8种）；乔木层植物个体数：2.5 m景区道路廊道旁（644株）＞原始林区（512株）＞5.0 m景区道路廊道旁（441株）；乔木层平均胸径：原始林区（10.67 cm）＞2.5 m景区道路廊道旁（10.46 cm）＞5.0 m景区道路廊道旁（10.18 cm）（表3-1）。

3种群落建群种均为赤松和栓皮栎(*Quercus variabilis*)，另有蒙古栎(*Quercus mongolica*)、房山栎(*Quercus fangshanensis*)、山合欢(*Albizia kalkora*)和黄连木(*Pistacia chinensis*)4种共有乔木；河北栎(*Quercus hopeiensis*)和山樱花(*Cerasus serrulata*)只分布在原始林区，盐肤木(*Rhus chinensis*)、日本落叶松(*Larix kaempferi*)、白檀(*Symplocos paniculata*)、臭椿(*Ailanthus altissima*)、辽东桤木(*Alnus Sibirica*)、楸树(*Catalpa bungei*)、大叶朴(*Celtis koraiensis*)、枫杨(*Pterocarya stenoptera*)、拐枣(*Hovenia acerba*)、花曲柳(*Fraxinus rhynchophylla*)、毛叶山樱花(*Cerasus serrulata* var. *pubescens*)和紫穗槐(*Amorpha fruticosa*)只分布在5.0 m景区道路廊道旁（表3-1）。

表3-1 原始林区、2.5 m景区道路廊道旁和5.0 m景区道路廊道旁的乔木种类、个体数量和平均胸径

乔木名称	原始林区		2.5 m景区道路旁		5.0 m景区道路旁	
	个体数目	平均胸径/cm	个体数目	平均胸径/cm	个体数目	平均胸径/cm
赤松	201	10.06	338	10.57	109	11.83
栓皮栎	174	10.26	253	10.52	80	10.05

续表

乔木名称	原始林区		2.5 m 景区道路旁		5.0 m 景区道路旁	
	个体数目	平均胸径/cm	个体数目	平均胸径/cm	个体数目	平均胸径/cm
黑松	45	12.27	—	—	33	13.45
蒙古栎	37	15.08	14	13.79	27	10.74
河北栎	20	6.55	—	—	—	—
房山栎	12	13.75	1	10.00	7	10.00
山合欢	8	5.00	11	10.18	22	8.36
麻栎	5	5.80	—	—	30	6.50
水榆花楸	4	5.00	—	—	4	10.25
山樱花	2	5.55	—	—	—	—
黄连木	1	5.00	24	6.62	2	8.00
三桠乌药	1	5.00	—	—	17	5.35
旱柳	1	5.00	—	—	3	7.00
山荆子	1	5.00	—	—	1	5.00
君迁子	—	—	2	6.50	1	6.00
刺槐	—	—	1	15.00	5	7.40
盐肤木	—	—	—	—	56	7.21
日本落叶松	—	—	—	—	21	15.26
臭椿	—	—	—	—	8	9.00
白檀	—	—	—	—	4	5.00
辽东桤木	—	—	—	—	3	9.33
楸树	—	—	—	—	2	20.00
大叶朴	—	—	—	—	1	5.00
枫杨	—	—	—	—	1	5.00
拐枣	—	—	—	—	1	16.00
花曲柳	—	—	—	—	1	5.00
毛叶山樱花	—	—	—	—	1	8.00
紫穗槐	—	—	—	—	1	5.00
合计	512	10.67	644	10.46	441	10.18

3.2 灌木层种类组成

灌木层植物种类数：5.0 m 景区道路廊道旁（37种）＞原始林区（33种）＞2.5 m

景区道路廊道旁（31种）；灌木层低径级灌木（$DBH < 2.5$ cm）个体数：2.5 m景区道路廊道旁（1292株）＞5.0 m景区道路廊道旁（983株）＞原始林区（936株）；灌木层高径级灌木（2.5 cm ≤ $DBH < 5$ cm）：原始林区（170株）＞5.0 m景区道路廊道旁（157株）＞2.5 m景区道路廊道旁（133株）（表3-2）。

表3-2　原始林区、2.5 m道路旁和5.0 m道路旁灌木种类和个体数量

灌木名称	原始林区/cm		2.5 m道路廊道旁/cm		5.0 m道路廊道旁/cm	
	$DBH < 2.5$	$2.5 \leq DBH < 5$	$DBH < 2.5$	$2.5 \leq DBH < 5$	$DBH < 2.5$	$2.5 \leq DBH < 5$
花木蓝	147	—	372	—	89	—
栓皮栎	154	43	209	56	81	19
蒙古栎	97	14	106	5	29	3
麦李	37	—	106	1	71	1
盐肤木	16	—	29	1	147	20
三桠乌药	12	1	—	—	104	44
河北栎	96	47	—	—	—	—
雀儿舌头	22	—	100	17	2	—
赤松	22	25	37	36	6	3
胡枝子	34	—	65	—	21	—
山合欢	37	9	21	1	43	7
刺楸	17	—	—	—	80	6
麻栎	21	5	4	1	39	21
栓翅卫矛	52	6	19	1	7	—
扁担木	1	—	68	—	13	—
白檀	12	1	11	4	29	12
君迁子	5	—	5	1	54	—
刺槐	15	—	27	1	17	2
臭椿	18	—	6	—	35	1
黑松	26	13	—	—	11	6
青花椒	32	—	13	—	5	—
卫矛	8	—	13	—	14	3
南蛇藤	8	—	22	—	—	—
小蜡树	2	—	7	—	17	2
黄连木	14	2	9	1	—	—
紫穗槐	4	—	9	—	10	—

续表

灌木名称	原始林区 /cm		2.5 m 道路廊道旁 /cm		5.0 m 道路廊道旁 /cm	
	$DBH<2.5$	$2.5\leqslant DBH<5$	$DBH<2.5$	$2.5\leqslant DBH<5$	$DBH<2.5$	$2.5\leqslant DBH<5$
房山栎	8	2	2	1	4	2
毛叶山樱花	6	—	—	—	8	—
蔷薇	—	—	7	—	7	—
水榆花楸	9	1	—	—	3	1
刺苞南蛇藤	3	—	—	—	9	—
榆树	—	—	6	5	—	—
花曲柳	4	—	5	—	—	1
大果榆	—	—	—	—	8	—
葎叶蛇葡萄	—	—	3	—	3	—
木槿	—	—	—	—	4	—
楸树	—	—	—	—	4	—
大花溲疏	—	—	3	—	—	—
旱柳	1	1	—	—	—	1
拐枣	—	—	—	—	1	1
山葡萄	—	—	—	—	2	—
山樱花	2	—	—	—	—	—
大叶朴	—	—	1	—	—	—
枫杨	—	—	—	—	—	1
山荆子	—	—	1	—	—	—
酸枣	—	—	1	—	—	—
合计	936	170	1292	133	983	157

3.3 物种多样性

乔木层植物群落的物种丰富度指数、Shannon-Wiener 多样性指数和 Simpson 多样性指数从高到低均显著呈现为：5.0 m 景区道路廊道旁＞原始林区＞2.5 m 景区道路廊道旁（$p<0.05$）（图 3-2A1～A3）；而 Pielou 均匀度指数则显著呈现为：5.0 m 景区道路廊道旁＞2.5 m 景区廊道旁＞原始林区（$p<0.05$）（图 3-2A4）。

灌木层植物群落的物种丰富度指数、Shannon-Wiener 多样性指数、Simpson 多样性指数和 Pielou 均匀度指数从高到低均呈现为：5.0 m 景区道路廊道旁＞2.5 m 景区道路廊道旁＞原始林区（图 3-2B1～B4）。

草本层植物群落的物种丰富度指数、Shannon-Wiener 多样性指数、Simpson 多样性指数和 Pielou 均匀度指数从高到低均呈现为：5.0 m 景区道路廊道旁＞原始林区＞2.5 m 景区道路廊道旁（图 3-2C1～C4）。

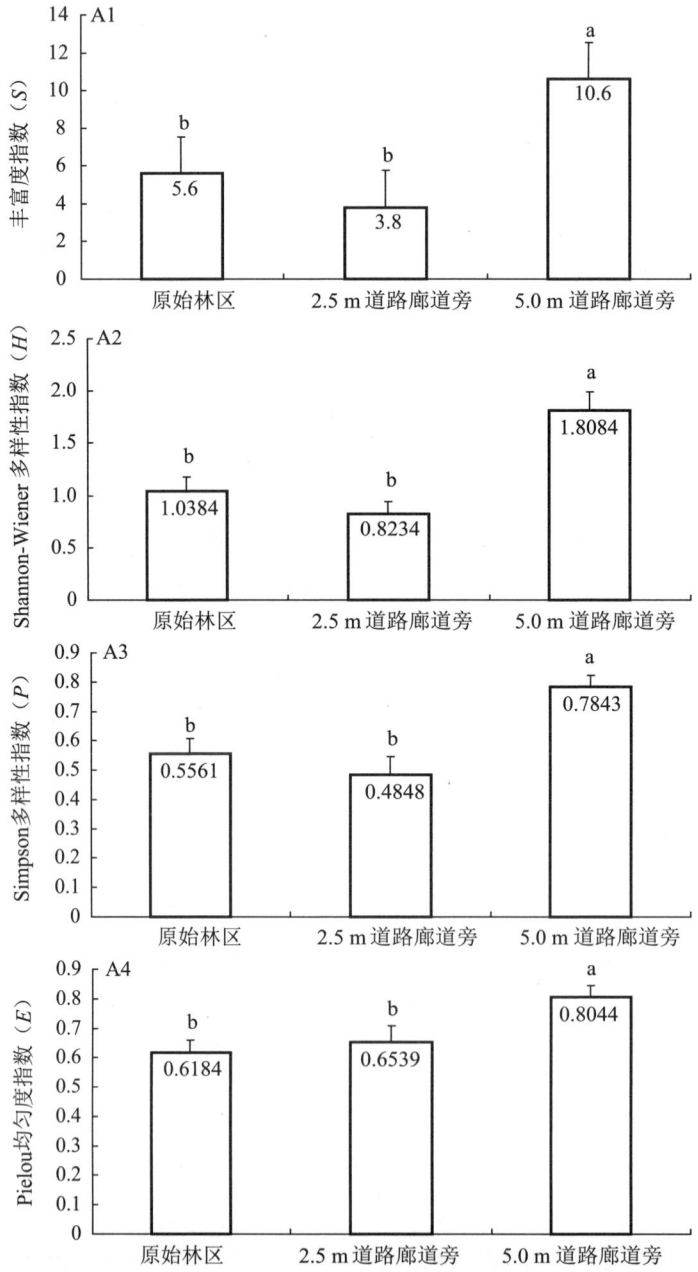

图 3-2　昆嵛山原始林区、2.5 m 景区道路廊道旁和 5.0 m 景区道路廊道旁的乔木层（A）、灌木层（B）和草本层（C）的丰富度指数、Shannon-Wiener 多样性指数、Simpson 多样性指数和 Pielou 均匀度指数（平均值 + 标准误差）

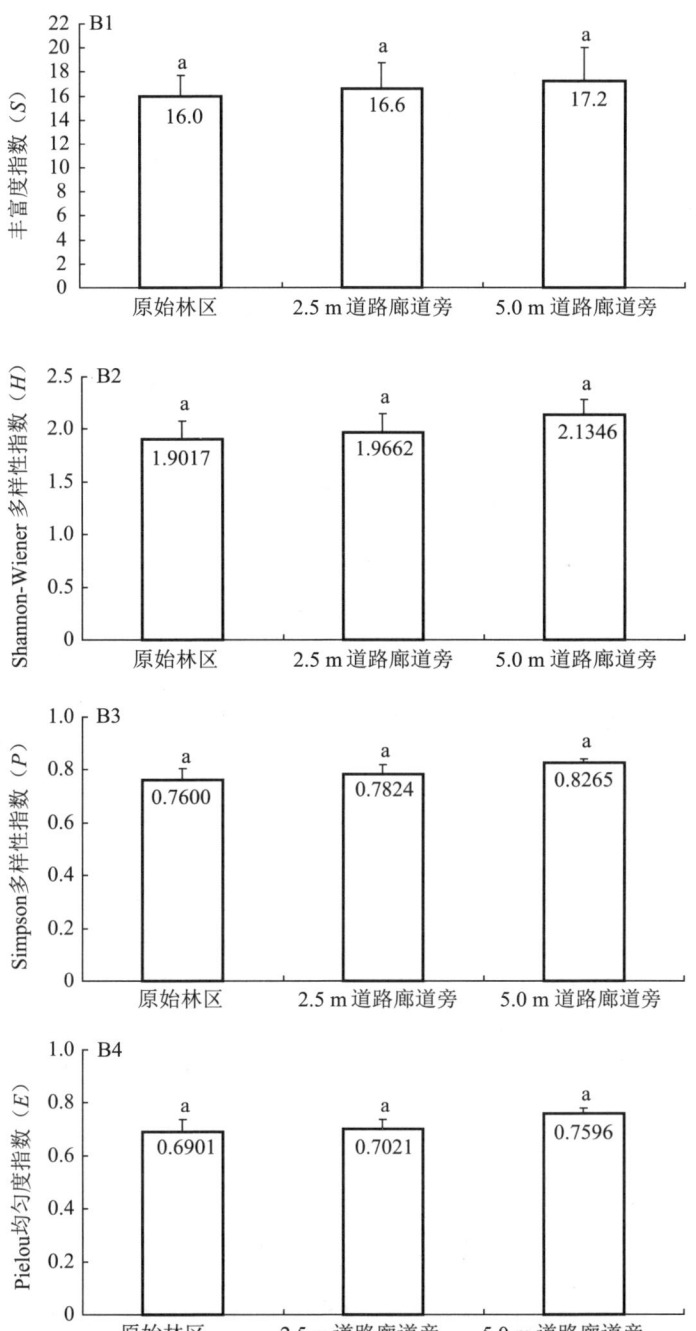

图 3-2(续) 昆嵛山原始林区、2.5 m 景区道路廊道旁和 5.0 m 景区道路廊道旁的乔木层(A)、灌木层(B)和草本层(C)的丰富度指数、Shannon-Wiener 多样性指数、Simpson 多样性指数和 Pielou 均匀度指数(平均值 + 标准误差)

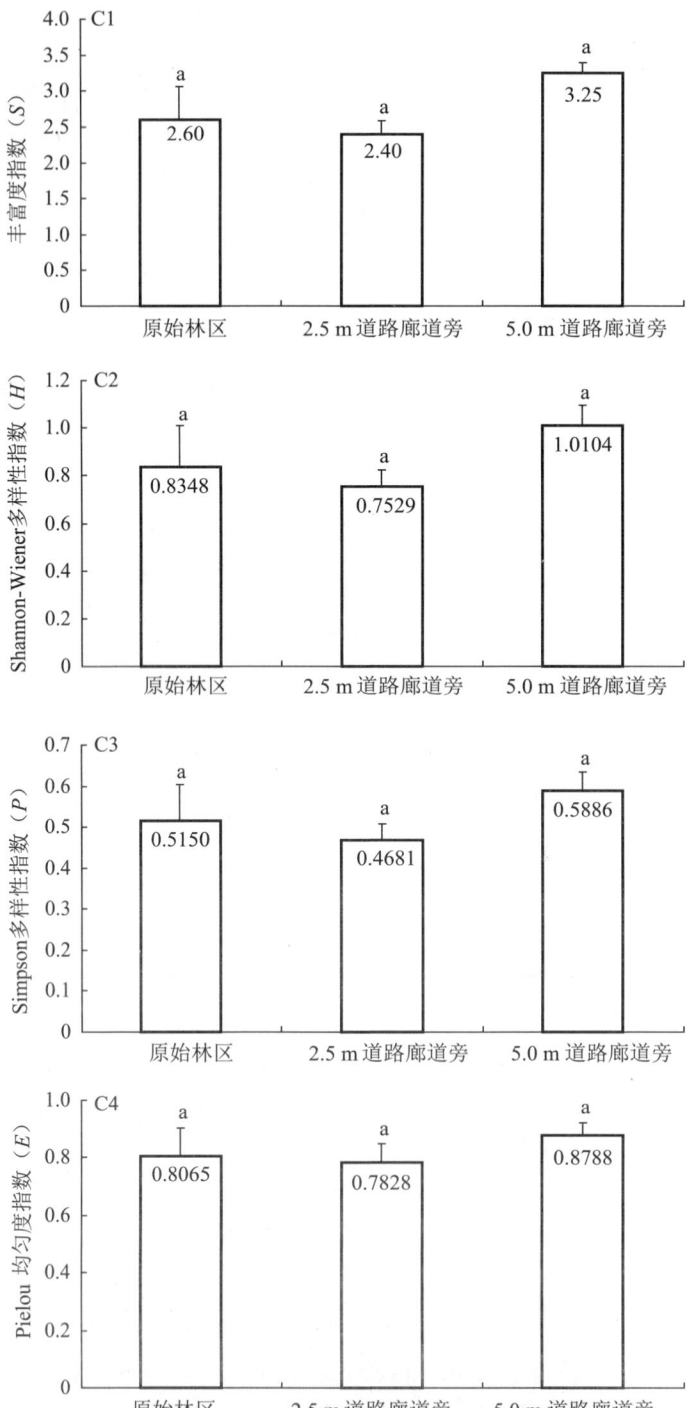

图3-2(续) 昆嵛山原始林区、2.5 m 景区道路廊道旁和 5.0 m 景区道路廊道旁的乔木层(A)、灌木层(B)和草本层(C)的丰富度指数、Shannon-Wiener 多样性指数、Simpson 多样性指数和 Pielou 均匀度指数(平均值 + 标准误差)

3.4 土壤养分

pH：窄路为窄 10 m＜窄 0 m＜窄 20 m＜窄 50 m，宽路为宽 50 m＜宽 0 m＜宽 20 m＜宽 10 m。窄路的 pH 普遍低于宽路，且在同一距离上窄路皆低于宽路。

有机质：窄路为窄 10 m＞窄 20 m＞窄 50 m＞窄 0 m（$p<0.05$），宽路为宽 20 m＞宽 10 m＞宽 50 m＞宽 0 m。窄路的有机质含量普遍高于宽路，且在同一距离上窄路皆高于宽路。

全氮：窄路为窄 10 m＞窄 50 m＞窄 20 m＞窄 0 m，宽路为宽 20 m＞宽 10 m＞宽 50 m＞宽 0 m。全氮含量窄路普遍高于宽路，且在同一距离上窄路皆高于宽路。

全磷：窄 10 m 处显著高于窄 0 m、窄 20 m、窄 50 m 处，且窄 0 m 处最低。全磷含量窄路普遍高于宽路，且在同一距离上窄路皆高于宽路。

全钾：窄 10 m 处低于窄 0 m 和窄 20 m，高于窄 50 m；宽 20 m 处显著少于宽 0 m、宽 10 m，宽 50 m 处。全钾含量窄路普遍高于宽路，且在同一距离上窄路皆高于宽路。

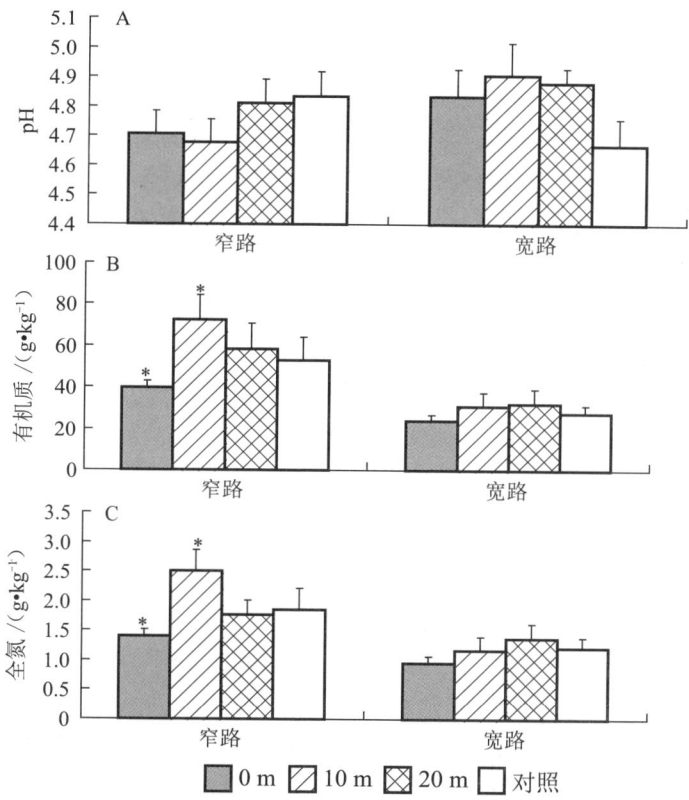

图 3-3 昆嵛山 2.5 m 景区道路（窄路）和 5.0 m 景区道路（宽路）道旁 0 m、10 m、20 m 和 50 m（对照）土壤养分差异（平均值 + 标准误差）

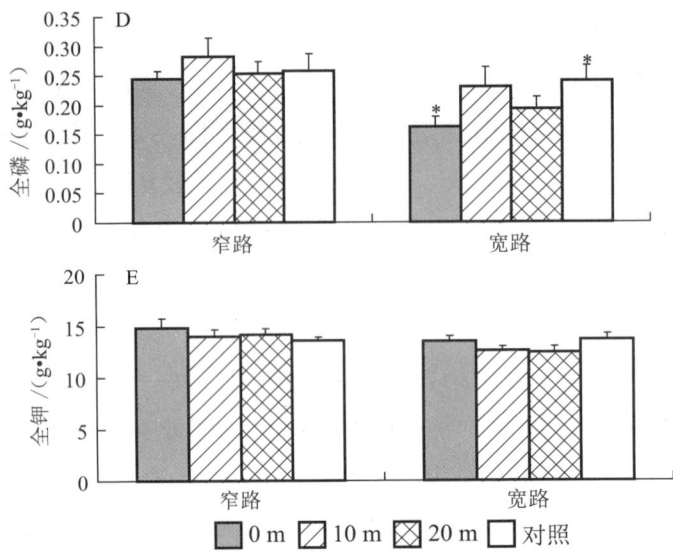

图 3-3（续） 昆嵛山 2.5 m 景区道路（窄路）和 5.0 m 景区道路（宽路）道旁 0 m、10 m、20 m 和 50 m（对照）土壤养分差异（平均值 + 标准误差）

4 结论与讨论

（1）相对于原始林区，昆嵛山景区道路廊道的乔木层平均胸径随着景区道路廊道宽度增大而减少，灌木层则以增加低径级灌木个体数、减少高径级灌木个体数来适应边缘效应，且 2.5 m 景区道路廊道效应显著高于 5.0 m 景区道路廊道。

（2）乔木层物种丰富度、Shannon-Wiener 多样性和 Simpson 多样性均显著呈现为：5.0 m 景区道路廊道旁＞原始林区＞2.5 m 景区道路廊道旁，Pielou 均匀度显著呈现为：5.0 m 景区道路廊道旁＞2.5 m 景区道路廊道旁＞原始林区。灌木层 4 种指数呈现为：5.0 m 景区道路廊道旁＞2.5 m 景区道路廊道旁＞原始林区。草本层 4 种指数呈现为：5.0 m 景区道路廊道旁＞原始林区＞2.5 m 景区道路廊道旁。本研究表明昆嵛山森林植物群落上层乔木对边缘效应的敏感性高于林下植物，这与川西周公山柳杉人工林[16]研究结果不同。

（3）道路越宽，各种营养物质的含量越低，pH 越高，越不适宜生长在酸性土壤中的赤松的繁殖。这说明道路宽窄的不同对植被密度产生的影响不同。随着距道路越远，营养物质含量开始减少，这可能是由于山坡变陡，土壤的流失变得严重，影响了营养物质的含量。

（4）有研究表明，边缘效应影响常绿阔叶林的植物丰富度和个体密度[17]，森林边缘效应利于外来植物种子入侵[18,19]，而过窄的廊道（<4 m）会引起红松生长水平下降[20]。本研究发现，两种景区道路廊道（2.5 m 和 5.0 m）对昆嵛山森林植物群落的影响效应是相反的，2.5 m 景区道路廊道呈现为消极影响，而5.0 m 景区道路廊道却呈现为积极影响。

5 建言献策

（1）景观道路应多建宽路，从植物扩散的角度，道路宽意味着林缘面积增大，这样会增加部分植物的扩散成功率，从而会增加植物物种的数目。从该生态系统的组成来看，物种数目的增加有利于生态系统的稳定，从而促进该地区土壤性质的改善以及土壤质量的改良。

（2）道路越宽，各种营养物质的含量越低。最好以本地林草植物为主进行生态模式配置，以增加生物多样性，并避免外来物种入侵，因地制宜，使植物更好地生长，同时使已被破坏的土壤逐渐得到恢复。注意窄路两侧的绿化，在绿化的时候可以多种植对土壤酸碱变化不敏感的本地植物，在减少对生态环境影响的同时提高成活率。

（3）建议有关部门充分利用土壤特点和当地资源，加强土壤和植物多样性实时监测，合理利用自然资源，实施相应合理的游览方案，如：在人流量大的道路边建立绿化隔离带，以绿篱代替围栏，将人类对生态环境的影响控制在尽量小的范围；加强对水资源的循环利用，对景区道路的排水系统进行改进，景区生活废水处理后可灌溉绿化带。

（4）建立植保站，加强植被保护。请专业人员定期检测景区生态环境状况，根据需要可以定期关闭部分景区，以恢复生态环境。加大景区管理力度和审查力度，同时加大环境保护的宣传工作，定期排查问题与漏洞，保证景区的合理利用发展。设置路边警示牌，张贴标语，在景区人多的地方播放宣传片等各种形式。

（5）在发展旅游的过程中注意加强对环境多样性的保护。植物是环境中必不可少的组成部分，而土壤养分与植物生长息息相关，实现人与人、人与经济活动、人与环境和谐共存。

参考文献

[1] 廉振民,于广志.边缘效应与生物多样性[J].生物多样性,2000,8:120-125.

[2] 朱强,俞孔坚,李迪华.景观规划中的生态廊道宽度[J].生态学报,2005,25:2406-2412.

[3] 王如松,马世骏.边缘效应及其在经济生态学中的应用[J].生态学杂志,1985,4(2):38-42.

[4] 陈利顶,徐建英,傅伯杰,吕一河.斑块边缘效应的定量评价及其生态学意义[J].生态学报,2004,24:1827-1832.

[5] 周婷,彭少麟,林真光.鼎湖山森林道路边缘效应[J].生态学杂志,2009,28:433-437.

[6] 孙雀,卢剑波,邬建国,张凤凤.千岛湖库区岛屿面积对植物分布的影响及植物物种多样性保护研究[J].生物多样性,2008,16:1-7.

[7] 乌玉娜,陶建平,奚为民,赵科,郝建辉.海南霸王岭天然次生林边缘效应下木质藤本与树木的关系[J].生态学报,2011,31:3054-3059.

[8] 刘延国,王青,王军.九寨沟自然保护区景观格局及其斑块稳定性[J].东北林业大学学报,2012,40(4):31-33.

[9] 马文章,刘文耀,杨礼攀,杨国平.边缘效应对山地湿性常绿阔叶林附生植物的影响[J].生物多样性,2008,16:245-254.

[10] 苏晓飞,袁金凤,胡摇广,徐高福,于明坚.千岛湖陆桥岛屿植物群落结构的边缘效应[J].应用生态学报,2014,25:77-84.

[11] 田超,杨新兵,刘阳.边缘效应及其对森林生态系统影响的研究进展[J].应用生态学报,2011,22:2184-2192.

[12] 杜宁,王琦,郭卫华,王仁卿.昆嵛山典型植物群落生态学特征[J].生态学杂志,2007,26:151-158.

[13] 方精云,沈泽昊,唐志尧,王志恒."中国山地植物物种多样性调查计划"及若干技术规范[J].生物多样性,2004,12:5-9.

[14] 方精云,王襄平,沈泽昊,唐志尧,贺金生,于丹,江源,王志恒,郑成洋,朱江玲,郭兆迪.植物群落清查的主要内容、方法和技术规范[J].生物多样性,2009,17:533-548.

[15] TOM L, CHRISTINA A C. Measuring diversity: the importance of species similarity[J]. Ecology, 2012, 93:477-489.

[16] 王德艺,郝建锋,李艳,齐锦秋,裴曾莉,黄雨佳,蒋倩,陈亚.川西周公山柳杉人工林群落的边缘效应[J].生物多样性,2016,24:940-947.

[17] 李铭红,宋瑞生,姜云飞,赵谷风,付海龙,郑英茂,于明坚.片断化常绿阔叶林的植物多样性[J].生态学报,2008,28:1137-1146.

[18] LIN L X, CAO M. Edge effects on soil seed banks and understory vegetation in subtropical and tropical forests in Yunnan, SW China[J]. Forest Ecology and Management, 2009, 257: 1344-1352.

[19] WATKINS R Z, CHEN J Q, PICKENS J, BROSOFSKE K D. Effects of forest roads on understory plants in a managed hardwood landscape[J]. Conservation Biology, 2003, 17: 411-419.

[20] 王文杰,祖元刚,杨逢建,王慧梅,王非. 边缘效应带促进红松生长的光合生理生态学研究[J]. 生态学报, 2003, 23: 2318-2326.

泰山森林乔木物种多样性山坡地形格局

1 引言

山地由于其复杂多样的生态环境条件,成为多种生物物种生存、繁衍和保存下来的种质库,山地生物多样性的研究历来为生态学家所关注。[1,2]地球表面不同的环境因子导致了地表植物和植被分布的多样性[1,3],国内外学者对热点地区森林植物多样性的研究较多[4,5],重点探讨了植物多样性随着环境梯度的分布格局[5,6]。屹立于华北平原上的泰山,为山东第一高山,具有丰富的野生植物资源,成为山东省植物种类和特有植物种类最丰富的山体。[7]泰山植被研究始于1950年华东林业调查队、1956年华东师范大学植物地理进修班泰山植被调查队和1957年山东大学地植物学调查队[8]对泰山前部的森林植被的调查,历经60多年沿承,现已有针对部分林型[8]和部分林场[9]开展的研究,但专门研究泰山植物多样性的山坡地形格局的文献仅有马少杰等[10]2009年利用14个样方对泰山南北坡植物物种多样性垂直梯度格局的研究。本研究拟在前人研究的基础上,全面调查泰山森林植物的多样性,探讨植物多样性与山坡地形因子的相关性,评价山坡地形对植物多样性的影响,为该区森林生态系统的健康经营管理提供依据。

2 研究区域与方法

2.1 研究区域

泰山位于山东中部,地理坐标为36°05′~36°15′N、117°05′~117°24′E,面积为426 km²,主峰海拔1545 m,为山东第一高峰。土壤类型以酸性棕壤为主。气候属暖温带大陆性季风气候,年平均气温为12.8 ℃,年均降水为600 mm。泰山属于世界文化与自然双重遗产和世界地质公园。主要植被为油松(*Platycladus tabuliformis*)林、侧柏(*P. orientalis*)林、赤松(*P. densiflora*)林、黑松(*Pinus thunbergii*)林、麻栎(*Quercus acutissima*)林、刺槐(*Robinia pseudoacacia*)林和栓皮栎(*Quercus variabilis*)林,森林覆盖率为81.5%。[8-10]

2.2 样方设置及数据采集

实地踏查选择天外村线路、红门线路、天柱峰线路和桃花源线路,沿海拔梯度350～1450 m,每垂直上升100 m设置4个样方,野外共设置样方48个,样方规格为30 m×20 m。测量记录所有胸径(DBH)≥5 cm的乔木植物种类、个体数量与单木胸径。[11-12]

2.3 数据处理

采用通用的多样性指数进行计算分析。[11-12] 本研究选用以下4个指数:丰富度指数(S)、Shannon-Wiener多样性指数(H)、Simpson多样性指数(P)和Pielou均匀度指数(E)。计算公式分别为:$S=$样方内的植物物种数目;$H=-\sum P_i \ln P_i$;$P=1-\sum P_i^2$;$E=H/\ln S$。其中,P_i为样方内第i物种重要值占所有物种总重要值的比例,重要值=(相对显著度+相对密度+相对频度)/3。统计分析均采用SPSS17.0中文版统计软件进行。

依据国际地理学联合会地貌调查与地貌制图委员会关于地貌详图应用的坡地分类,将泰山分为350 m、450 m、550 m、650 m、750 m、850 m、950 m、1050 m、1150 m、1250 m、1350 m和1450 m共12个海拔梯度,斜坡(5°～15°)、陡坡(15°～35°)和峭坡(35°～55°)共3个坡度梯度,上坡位、中坡位和下坡位这3个坡位梯度,以及南向(SE～SW)、西向(WS～WN)、东向(EN～ES)和北向(NW～NE)这4个坡向梯度。

3 结果与分析

3.1 泰山森林乔木多样性的海拔梯度格局

乔木丰富度指数、Shannon-Wiener指数、Simpson指数和Pielou指数呈现出了较为一致的多峰多谷特征,丰富度指数拥有550 m、850 m和1150 m三峰与750 m、1050 m和1250 m三谷(图3-4A);Shannon-Wiener指数、Simpson指数和

Pielou 指数拥有 650 m、850 m 和 1150 m 三峰与 750 m、1050 m 和 1250 m 三谷（图 3-4B～D）。

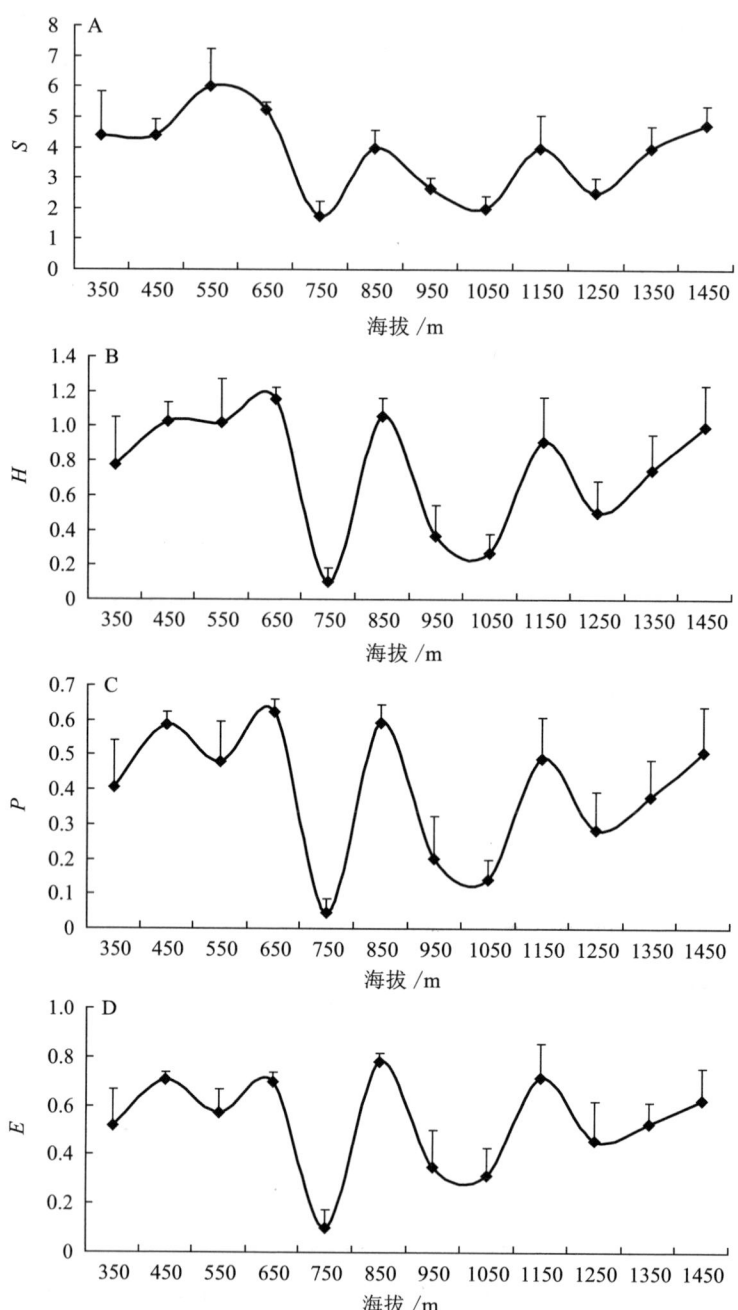

图 3-4　泰山森林群落乔木丰富度指数（S）、Shannon-Wiener 多样性指数（H）、Simpson 多样性指数（P）和 Pielou 均匀度指数（E）的海拔梯度格局（平均值＋标准误差）

3.2 泰山森林乔木多样性的坡向梯度格局

乔木丰富度指数呈现为西向＞南向＞东向＞北向（图 3-5A），西向极显著高于北向（$p<0.01$）；Shannon-Wiener 指数、Simpson 指数和 Pielou 指数呈现为西向＞东向＞南向＞北向（图 3-5B～C），西向显著高于东向（$p<0.05$），极显著高于北向（$p<0.01$）；Pielou 指数呈现为西向＞东向＞北向＞南向（图 3-5D）。

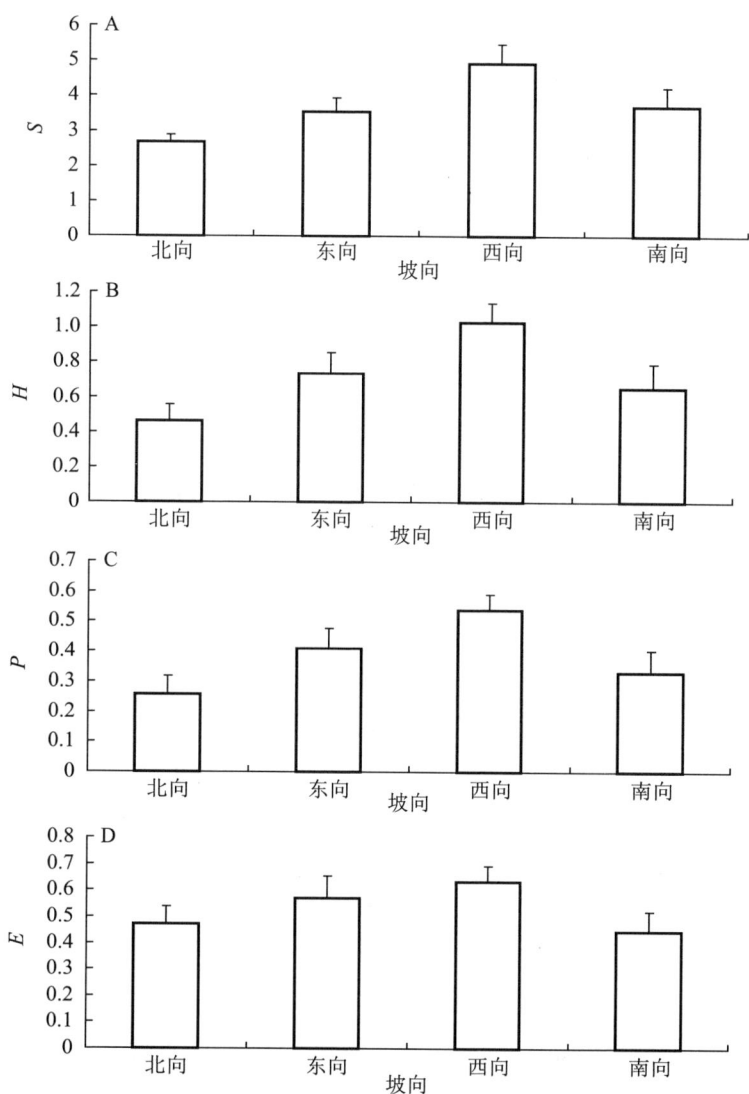

图 3-5 泰山森林群落乔木丰富度指数（S）、Shannon-Wiener 多样性指数（H）、Simpson 多样性指数（P）和 Pielou 均匀度指数（E）的坡向梯度格局（平均值＋标准误差）

3.3 泰山森林乔木多样性的坡度梯度格局

乔木丰富度指数、Shannon-Wiener 指数、Simpson 指数和 Pielou 指数均呈现为斜坡＞陡坡＞峭坡（图 3-6A～D）。坡度与乔木层丰富度指数、Shannon-Wiener 指数和 Simpson 指数存在显著负相关（$r=-0.26$，$p<0.05$；$r=-0.35$，$p<0.05$；$r=-0.31$，$p<0.01$）。

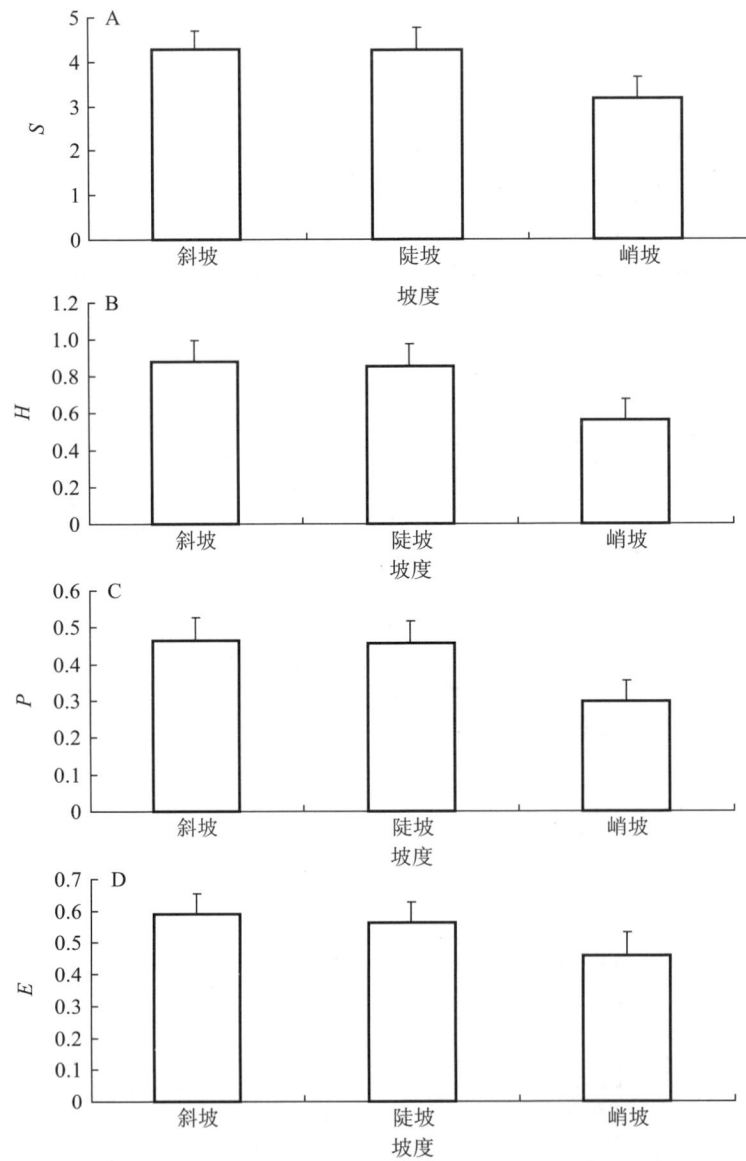

图 3-6 泰山森林群落乔木丰富度指数（S）、Shannon-Wiener 多样性指数（H）、Simpson 多样性指数（P）和 Pielou 均匀度指数（E）的坡度梯度格局（平均值＋标准误差）

3.4 泰山森林乔木多样性的坡位梯度格局

乔木层丰富度指数呈现为上坡＞中坡＞下坡（图 3-7A）；Shannon-Wiener 指数和 Simpson 指数均呈现为中坡＞上坡＞下坡（图 3-7B～C）；Pielou 指数呈现为中坡＞上坡＞下坡（图 3-7D）。

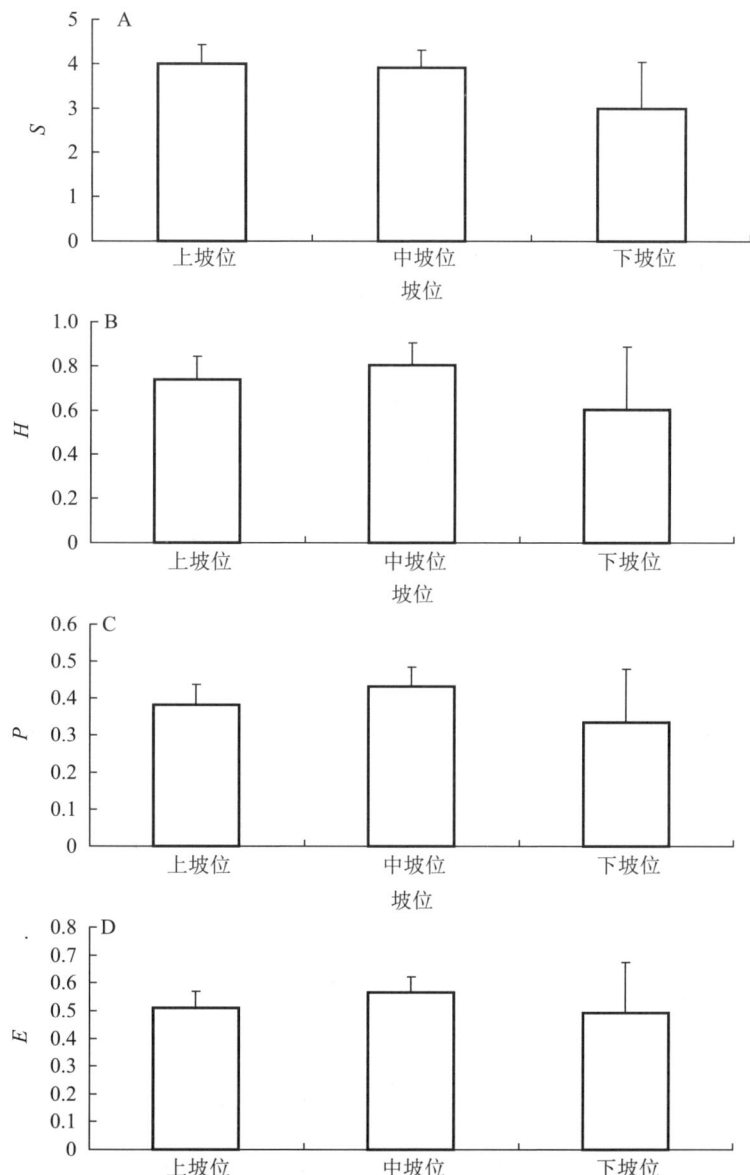

图 3-7 泰山森林群落乔木丰富度指数（S）、Shannon-Wiener 多样性指数（H）、Simpson 多样性指数（P）和 Pielou 均匀度指数（E）的坡位梯度格局（平均值＋标准误差）

4 讨论

自然界植物群落的空间分布是不同尺度上环境、空间和生物三大因素共同作用的结果,在区域尺度上,气候、母质和植物区系决定了植被类型。[13] 研究表明,物种多样性沿海拔梯度的分布格局一般有 5 种形式,分别是随海拔升高先降低后升高、先升高后降低(单峰曲线)、单调升高、单调下降和没有明显格局。[14-15] 不同山地和不同生活型的物种多样性海拔分布格局不同,可能与山地所处的区域环境条件、山体的相对高度和地质地貌等众多因素相关。[16] 受到植被演化历史和人类活动干扰的双重影响,泰山植被在历史上曾多次毁损,现有森林多为 1949 年后人工造林,地带性植被为落叶阔叶林。这些人工林经过长期封山育林向天然林演替,受林分密度、林缘效应、种源、立地、林地地形与面积大小等多种因素的影响。[17-18]

泰山植物群落物种多样性受人为活动干扰影响颇大,强烈的人为干扰会导致林木内部稀疏化和群落外观简单化[19],这可能由于植物不同的生长习性与繁殖策略所致,多年生杂类草对干扰具有较强的耐性和缓冲作用,而灌木和半灌木则对干扰敏感[20]。

5 结论

主成分分析排序结果显示:坡位＞坡向＞海拔＞坡度。泰山森林乔木植物多样性海拔特征为:三峰(650 m、850 m 和 1150 m)三谷(750 m、1050 m 和 1250 m);坡度特征为:斜坡＞陡坡＞峭坡;坡向特征为:西向＞南向和东向＞北向;坡位特征为:中坡＞上坡＞下坡。

参考文献

[1] 田中平,庄丽,李建贵.伊犁河谷北坡垂直分布格局及其与环境的关系——一种特殊的双峰分布格局[J].生态学报,2012,32(4):1151-1162.

[2] 赵淑清,方精云,宗占江,等.长白山北坡植物群落组成、结构及物种多样性的垂直分布[J].生物多样性,2004,12(1):137-145.

[3] 周广胜,王玉辉.全球变化与气候——植被分类研究和展望[J].科学通报,1999,44(24):2587-2593.

[4] 刘增力,郑成洋,方精云.河北小五台山北坡植物物种多样性的垂直梯度变化[J].

生物多样性,2004,12(1):137-145.
- [5] 唐志尧,方精云.植物物种多样性的垂直分布格局[J].生物多样性,2004,12(1):20-28.
- [6] 贺金生,陈伟烈.陆地植物群落物种多样性的梯度变化特征[J].生态学报,1997,1(1):91-99.
- [7] 周光裕.泰山朝阳洞附近的植被概况[J].山东大学学报,1958,8(1):243-256.
- [8] 付裕,李传荣,申卫星,等.旅游活动对泰山登山中路植物群落种类组成及多样性的影响[J].中国农学通报,2009,25(6):215-219.
- [9] 张永涛,陈志成,王志伟,等.泰山罗汉崖林场林下植被物种组成及生物多样性[J].中国水土保持科学,2011,9(6):94-98.
- [10] 马少杰,付伟章,李正才,等.泰山南北坡植物物种多样性垂直梯度格局的比较[J].生态科学,2010,29(4):367-374.
- [11] 方精云,沈泽昊,唐志尧,等."中国山地植物物种多样性调查计划"及若干技术规范[J].生物多样性,2004,12(1):5-9.
- [12] 方精云,王襄平,沈泽昊,等.植物群落清查的主要内容、方法和技术规范[J].生物多样性,2009,17(6):533-548.
- [13] 宋同清,彭晚霞,曾馥平,等.木论喀斯特峰丛洼地森林群落空间格局及环境解释[J].植物生态学报,2010,34:298-308.
- [14] 贺金生,陈伟烈.陆地植物群落物种多样性的梯度变化特征[J].生态学报,1997,17(1):91-99.
- [15] 刘兴良,史作民,杨冬生,等.山地植物群落生物多样性与生物生产力海拔梯度变化研究进展[J].世界林业研究,2005,18(4):27-34.
- [16] 方精云,沈泽昊,崔海亭.试论山地的生态特征及山地生态学的研究内容[J].生物多样性,2004,12(1):10-19.
- [17] 孙景波,佟静秋,牟长城,等.哈尔滨城市人工林天然更新组成结构与年龄结构[J].东北林业大学学报,2009,37(2):16-21.
- [18] 韩广轩,王光美,毛培利,等.山东半岛北部黑松海防林幼龄植株更新动态及其影响因素[J].林业科学,2010,46(12):158-164.
- [19] 高远,邱振鲁,陈玉峰,等.旅游干扰对蒙山植物种类组成的影响[J].世界科技研究与发展,2009,31(4):708-710.
- [20] 郑伟,朱进忠,潘存德.旅游干扰对喀纳斯景区草地植物多样性的影响[J].草地学报,2008,16(6):624-635.

新丝路东线典型景区生态环境、生态经济与生态文明调查

1 引言

近些年,随中国经济飞速发展,人民收入增加,生态功能却在日益衰退。在此大背景下,"绿色""生态"成为每个人不得不面对的切肤之痛。1987年,世界环境与发展委员会首次提出"可持续发展"理念。尽管与其他产业相比,旅游业对环境的影响,可谓"隔靴搔痒"。但这不代表旅游业可以忽略可持续发展应尽之义务。

随着资源的进一步消耗,经济和环境往往陷入自相矛盾的局面。解决这个问题的办法是发展生态经济。没有生态经济的概念基础,往往会阻碍我们实现可持续发展的机遇。[1]中国共产党第十八次全国代表大会把"建设生态文明"作为全面建设小康社会的战略目标,并将其列入政府报告,显示了其重要性。此外,生态可持续发展是可持续发展的环境组成部分,这一问题对于实现可持续发展目标至关重要。[2]

从这个角度看,旅游业作为一个强大的经济载体,应该与环境相协调。也就是说,旅游不能脱离生态经济、生态文明和生态环境所制约的安全地带。生态文明和生态经济不是新概念,越来越受到人们的关注。党的十八大指出,生态文明建设是关乎人类福祉和国家前途的长远规划。在生态经济方面,社会、经济和自然是三个不同性质的系统,但它们的生存和发展受到其他系统的结构和功能的制约。我们必须把它们看作一个复合系统社会-经济-自然复合生态系统,即生态经济。[3]

旅游业正是与之相关的一个重要环节。旅游业具有低能耗、低污染、高产值的特点,具有十分优秀的发展前景。国家主席习近平2013年访问哈萨克斯

坦时发表文章《弘扬人民友谊,共创美好未来》,首次提出建设"新丝绸之路经济带"。2014年他出访欧洲,再次重申"新丝绸之路经济带"的重要性。而丝绸之路的资源等级高,开发难度大,是旅游开发研究的重点课题之一。丝绸之路联合开发已受到世界相关国家和国内外相关利益者的高度重视,有关国家和地方都争相冠名,欲以丝绸之路旅游业发展带动区域经济和自身的发展。[4]因此,发展旅游业是丝绸之路实现建设生态文明、生态经济的非常重要的组成部分,应当引起广泛关注。

旅游资源是一份得天独厚的馈赠,针对生态旅游的普及性、保护性、多样性、专业性和精品性等几大特性,[5]我们选取了花果山、华山、白马寺、龙门石窟、云龙湖、秦兵马俑、大雁塔、华清池、地坑院、清明上河园、回民街这11个景区。其中既有自然旅游资源中的水文和地貌,也有人文旅游资源中的古建筑、古文化遗址、古陵墓、城镇风貌和民俗风情。这些景区都是新丝路沿线的典型代表景区,对于它们进行的系统的、综合的研究,无疑对研究新丝绸之路旅游业的发展有着非常其重要的意义。

已有学者就丝绸之路旅游开发模式[6]、丝绸之路生态文明建设[7]展开研究,但尚未有人将生态文明、生态经济与生态环境联系起来,也尚未见针对生态文明、生态经济建设提出重点关注旅游业这一措施。本研究以新丝绸之路东线沿线景点为例,分析生态经济、生态文明、生态环境三者的统一相关性,进而探究旅游业对经济、环境的影响。

2 研究区域与方法

2.1 研究区域

新丝路东线典型景区花果山、华山、白马寺、龙门石窟、云龙湖、秦兵马俑、大雁塔、华清池、地坑院、清明上河园、回民街11个景区,兼有自然旅游资源中的水文和地貌,以及人文旅游资源中的古建筑、古文化遗址、古陵墓、城镇风貌和民俗风情。这些景区都是新丝路沿线的典型代表景区。

2.2 研究方法

2.2.1 调查

针对旅游景区自然环境现状和人为活动设计了6个选择题,在景区内游客集中的地方发放调查问卷进行调查。共发放500份,回收有效调查问卷500份。

2.2.2 实地走访

实地走访新丝路东线典型景区花果山、华山、白马寺、龙门石窟、云龙湖、秦兵马俑、大雁塔、华清池、地坑院、清明上河园、回民街 11 个景区。

3 结果与分析

3.1 回民街：饮食与文化

回民街具有提供当地美食、特产、文化展示和游乐的功能,吸引了大量游客。许多回族人抓住商机修复店面,使整条街道彰显出明清风格,使街道变得更具吸引力。

发展旅游对回民街的影响:首先,发展旅游促进了回民街的经济发展。为了迎合公众的喜好,政府不断发布新政策,加强对古建筑的保护,当地居民愿意投资改造店面房屋。其次,发展旅游破坏了传统的住宅建筑。当地居民大肆扩建和翻新房屋,以最大化他们的商业获利,常忽视了最传统和最有价值的民族特色。[8]

3.2 大雁塔：倾斜的雁塔需人"扶持"

"塔势如涌出,孤高耸天宫",寥寥几笔,勾勒出雁塔的雄姿。早就听闻大雁塔已开始倾斜,当我们近距离接触这座塔时,发现这座塔和周围其他建筑物都不在同一竖直线上,而且塔的轴线也和相框的边缘对不齐。这表明塔的倾斜程度已经不小。

大雁塔的倾斜,表明大雁塔已遭到破坏,保护刻不容缓,西安市政府也为此做出相关举措。然而大雁塔的保护不能仅依靠政府部门,还需要全体西安市民及游客的共同爱护,才能让这座佛塔继续承载着佛教经典矗立在此,延续下去。

3.3 华清池：还是旧时温柔水

任谁听闻"华清池"三字,都会想起那"从此君王不早朝"的爱情故事。同时,作为西安事变的起源地,其文化价值又上升了一个高度。

但华清池背后却隐藏着一些问题:

游客前来游览华清池景区的主要原因是观赏文物古迹,从表 3-3 和图 3-8 可以看出,游览时间基本在 4 h 以内,集中于 2~3 h。人均支出为 100~400 元,主要支出项目为景区门票,其次为餐饮及购物。华清池最能够吸引游客的应属其文化背景和历史地位。但我们调查发现,街道和建筑大多是翻建,虽美轮美奂,但很大程度上破坏了其原有风格。从游客游览时间集中于2 h和游客花销集中于门票可看出,大多数游客抱着快速结束景点的心态游览景区。景区在追求商业利益的同时却忽视了另一个问题——其最为根本的文化价值正逐渐消失,无法达到一种可持续发展的形态。

表3-3　华清池调查数据

华清池		选项A	选项B	选项C	选项D	选项E
1	吸引因素	山水风光	文物古迹	民俗风情	特色餐饮	运动休闲
	人数	5	48	4	3	2
2	游览时间/h	<2	2~4	4~6	6~8	>8
	人数	16	31	4	2	1
3	景区内人均支出/元	<100	100~200	200~300	300~400	>400
	人数	14	14	13	4	10
4	主要支出项目	景区内小交通	景区内住宿	景区内餐饮	景区门票	景区内购物
	人数	0	1	11	38	10
5	人均总支出/元	<100	100~300	300~500	500~700	>700
	人数	6	9	14	9	17
6	本次旅游支出项目	交通	住宿	餐饮	门票	购物
	人数	14	14	14	34	15

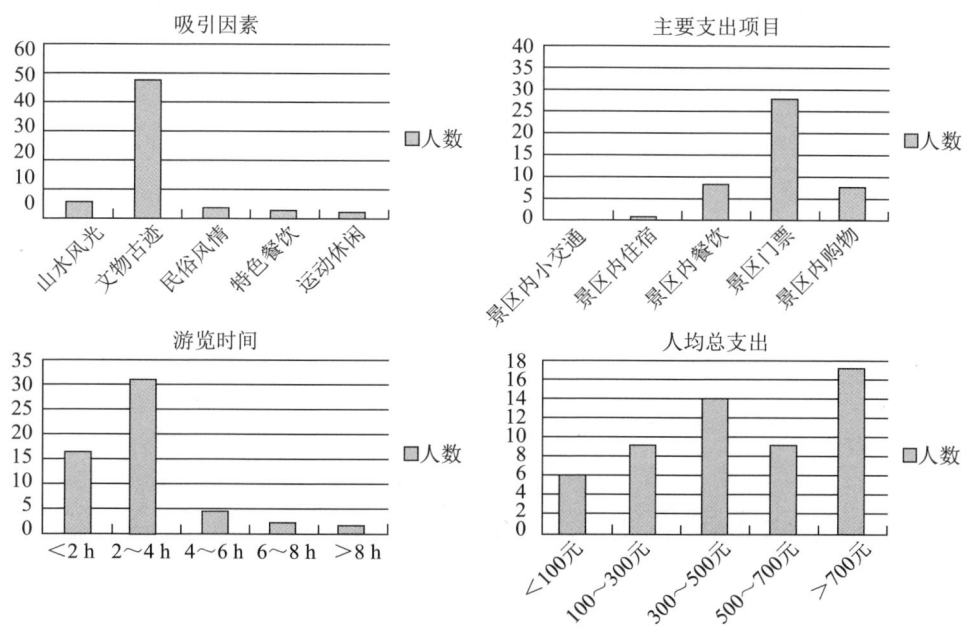

图3-8　华清池调查数据

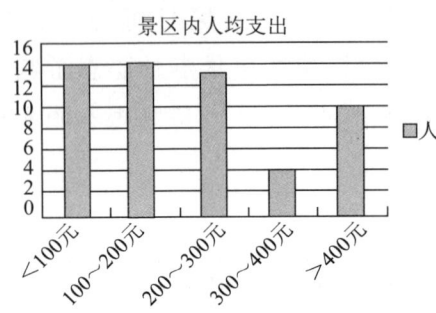 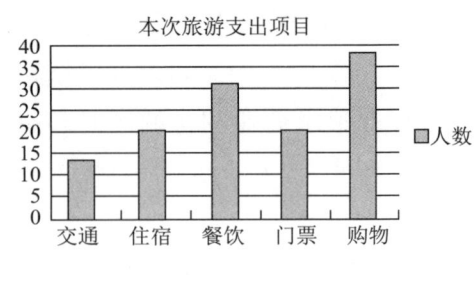

图 3-8（续） 华清池调查数据

3.4 秦兵马俑：立足传统，完善自身

秦始皇一统天下的传奇一生被人传颂至今，这点在对兵马俑的调查中尤为突出，有 75% 的游客是被其深厚的文化底蕴所吸引。

从表 3-4、图 3-9 可看出，80% 的游客游览兵马俑景区的时间在 2～4 h，13% 少于 2 h，7% 超过 4 h。一个成人步行速度平均为 4～5 km/h，但在这兵马俑景区短短 1000 多米的游览路程中，游客却要花费 3 h，大大超出了游览需要。虽说兵马俑是世界闻名的第八大奇迹，但我们这些"门外汉"只能感受其气魄，无法端详每一个陶俑，那么这 2～4 h 究竟用在何处？

表 3-4 秦兵马俑调查数据

秦兵马俑		选项 A	选项 B	选项 C	选项 D	选项 E
1	影响因素	山水风光	文物古迹	民俗风情	特色餐饮	运动休闲
	人数	1	27	5	2	1
2	游览时间/h	<2	2～4	4～6	6～8	>8
	人数	7	45	1	3	0
3	景区内人均支出/元	<100	100～200	200～300	300～400	>400
	人数	11	26	9	5	4
4	主要支出项目	景区内小交通	景区内住宿	景区内餐饮	景区门票	景区内购物
	人数	0	0	11	40	6
5	人均总支出/元	<100	100～300	300～500	500～700	>700
	人数	5	12	13	10	21
6	本次旅游支出项目	交通	住宿	餐饮	门票	购物
	人数	17	21	22	33	11

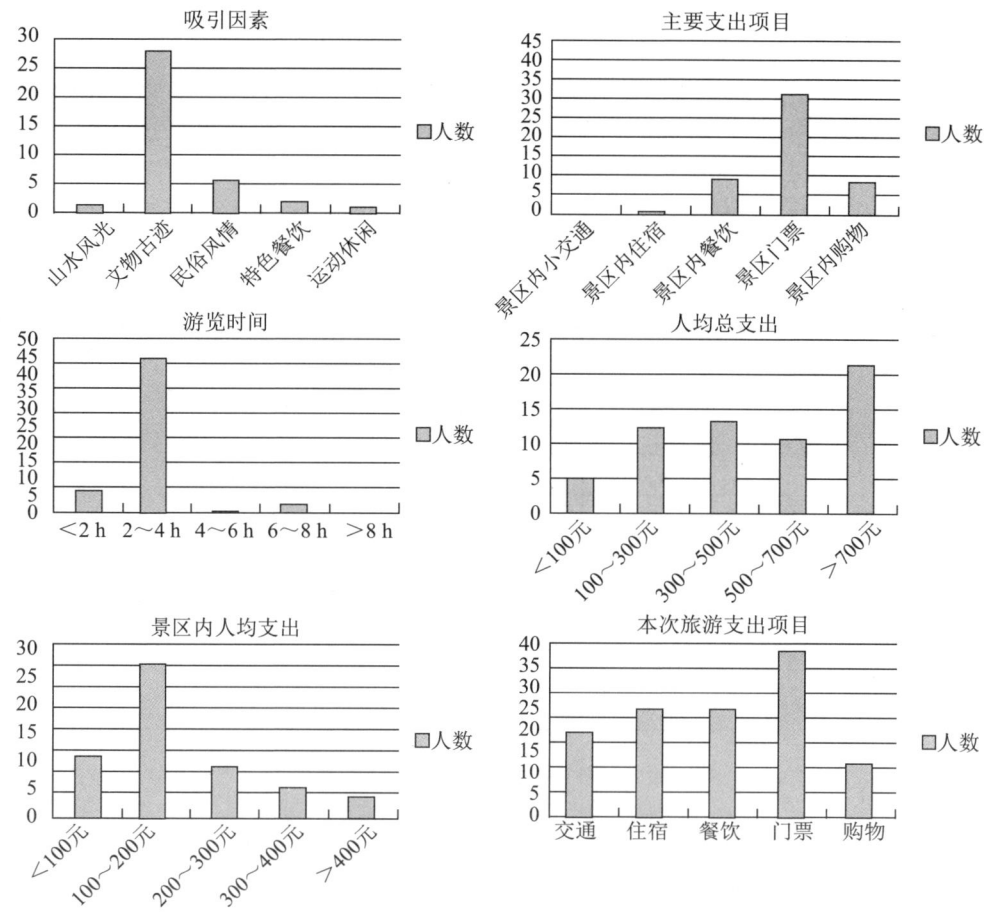

图 3-9 兵马俑调查数据

游览过后,略不舒适的游览体验将矛头对准了巨大的客流量。这耗费了游客大量时间,使旅客得不到满意的游览体验。尤其是进入铜车马展厅时,游客摩肩接踵,将展览柜围得水泄不通,常出现大人将孩子扛在肩膀上的"诙谐"场面,有些游客在看到拥挤的人潮之后甚至选择对此避而远之。在发放调查问卷时,我们发现了一位长时间在展厅外树荫下玩手机的游客,于是采访了她。她说:"展厅里又挤又热,让人一点儿都不想待,况且又看不出什么门道来。"

诚然,兵马俑以其深厚的文化底蕴和磅礴的气势吸引了游客,而如何让游客获得舒适的游览体验,就需要景区对此做出适当的调整。

另外调查显示,在景区内,70%的游客支出都在景区门票上,19%的游客主要开销在景区内的餐饮上,11%的游客对一些兵马俑的纪念品比较感兴趣,因此主要花费在景区内的购物上。

3.5 西岳华山：巍然独秀的华夏之源

华山为国家 AAAAA 级景区，以览景为首要目的的游客数量遥遥领先（表 3-5，图 3-10）：华山近 70% 的游客是因华山的山水风光前来游览。的确，卓越的地理位置使这座"西岳之尊"跻身于世界峰林。在游览时间上，大约 57% 的游客超过 6 h，31% 的游客游览时间在 4～6 h。

表 3-5　华山调查数据

	华山	选项 A	选项 B	选项 C	选项 D	选项 E
1	吸引因素	山水风光	文物古迹	民俗风情	特色餐饮	运动休闲
	人数	43	13	1	4	0
2	游览时间/h	<2	2～4	4～6	6～8	>8
	人数	2	4	17	20	11
3	景区内人均支出/元	<100	100～200	200～300	300～400	>400
	人数	0	4	17	14	21
4	主要支出项目	景区内小交通	景区内住宿	景区内餐饮	景区门票	景区内购物
	人数	13	4	8	36	10
5	人均总支出/元	<100	100～300	300～500	500～700	>700
	人数	0	6	16	16	17
6	本次旅游支出项目	交通	住宿	餐饮	门票	购物
	人数	21	16	10	36	18

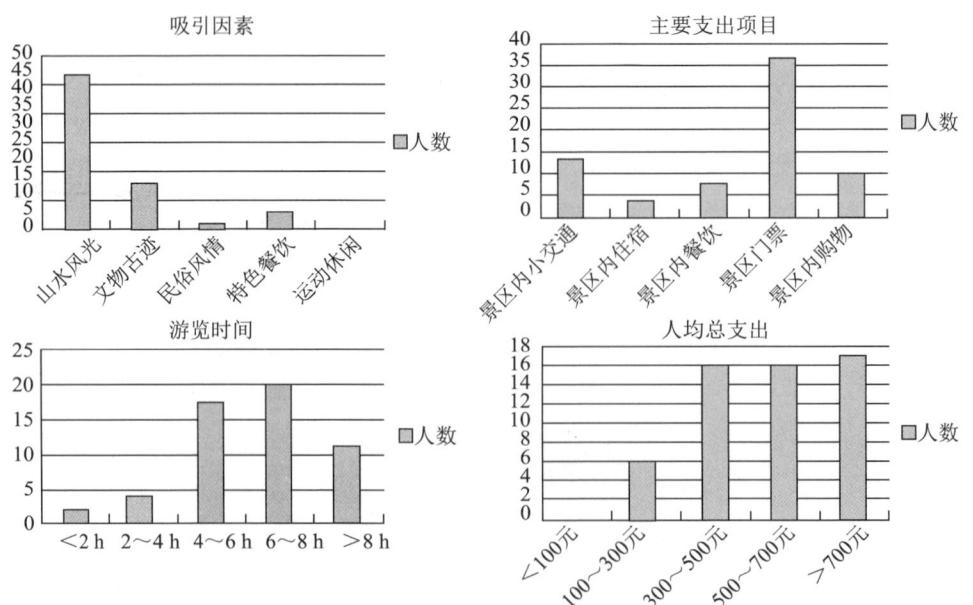

图 3-10　华山调查数据

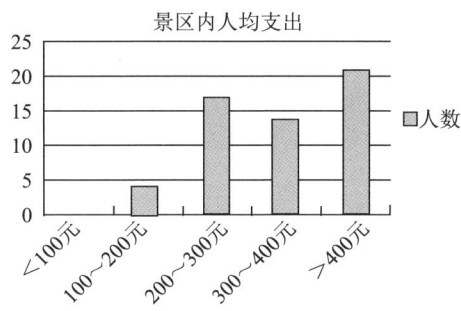
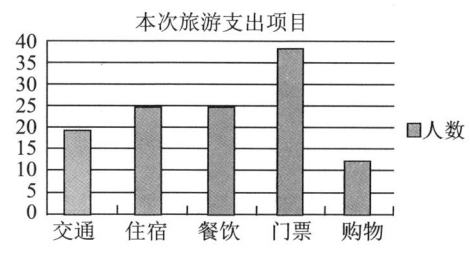

图 3-10（续） 华山调查数据

在这次华山行中,我们选择了徒步而上。愈往高处走儿童与老人的身影愈少,最后步行到达华山南峰顶的大都是青壮年。虽说经华山索道能轻松到达北峰,但在旺季,在华山索道等待 3 h 也未必能坐上;对于不少青壮年来说,登北峰 3 h 足矣。一边是徒步登山的体力不堪,一边是坐索道排队的人满为患,在身体条件无法克服的情况下,索道供求关系的不协调,无疑对华山的客流量造成了一定的限制。

山路上,尤其是游客们集中休息的几个地点,存在着许多出售食品的摊点。华山东、西、南、北、中峰顶的物价是与其攀登难度与距离成正比的。华山峰顶的货物均是商家爬山挑上去的,因此商品也相应有了更高昂的价格。不论爬到哪一个峰顶,内心的满足感都是不言而喻的,商家在峰顶出售食品,更是刺激了许多游客在峰顶犒劳自己片刻。根据调查,约 38% 的游客在景区内的人均支出多于 400 元,约 55% 的游客的人均支出在 200～400 元。可见,景区内商品支出在游客的支出中占据了不小的比重。

3.6 地坑院:只见炊烟不见村

《易·系辞》中说:"上古穴居野处。"这便可以看出地坑院的产生绝非偶然。

将地坑院作为特色民居来开发,它的经济效益确实是巨大的。从生态旅游的角度来看,这类特色民居的开发是在原始民居的基础上进行修整、改造的,基本保留了原有的历史文化特色。然而此种旅游景点的开发需要市场价值作为支撑。恰恰,在中国历史上,西安作为十六朝古都,厚重的历史底蕴成功吸引了旅游业市场。黄土高原的地域文化特色与地坑院民居独特的外观在对外宣传的过程中发挥了较为重要的作用,地坑院内建筑风格与部分非物质文化遗产的存在也为景点增光添彩,具有非物质文化遗产特点的纪念品在景区内也有售卖点。并且在中国"家"的观念的逐年沉淀中,传统民居一类的旅游景点也被赋予了特殊的文化意义,这些因素的共同作用大大扩展了市场人群,使民居旅游前景可期。因此,地坑院文化的弘扬与一定的保护就显得尤为重要。

3.7 龙门石窟:与山河同在

洛阳景区众多,景区分布十分零散,不利于游客一次性完整地游览。

吸引游客前来游览龙门石窟景区的主要因素为文物古迹。从表3-6、图3-11可以看出,在整个旅游行程中(含龙门石窟景区),人均总支出差距较大,36%的游客少于100元,29%的为100~300元,14.5%的游客则超过700元;总支出主要项目则分布较为平均,交通支出偏高。游览时间总体为2~6 h,集中在3~4 h;人均支出总体不会超过200元,而主要支出项目则为门票,其次是交通,再次是餐饮。

表3-6 龙门石窟调查数据

龙门石窟		选项A	选项B	选项C	选项D	选项E
1	吸引因素	山水风光	文物古迹	民俗风情	特色餐饮	运动休闲
	人数	10	42	6	0	1
2	游览时间/h	<2	2~4	4~6	6~8	>8
	人数	20	25	9	0	1
3	景区内人均支出/元	<100	100~200	200~300	300~400	>400
	人数	30	16	6	1	2
4	主要支出项目	景区内小交通	景区内住宿	景区内餐饮	景区门票	景区内购物
	人数	14	3	8	38	3
5	人均总支出/元	<100	100~300	300~500	500~700	>700
	人数	20	16	5	6	6
6	本次旅游支出项目	交通	住宿	餐饮	门票	购物
	人数	16	14	14	11	10

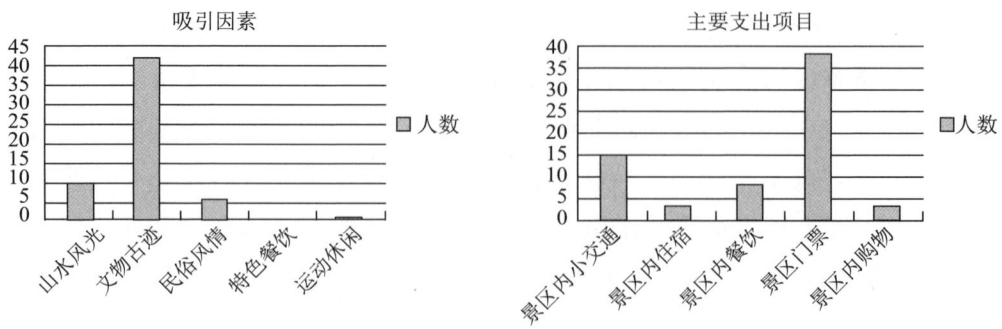

图3-11 龙门石窟调查数据

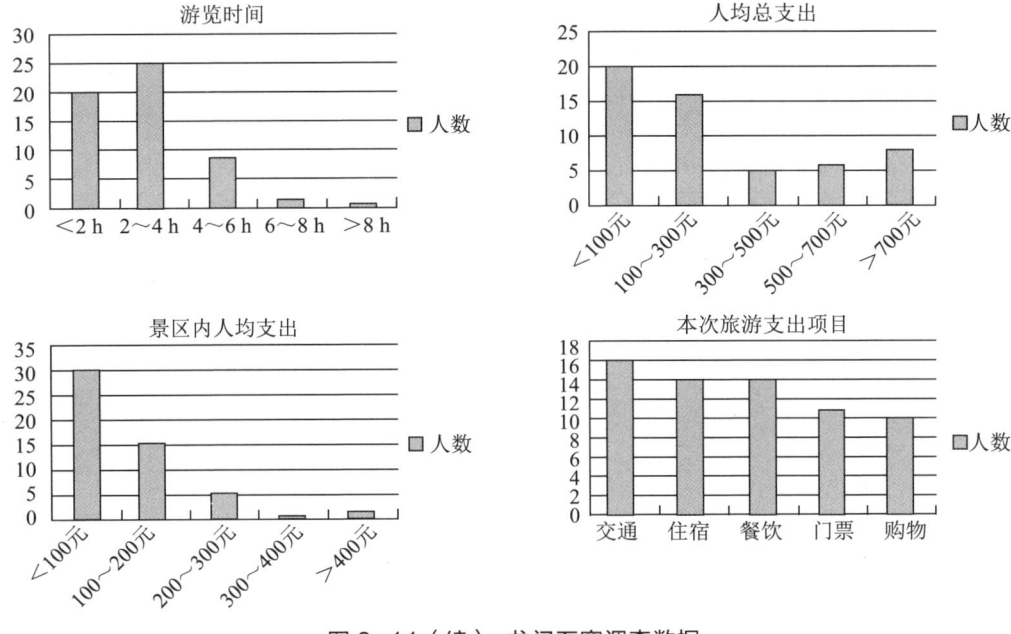

图 3-11（续） 龙门石窟调查数据

3.8 白马寺：中国第一古刹

在我们对游客的随机调查中，文物古迹是吸引游客前来的主要因素。作为佛教传入中国后官办的第一所寺院，白马寺在佛教上占有极其重要的地位，足以吸引大量游客。

"年龄金字塔"也许并不会对景区收入产生显著的影响，但会影响游客在景区中的主观感受，游客的主观感受最终还是会通过各种渠道，在经济上反馈回来的。从这一层面上看，白马寺并无多少石阶可爬，也没有惊险的栈道可行，老少皆宜。白马寺没有了"快意只从林峰讨"的林峰，换来的却是游客年龄的普适性。当然，年轻人的消费力是其他年龄段所不能比的。

调查结果显示，人们在这里的游览时间半数都集中在 0～4 h。导致游览时间短最直接的原因是游览景区面积小。无论是游客拍照还是导游讲解，都是前面紧锣密鼓，后面稀松零散。对第一尊佛像，人们都格外兴奋热情；对于后面的，便兴致索然了。

游览时间短，必然会导致景区内支出的减少。从表 3-7 和图 3-12 可看出，游客在景区内的支出，很少有超过 200 元的，在这其中门票的支出还占了一半多。

表 3-7 白马寺调查数据

白马寺		选项 A	选项 B	选项 C	选项 D	选项 E
1	吸引因素	山水风光	文物古迹	民俗风情	特色餐饮	运动休闲
	人数	0	47	3	0	1
2	游览时间/h	<2	2～4	4～6	6～8	>8
	人数	30	19	3	0	2
3	景区内人均支出/元	<100	100～200	200～300	300～400	>400
	人数	29	14	8	3	1
4	主要支出项目	景区内小交通	景区内住宿	景区内餐饮	景区门票	景区内购物
	人数	5	5	9	43	4
5	人均总支出/元	<100	100～300	300～500	500～700	>700
	人数	19	16	9	5	6
6	本次旅游支出项目	交通	住宿	餐饮	门票	购物
	人数	14	16	17	33	6

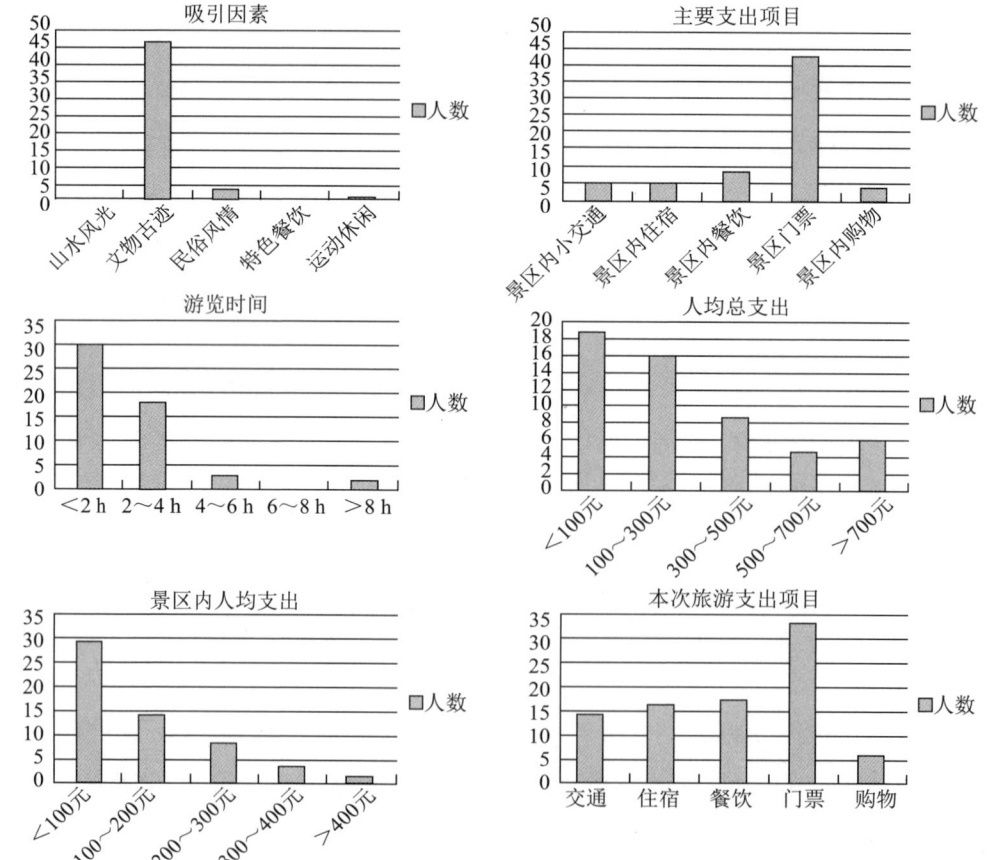

图 3-12 白马寺调查数据

3.9 清明上河园:园中有画

清明上河园,是一个再现清明上河图的主题公园。[9]在展示宋代文化的前提下,挖掘和展示了北宋时期的建筑、饮食、歌舞、民间工艺等地方文化传统,以吸引游客,体现了其的休闲、娱乐和教育功能。[10]

表3-8、图3-13为清明上河园的调查数据,可看出:游客在景区的游览时间多为2~4h,主要支出项目为景区门票和景区内餐饮。

表3-8 清明上河园调查数据

	清明上河园	选项A	选项B	选项C	选项D	选项E
1	吸引因素	山水风光	文物古迹	民俗风情	特色餐饮	运动休闲
	人数	14	25	22	2	4
2	游览时间/h	<2	2~4	4~6	6~8	>8
	人数	8	27	13	3	3
3	景区内人均支出/元	<100	100~200	200~300	300~400	>400
	人数	14	16	9	6	9
4	主要支出项目	景区内小交通	景区内住宿	景区内餐饮	景区门票	景区内购物
	人数	2	0	22	32	12
5	人均总支出/元	<100	100~300	300~500	500~700	>700
	人数	7	15	9	6	18
6	本次旅游支出项目	交通	住宿	餐饮	门票	购物
	人数	17	15	14	28	20

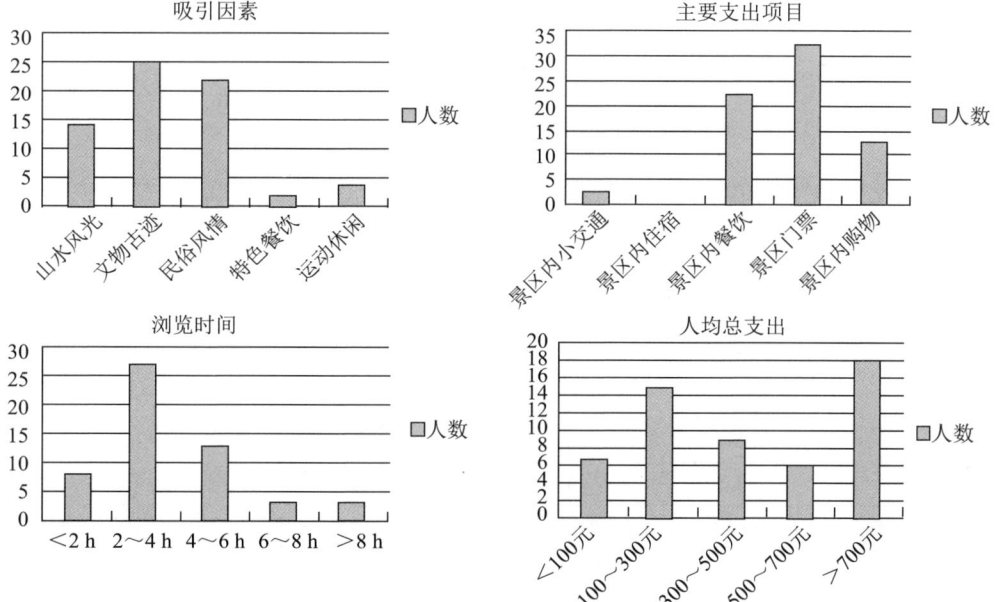

图3-13 清明上河园调查数据

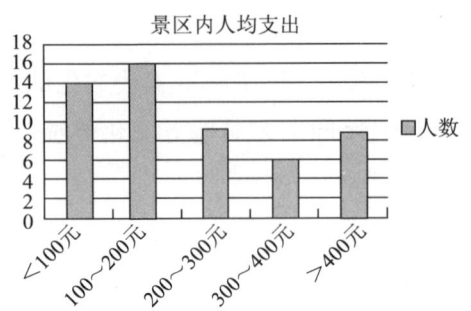 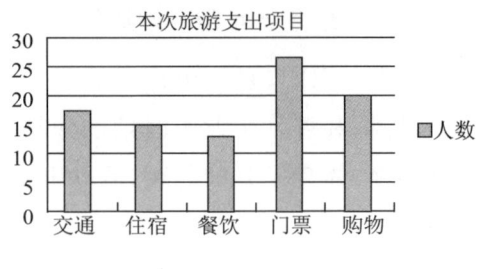

图 3-13（续） 清明上河园调查数据

古建筑的问题在于古代土木过于脆弱，修补工作严峻，然而让这些建筑完全地独立在现代科技之外又不现实。而清明上河园是 1992 年才动土兴工的，不属于古建筑，便避免了这个问题。清明上河园的定位不是历史型的景区，而是娱乐型景区。对北宋开封市井风俗的重现，才是清明上河园的景区特色。

3.10　云龙湖：千秋北湖佳话

云龙湖风景区共十八景，景景相衬，各有千秋。云龙湖调查数据显示（表 3-9，图 3-14）：云龙湖对于游客的吸引力主要是"山水风光"与"运动休闲"，各占约 59%、33%。约 80% 的游客游览时间控制在 4 h 内。70% 的游客在该景区内人均支出少于 100 元。主要支出项目集中于景区内小交通与景区内餐饮，各占比均为 37%。约 73% 的游客人均总支出少于 100 元，约 18% 的游客人均总支出为 100～200 元。本次旅游支出项目餐饮占比最高，约 37%；其次为交通，占比约为 35%。

表 3-9　云龙湖调查数据

云龙湖		选项 A	选项 B	选项 C	选项 D	选项 E
1	吸引因素	山水风光	文物古迹	民俗风情	特色餐饮	运动休闲
	人数	37	4	0	1	21
2	游览时间/h	<2	2～4	4～6	6～8	>8
	人数	19	23	9	3	1
3	景区内人均支出/元	<100	100～200	200～300	300～400	>400
	人数	38	10	6	0	1
4	主要支出项目	景区内小交通	景区内住宿	景区内餐饮	景区门票	景区内购物
	人数	22	1	22	7	7

续表

	云龙湖	选项A	选项B	选项C	选项D	选项E
5	人均总支出/元	<100	100~300	300~500	500~700	>700
	人数	40	10	3	0	2
6	本次旅游支出项目	交通	住宿	餐饮	门票	购物
	人数	21	1	22	6	10

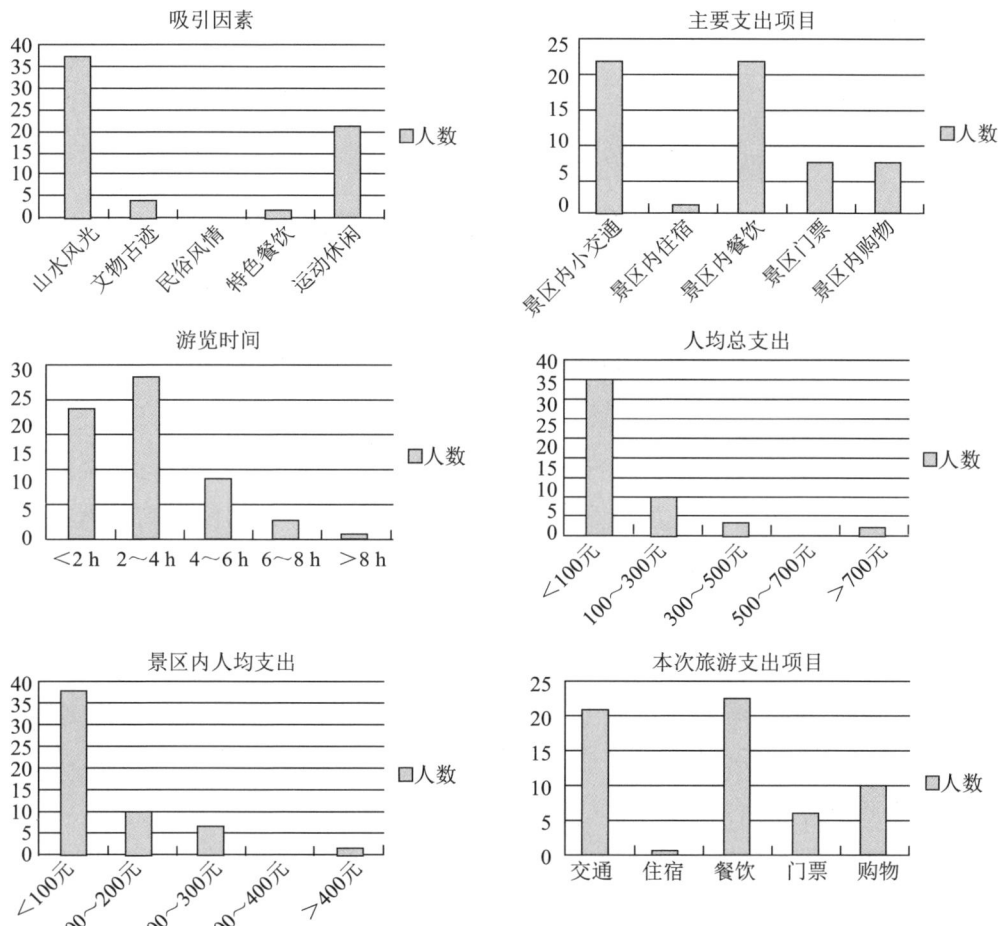

图 3-14 云龙湖调查数据

3.11 花果山:一山的西游神话

位于连云港市的花果山自古就被誉为"东海第一胜境",山中与《西游记》呼应的景点也吸引游客纷纷前来,一睹灵猴诞生之地。

花果山景区 57% 的游客被山水风光所吸引,26% 被文物古迹所吸引。49% 的游客将游览时间控制在 2~4 h,36% 游客游览时间控制在 4~6 h。65% 的游客景区内人均支出为100～300元。主要支出项目中,景区门票占比最高,约占46%,其次为景区内餐饮和景区内小交通,分别占20%和19%。37%的游客旅游人均总支出为100～300元,支出为300～500元的游客约占24%,支出为500～700元的游客约占26%。本次旅游主要支出项目在交通、住宿、餐饮、门票、购物方面均有涉及,各占比分别为23%、16%、17%、33%、11%。

4 建言献策

我们进行考察的各景区,在游览时间、人均支出、主要支出项目上均存在较大差异。通过对数据进行对比分析,得出以下结论。

(1) 游客多对一景点有明确的观赏目标,最终的效果却多不尽如人意。例如,秦兵马俑博物馆中摩肩接踵,人们无法尽情领略这一奇迹的宏大盛况。华山风光雄奇,不少人却在半山腰停步,与峰顶的奇景失之交臂。景区要想提升游客的观赏质量,需要和游客形成心灵共鸣,需在景区管理和建设上入手。

(2) 游客游览时间大致与景区面积、景区内容丰富度成正比,而消费多取决于生理而非心理需求。景区物价普遍高于市场价格,若不是有迫切需求,人们大多不会随意购买。在龙门石窟、白马寺等一众历史文化价值高的景点中,人们以步行为主,消耗体力有限,使得游客在景区内停留时间不长,消费低。华清池建筑多为1949年后翻建,并不能很好地满足游客对历史古迹与文化的需要,游览步伐自然加快,游客亦无兴趣进行消费。清明上河园主打让游客在娱乐中感受宋代民俗,游客玩得开心,消费自然上涨。另外,园中商品价格多为市场价格,更减少了游客的顾虑。服务业蒸蒸日上,火爆程度随之提高,可谓一举两得。可见消费支出的多少与景区性质、价值有很大关系。

(3) 政府注重对文物古迹的保护,适度开发,很大程度上能促进其可持续发展。以白马寺为例,在实地考察中,我们发现游客消费较少。政府没有进行"杀鸡取卵"式的过度开发,景区中没有过度商业化的痕迹,正稳步向前发展。相比全国其他以佛教闻名的景区,这里依然可以说是佛门圣地,发展旅游的同时古迹也得到了充分保护,以文物古迹为本,势必会在景区全面开发的时代大背景下有利于其稳定发展。

(4) 某些景区挖掘文化内涵不彻底,未能充分发挥优势,对游客吸引力不大。在华清池等某些景点,我们均感到有些遗憾。虽然景区拥有极深厚的文化底蕴,却因宣传优势不突出以及讲解不到位等诸多原因,导致不少游客兴致索然,甚至感到千景一面。这种状况的出现也造成了游客的消费热情与游览兴致不高,若长此以往,则不利于景区的长久发展。

（5）服务设施建设不完善,游览体验亟待提高。在秦兵马俑、华山等景区,游客花费时间普遍较长。在考察过程中,我们发现,排队等待时间远远大于实际游览时间。华山索道不堪重负,兵马俑展馆拥挤闷热,更是给人们带来较差的游览体验,让人丧失游览兴趣。同时我们也发现,虽然景区消费中购物、餐饮等占有相当一部分比重,但产品质量不高以及价格还存在不甚合理的现象,这些都使游客们的旅游体验不佳。

（6）消费主要集中在门票方面,尚未实现全方位多层次的全面发展。除去一些人文休闲类景区,门票基本是主要支出项目,而景区内部及周边的相关产业发展并不尽如人意。这种门票收入独大的畸形发展态势,愈发导致景区的不协调开发,两者相互影响,进入恶性循环。

参考文献

[1] WAGNER, R T. Ecological regionalism: A synthesis of ecological economics and organicist regionalism[D]. University of Missouri, Kansas City. 2015.

[2] SOHEILA K Y, BAHRAM S, HOMA S, ANAHITA F. Sustainable development and ecological economics[J]. Energy Sources Part B-Economics Planning and Policy. 2017, 12, 740-748.

[3] 马世骏,王如松. 社会-经济-自然复合生态系统[J]. 生态学报,1984,3(1):1-9.

[4] 梁雪松. 遗产廊道区域旅游合作开发战略研究[D]. 西安:陕西师范大学,2007.

[5] 毛振宾. 生态旅游与旅游生态学的研究进展[J]. 环境保护,2002,(2):27-30.

[6] 李晶晶. 基于文化体验的丝绸之路旅游开发模式研究[D]. 北京:北京交通大学,2017.

[7] 李泽红,王卷乐,赵中平,董锁成,李宇,诸云强,程昊. 丝绸之路经济带生态环境格局与生态文明建设模式[J]. 资源科学,2014,36(12):2476-2482.

[8] 赵德兴. 社会转型期西北少数民族居民价值观的嬗变[M]. 北京:人民出版社,2007.

[9] 保继刚. 主题公园发展的影响因素系统分析[J]. 地理学报,1997,52(3):237-245.

[10] 李春生. 我国主题公园的发展现状与创新[J]. 地域研究与开发,2007,26(2):71-74.

人类活动对古丝路青甘沿线生态环境影响调查

1 引言

人们对古丝绸之路的辉煌引以为豪,渴望实现"一带一路"国家战略的梦想,但是对古丝绸之路在近代的变迁,人们的关注较少,对近代丝绸之路提及较少。[1]

2013年9月7日,习近平总书记在哈萨克斯坦首都发表了一场演讲,在演讲中他提出了建设"丝绸之路经济带"的构想。这也在中国的历史上书写了新的章程,建造了中国发展史上的又一个里程碑。丝绸之路在中西方文化和经济交流方面发挥着重要的作用,经历了璀璨夺目的辉煌后归于沉寂,不过在其漫长发展过程中,形成的开放进取、互学互鉴、互利共赢理念对后世留下了深刻的影响,而这对"丝绸之路经济带"的建设也有重要的参考作用。不过人们也应该注意到生态环境破坏方面的教训,为丝绸之路经济带的长远发展打下良好的基础。[2]

譬如自中华人民共和国成立以来,随着铁路的开通,西北地区发展了钢铁、有色冶金、石油开采等重工业,并且发展的速度日益加快。由于人类不合理活动的影响,古丝绸之路的环境污染问题日益严峻,对当地的生态环境构成了极大地威胁。

令人瞩目的"21世纪海上丝绸之路与丝绸之路经济带"的提出,使人们对其沿线的生态环境更加重视。古代丝绸之路处于我国一、二阶梯分界线,植被种类呈现垂直分布,生物种类多样性丰富。作为沟通亚欧大陆的陆上重要交通要道,丝绸之路具有不可撼动的经济效益和环境效益,而且对与接壤国家的贸易往来做出了重要贡献,在进行贸易往来的同时也促进了中西方思想文化的兼容并包。

我们对古丝绸之路沿线所选取的对象进行了样本的收集与分析,并在此基础上得出了结论。同时我们也给予了一些中肯的意见以及可行的治理措施。根据我们的研究发现,人类活动是当地环境受到破坏的主要因素之一,如"天空之镜"的茶卡盐湖、青海湖和藏传佛教文化圣地塔尔寺以及卓尔山和黄河(兰州段)等我国西部著名景区,旅游对生态环境的影响很明显。同时,当地居民的生活垃圾排放,对当地的水土资源造成了极大的污染。

2 研究区域与方法

2.1 研究区域

所选研究区域包括以下四处(图 3-15)。

图 3-15 研究区域

青海湖位于青藏高原东北,湖面积约为 4456 km^2,长约 105 km,宽约 63 km,平均水深 21 m,湖面海拔为 3196 m,是中国最大的内陆湖泊和咸水湖。

祁连山脉坐落于青海省东北,是中国主要山脉之一,面积约为 2062 km^2。

茶卡盐湖,位于青海乌尔县茶卡镇,是国家 AAAA 级景区。盐湖的化学沉积以石盐为主,其次为石膏、钙芒硝、白镁钠矾和水石盐等。茶卡盐湖生物群落中的优势种为早熟禾、蒿草。[3]

黄河是我国重要的大运河之一。人类活动造成黄河流域发生严重的污染,动植物数量快速减少,甚至有濒临灭绝的危险。

2.2 研究方法

2.2.1 取样点选定

充分了解古丝绸之路途经地区的地理环境、历史背景和宗教文化等信息。

调查采用典型取样法,对信息进行整理、分析。以地理位置、历史文化以及国际知名度为选择标准,选取最具有研究价值的地理事物作为典例,代表其所属地貌景观。将茶卡盐湖、青海湖、黄河(兰州段)和祁连山选定为取样地点,即:以茶卡盐湖作为此地区盐湖景观典例,以青海湖作为此地区咸水湖景观典例,以黄河(兰州段)作为此地区淡水河流景观典例,以祁连山作为此地区的景观典例。

2.2.2 样本采集

到达取样地点前,根据所需要采集的样本种类,制定了不同的取样方案。采集水体样本方案为:在距离湖(河)岸较近处水域和距离湖(河)岸较远处水域分别设置多个取样地点,并于取样地点浅表水层采集水体样本。采集土壤样本为:在祁连山多个海拔高度分别设置了数个样方,并在样方内采集土壤样本。到达取样地点后,结合取样地点实际情况,在原有方案上进行补充和完善,最终确定取样方案,并实施。

在茶卡盐湖、青海湖和黄河(兰州段)三地,分别于距离湖(河)岸约 1 m 处水岸设置 2 个取样地点,距离湖(河)岸约 10 m 处水岸设置 3 个取样地点,三地共设置取样地点 15 处。在青海湖河黄河(兰州段)两点所设置取样水域水面下约 50 cm 处浅表水层采集水体样本约 500 mL。在茶卡盐湖所设置取样水域水面下约 30 cm 处浅表水层采集水体样本约 500 mL。将所采集的水体样本放置于密闭容器内遮光保存。

在祁连山海拔约 2900 m 处设置 2 个样方,海拔 3000 m 处设置 2 个样方,海拔 3100 m 处设置 1 个样方。祁连山共设置 5 个样方,样方规格为 1 m×1 m。在所设置样方内,采用五点取样法,使用土钻钻取混合土样,钻取深度约为 20 cm。将单个样方内所取的 5 份土壤样本充分混合成 1 个样本,并筛除土壤样本中的石块和植物根系。将所采集土壤样本放置于密封袋中遮光保存。

本研究于茶卡盐湖、青海湖、黄河(兰州段)和祁连山四地,采集水体样本 15 份与土壤样本 5 份,共计 20 份样本。

3 结果与分析

3.1 祁连山土壤结果分析

3.1.1 土壤中的多氯联苯

从表 3-10 可看出,在 5 份土壤样品中 A、C、D 这 3 份样品土壤中未检出多氯联苯,但 B、E 这 2 份检出多氯联苯。其中,B 样品含量为 0.169 ng·L^{-1},E 样品含量为 0.021 ng·L^{-1}。

表 3-10　祁连山土壤检测报告

样品名称	检测项目	检测结果
祁连山 A	多氯联苯/(ng·L^{-1})	未检出
	可吸附有机卤化物/(μg·L^{-1})	未检出
	多环芳烃/(ng·L^{-1})	13
祁连山 B	多氯联苯/(ng·L^{-1})	0.021
	可吸附有机卤化物/(μg·L^{-1})	0.06
	多环芳烃/(ng·L^{-1})	47
祁连山 C	多氯联苯/(ng·L^{-1})	未检出
	可吸附有机卤化物/(μg·L^{-1})	未检出
	多环芳烃/(ng·L^{-1})	39
祁连山 D	多氯联苯/(ng·L^{-1})	未检出
	可吸附有机卤化物/(μg·L^{-1})	未检出
	多环芳烃/(ng·L^{-1})	48
祁连山 E	多氯联苯/(ng·L^{-1})	0.169
	可吸附有机卤化物/(μg·L^{-1})	0.18
	多环芳烃/(ng·L^{-1})	91

3.1.2　可吸附有机卤化物

B 样品可吸附有机卤化物含量为 0.06 μg·L^{-1},E 样品含量为 0.18 μg·L^{-1}。

3.1.3　土壤中的多环芳烃

E 土壤是可吸附有机卤化物的检测样品,含量为 91 ng·L^{-1}。分析对比不同土壤样品的多环芳烃含量,可以发现从 A 土壤样品到 D 土壤样品的多环芳烃含量分别为 13 ng·L^{-1}、47 ng·L^{-1}、39 ng·L^{-1}、48 ng·L^{-1}。

3.2　青海湖、茶卡盐湖、黄河兰州段水质结果分析

3.2.1　水样中的多氯联苯

分析对比不同水域中多氯联苯的含量均值(表 3-11)可以发现,黄河兰州段、茶卡盐湖、青海湖检测水样中,多氯联苯含量均值分别为 0.34 ng·L^{-1}、0.255 ng·L^{-1} 和 0.2088 ng·L^{-1}。

3.2.2 水样中的可吸附有机卤化物

从表 3-11 可看出,青海湖 1～5# 水样中可吸附有机卤化物含量均值为 0.696 ng·L^{-1},茶卡盐湖 1～5# 水样中可吸附有机卤化物含量均值为 1.736 μg·L^{-1},黄河兰州段 1～5# 水样中可吸附有机卤化物含量均值为 0.994 μg·L^{-1}。

表 3-11 青海湖、茶卡盐湖、黄河兰州段检测报告

样品名称	检测项目	检测结果
青海湖 1#	多氯联苯/(ng·L^{-1})	0.231
	可吸附有机卤化物/(μg·L^{-1})	0.54
	多环芳烃/(ng·L^{-1})	101
青海湖 2#	多氯联苯/(ng·L^{-1})	0.217
	可吸附有机卤化物/(μg·L^{-1})	0.69
	多环芳烃/(ng·L^{-1})	124
青海湖 3#	多氯联苯/(ng·L^{-1})	0.171
	可吸附有机卤化物/(μg·L^{-1})	0.75
	多环芳烃/(ng·L^{-1})	96
青海湖 4#	多氯联苯/(ng·L^{-1})	0.204
	可吸附有机卤化物/(μg·L^{-1})	0.68
	多环芳烃/(ng·L^{-1})	107
青海湖 5#	多氯联苯/(ng·L^{-1})	0.221
	可吸附有机卤化物/(μg·L^{-1})	0.82
	多环芳烃/(ng·L^{-1})	105
茶卡盐湖 1#	多氯联苯/(ng·L^{-1})	0.315
	可吸附有机卤化物/(μg·L^{-1})	1.09
	多环芳烃/(ng·L^{-1})	164
茶卡盐湖 2#	多氯联苯/(ng·L^{-1})	0.139
	可吸附有机卤化物/(μg·L^{-1})	2.13
	多环芳烃/(ng·L^{-1})	130
茶卡盐湖 3#	多氯联苯/(ng·L^{-1})	0.059
	可吸附有机卤化物/(μg·L^{-1})	0.89
	多环芳烃/(ng·L^{-1})	142

续表

样品名称	检测项目	检测结果
茶卡盐湖 4#	多氯联苯/(ng·L^{-1})	0.469
	可吸附有机卤化物/(μg·L^{-1})	2.64
	多环芳烃/(ng·L^{-1})	171
茶卡盐湖 5#	多氯联苯/(ng·L^{-1})	0.293
	可吸附有机卤化物/(μg·L^{-1})	1.93
	多环芳烃/(ng·L^{-1})	158
黄河兰州段 1#	多氯联苯/(ng·L^{-1})	0.394
	可吸附有机卤化物/(μg·L^{-1})	0.99
	多环芳烃/(ng·L^{-1})	182
黄河兰州段 2#	多氯联苯/(ng·L^{-1})	0.264
	可吸附有机卤化物/(μg·L^{-1})	0.91
	多环芳烃/(ng·L^{-1})	179
黄河兰州段 3#	多氯联苯/(ng·L^{-1})	0.351
	可吸附有机卤化物/(μg·L^{-1})	1.08
	多环芳烃/(ng·L^{-1})	185
黄河兰州段 4#	多氯联苯/(ng·L^{-1})	0.417
	可吸附有机卤化物/(μg·L^{-1})	1.03
	多环芳烃/(ng·L^{-1})	224
黄河兰州段 5#	多氯联苯/(ng·L^{-1})	0.274
	可吸附有机卤化物/(ng·L^{-1})	0.96
	多环芳烃/(ng·L^{-1})	209

3.3 综合分析

样本中的多氯联苯含量均值为：黄河兰州段＞茶卡盐湖＞青海湖＞祁连山。祁连山5份土壤样品中多氯联苯含量均值为0.038 ng·L^{-1}，变动范围为0～0.169 ng·L^{-1}。青海湖5份水体样本中多氯联苯含量分别为0.231 ng/L、0.217 ng·L^{-1}、0.171 ng·L^{-1}、0.204 ng·L^{-1}、0.221 ng·L^{-1}，均值为0.2088 ng·L^{-1}，变动范围为0.171～0.231 ng·L^{-1}。茶卡盐湖5份水体样本中多氯联苯含量分别为0.315 ng·L^{-1}、0.139 ng·L^{-1}、0.059 ng·L^{-1}、0.469 ng·L^{-1}、0.293 ng·L^{-1}，均值为0.255 ng·L^{-1}，变动范围为0.059～0.469 ng·L^{-1}。

可吸附有机卤化物含量均值为：茶卡盐湖＞黄河兰州段＞青海湖＞祁连山。祁连山土壤样本中可吸附有机卤化物含量分别为未检出、0.06 μg·L^{-1}、未检出、未检出、0.18 μg·L^{-1}，均值为 0.048 μg·L^{-1}，变动范围为 0～0.18 μg·L^{-1}。青海湖 5 份水体样本中可吸附有机卤化物含量分别为 0.54 μg·L^{-1}、0.69 μg·L^{-1}、0.75 μg·L^{-1}、0.68 μg·L^{-1}、0.82 μg·L^{-1}，均值为 0.696 μg·L^{-1}，变动范围为 0.54～0.82 μg·L^{-1}。黄河兰州段 5 份水体样本中，可吸附有机卤化物含量分别为 0.99 μg·L^{-1}、0.91 μg·L^{-1}、0.96 μg·L^{-1}、1.08 μg·L^{-1}、1.03 μg·L^{-1}，均值为 0.994 μg·L^{-1}，变动范围为 0.91～1.08 μg·L^{-1}。茶卡盐湖水体 5 份样本中可吸附有机卤化物含量分别为 1.09 μg·L^{-1}、2.13 μg·L^{-1}、0.98 μg·L^{-1}、2.64 μg·L^{-1}、1.93 μg·L^{-1}，均值为 1.736 μg·L^{-1}，变动范围为 0.89～2.64 μg·L^{-1}。

多环芳烃含量均值为：黄河兰州段＞茶卡盐湖＞青海湖＞祁连山。祁连山 5 份土壤样本中，多环芳烃含量分别为 13 ng·L^{-1}、91 ng·L^{-1}、48 ng·L^{-1}、107 ng·L^{-1}、105 ng·L^{-1}，均值为 106.6 ng·L^{-1}，变动范围为 96～124 ng·L^{-1}。茶卡盐湖 5 份水体样本中，多环芳烃均值为 153 ng·L^{-1}，变动范围为 130～171 ng·L^{-1}。

3.4 问卷调查

为了了解人们在旅游时对旅游景点的环境要求和在享受旅游的快乐的同时会不会注重对旅游景点进行相关了解而进行此次调查问卷活动，并对结果进行总结。

古丝绸之路景点环境保护的调查问卷

1. 这个景区吸引您来的原因：（　　）
   A. 美丽风景　　　B. 历史文化　　　C. 宗教信仰　　　D. 特色民俗
2. 您 1 年参与过几次环境保护活动？（　　）
   A. 5 次以上　　　B. 3～4 次　　　C. 1～2 次　　　D. 从不参加
3. 您对古丝绸之路沿线（西北地区）生态环境现状的了解程度。（　　）
   A. 非常了解　　　B. 一般了解　　　C. 稍微了解　　　D. 不了解
4. 您认为中国旅游景区现在面临的问题有哪些？（多选）（　　）
   A. 空气质量差　　　　　　　　　B. 水质污染
   C. 乱扔垃圾现象严重　　　　　　D. 管理措施落后
5. 您认为如何有效地减少环境污染问题？（　　）
   A. 制定奖惩制度　　　　　　　　B. 当地政府颁布法律法规

C. 大力宣传环境保护知识

6. 您对中国政府花费巨额资源治理西北地区环境持何态度？（   ）

A. 支持　　　　　B. 较支持　　　　　C. 不支持　　　　　D. 未曾想过

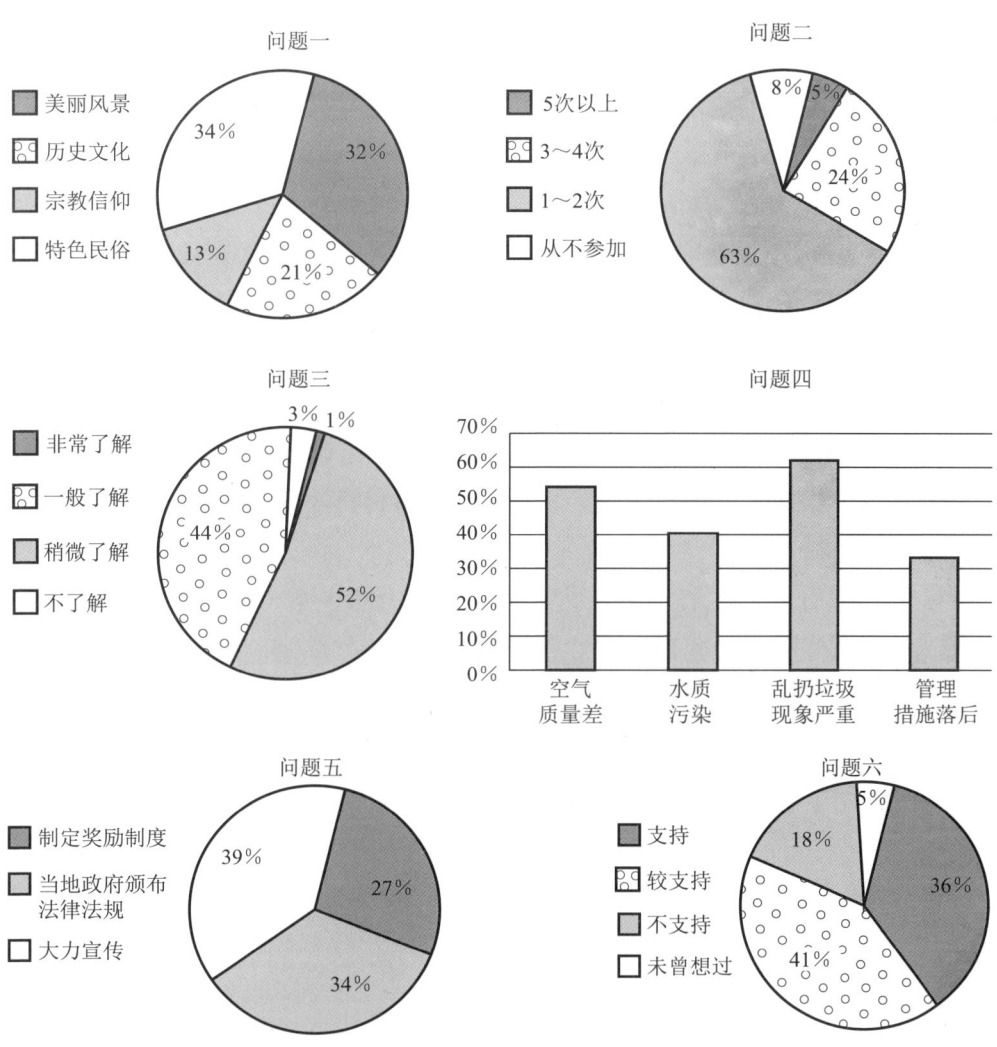

图 3-16　调查问卷数据统计分析

4　结论

由于各个研究对象地理位置、气候条件以及工业发展程度等因素不同，导致各个研究对象污染物的含量具有差异性。本研究选取丝绸之路沿线具有代表性的青海湖、茶卡盐湖、黄河（兰州段）和祁连山作为调查区域。

对于多氯联苯,黄河(兰州段)含量＞茶卡盐湖含量＞青海湖含量＞祁连山含量。对于可吸附有机卤化物,茶卡盐湖含量＞黄河(兰州段)含量＞青海湖含量＞祁连山含量。对于多环芳烃,黄河(兰州段)含量＞茶卡盐湖含量＞青海湖含量＞祁连山含量。

多氯联苯是人工合成的有机物,广泛适用于生产生活中。可吸附有机卤化物,主要来源于造纸工业。多环芳烃大多来源于工业生产中燃料的燃烧。

黄河(兰州段)河流流域范围较广,流经地区大都是以工业为主的城市,且这些城市人口稠密,人类活动频繁,进而影响黄河河流中有害污染物的含量,导致黄河(兰州段)有害污染物含量最高。祁连山地区内工业数量以及人类活动相对较少,并且区域内植被覆盖率较高,土壤中微生物种类丰富,对有害污染物有一定的降解作用[3],所以祁连山的污染物含量为四个地区中最低的。茶卡盐湖生物较少,湖周围树木植物极少,易受污染,并且该湖较早被人类开采,受到污染。青海湖周围地区工业不发达,居住人数少,受到人类活动影响较小,并且生物资源丰富,植被覆盖率极高,所以青海湖有害污染物含量较低。由此可见人类活动是影响环境的主要因素。

多氯联苯具有高毒性,可强烈影响人和动物的正常生命活动,并对人有致癌作用;多氯联苯还能够长期存在于环境中,不易被降解,易挥发到空气中,并且易富集到生物体中。[4] 可吸附有机卤化物,通常具有毒性且可以持久、稳定地存在于水中,并且在生物机体中富集,进而影响机体健康。多环芳烃在环境中是微量的,进入人体后对人体具有致癌性[5]和光致毒作用[6]。

5　建言献策

(1)提高广大群众的生态意识。对广大民众进行生态意识教育,增强人们对古丝路青甘段生态环境建设重要性的认识,使其积极投身于生态文明建设中。

(2)加强自然保护区的建设。政府要将现在已有的自然保护区的范围从小区域扩大到大区域,保证青海湖区域的全覆盖保护。[7]

(3)大力发展"林草间作"。增加植被的覆盖量,加大植被覆盖量,减小地表土裸露面积[8],采用工程固沙、生物固沙和化学固沙的方法来减少水土流失和土地荒漠化。

(4)建立生态保护效应补偿体制机制。国家从政策、体制、资金等各个方面,通过生态补偿与其他扶持计划,鼓励和引导居民发展低耗能的高新高技术无污染产业,大力发展科技技术。

(5)其他措施:及时维修西北地区的城市道路,保证交通畅通。在旅游高峰季节在一定程度上限制人口流动量以确保生态系统的承载量。

参考文献

[1] 王健. 从"丝绸之路"概念演变到"近代丝绸之路"研究[J]. 云南师范大学学报(哲学社会科学版),2017,49(6):16-27.

[2] 钟磊. 古丝绸之路对"丝绸之路经济带"建设的启示[J]. 西安财经学院学报,2016,29(6):46-50.

[3] 邹德勋,骆永明,徐凤花. 土壤环境中多环芳烃的微生物降解及联合生物修复[J]. 土壤,2007,39(3):334-340.

[4] 曹先仲,陈花果,申松梅. 多氯联苯的性质及其对环境的危害[J]. 中国科技论文,2008,3(5):375-381.

[5] 申松梅,曹先仲,宋艳辉,刘颖,绳珍,覃路燕. 多环芳烃的性质及其危害[J]. 贵州化工,2008,33(3):61-63.

[6] 孙红文,李书霞. 多环芳烃的光致毒效应[J]. 环境科学进展,1998,6(6):1-11.

[7] 王黎军. 青海湖水位下降的成因分析与对策[J]. 干旱区研究,2001,18(3):58-62.

[8] 葛肖虹,刘俊来. 北祁连造山带的形成与背景[J]. 地学前缘,1999,6(4):223-230.

典型张家界地貌土壤养分和水质调查

1 引言

张家界地貌与喀斯特地貌、丹霞地貌、嶂石岩地貌并称为中国四大造型地貌,典型张家界地貌主要分布在湖南张家界市。目前学界对典型张家界地貌的研究仍较为粗浅,关于其地貌分布,乃至发育机制方面都很模糊。[1]为了研究张家界地貌的土壤养分和水质特征,我们对张家界地貌的典型区域武陵源和金鞭溪进行了调查研究,同时以天门山和湘西沱江作为对照区域进行研究,以期为典型张家界地貌的生态环境保护和生态文化旅游提供科学资料。

2 研究区域与方法

2.1 研究区域

位于湖南省的武陵源为典型的张家界地貌,坐落在28°52′~29°48′N、109°40′~110°20′E,总面积为369 km^2,现为世界自然遗产地,其旅游发展飞速,环境冲击较大。[2]天门山位于武陵山脉南缘,张家界市南郊,地处29°01′~29°06′N、116°26′~110°30′E,总面积约为200 km^2,最高海拔达1518 m,最低处海拔300余米,系石灰岩构造的台地形孤山,四面绝壁,山顶平旷。[3]沱江是沅水二级支流,在凤凰县境内干流长114 km,流域面积为732.43 km^2。[4]金鞭溪是武陵源风景区(图3-17)内的一条小溪,长约8000 m。[5]

图 3-17 武陵源(左)和金鞭溪(右)

2.2 实验思路和技术路线

实验思路和技术路线如图 3-18 所示。

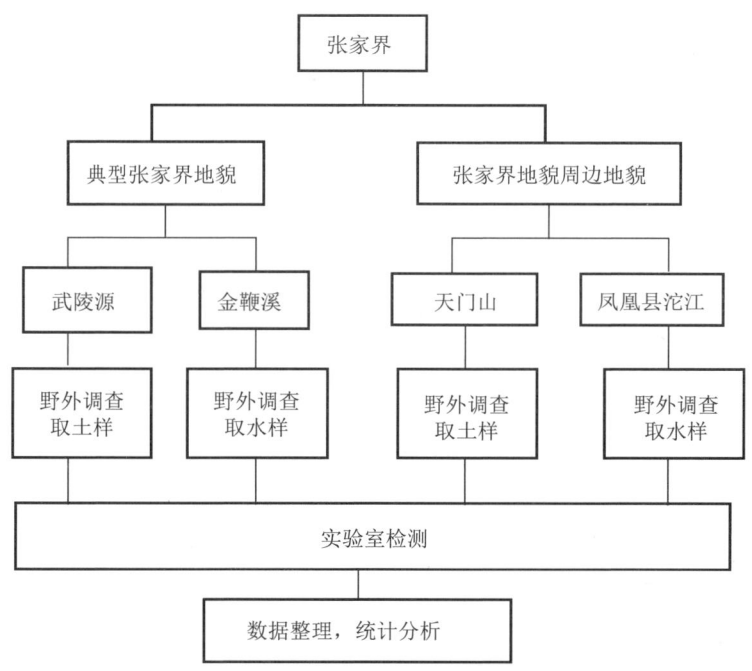

图 3-18 实验思路和技术路线

2.3 样品采集和检测

2018 年 7 月 23 日至 8 月 1 日和 2019 年 3 月 15 日至 17 日,我们在张家界地貌的典型区域武陵源和金鞭溪分别采集土壤和水质样品用于研究,并采集周边区域天门山和沱江的土壤和水质样品为对照进行研究。样品采集及编号见表 3-12。

表 3-12 土样和水样采集地点及编号

采集地点	土样	水样
张家界武陵源风景区	WT 1～WT 20	—
天门山国家森林公园	TT 1～TT 20	—
张家界金鞭溪	—	JS 1～JS 9
凤凰县沱江	—	TS 1～TS 9

2.3.1 土样采集和测定

以典型张家界地貌研究区——武陵源风景区作为土样采集地,以天门山风景区作为对照研究。每个采集地各设置20个采样点,采样点之间相隔100 m。采集地表下10 cm深处的土壤作为样品,装入塑料自封袋中,编号保存。

土样测定指标包括总磷、全钾、总氮、有机质、pH。在当地专门的实验室由专业人员指导,按表3-13检测方法和标准进行检测。

表 3-13 样品检测方法及检测标准

	检测指标	检测方法及标准
土样	pH	电位法 LY/T 1239—1999
	总氮	凯氏定氮法 LY/T 1228—2015
	总磷	碱熔法 LY/T 1232—2015
	全钾	酸溶法 LY/T 1234—2015
	有机质	重铬酸钾氧化-外加热法 LY/T 1237—1999
水样	pH	玻璃电极法 GB/T 6920—1986
	总氮	碱性过硫酸钾消解紫外分光光度法 HJ 636—2012
	总磷	钼酸铵分光光度法 GB/T 11893—1989
	化学需氧量	重铬酸盐法 HJ 828—2017
	五日生化需氧量	稀释与接种法 HJ 505—2009
	氨氮	纳氏试剂分光光度法 HJ 535—2009
	Chla	分光光度法 HJ 897—2017

2.3.2 水样采集和测定

以典型张家界地貌研究区——金鞭溪作为水样采集地,以凤凰县沱江作为对照研究。设上、中、下游三个河段,每个河段设置3个采样点,采样点相距100 m,每条河流共设9个采样点。将水样装入干净的玻璃瓶中,密封、编号备检。

水样测定指标包括 pH、总氮、总磷、化学需氧量、五日生化需氧量(BOD)、氨氮、Chla 等。在当地专门的实验室由专业人员指导,按表 3-13 检测方法和标准进行检测。

2.3.3 数据处理

用 Excel 2007 和 SPSS 18 软件进行数据处理和统计分析。数据以均数 ± 标准差表示。$p < 0.05$ 为有统计学差异。土样和水样检测指标的结果,与评价标准进行比较,判断其达标情况。

3 结果与分析

3.1 武陵源和天门山土样养分含量差异

张家界地貌的典型代表武陵源和周边地貌天门山的土样检测结果见表 3-14。武陵源土壤样品的酸碱度及全钾、有机质、总氮、总磷的含量均低于天门山土壤样品的含量,与天门山土样比较,武陵源土样的酸碱度 pH、全钾、总氮有极显著差异($p < 0.001$),有机质有显著差异($p < 0.05$),总磷没有显著差异($p > 0.05$)。

表 3-14 武陵源和天门山土样检测结果比较

检测指标	N	武陵源土样	天门山土样	t	p
pH	20	5.4120±0.9387	6.6285±0.7591	−4.230	0.000
全钾/($g \cdot kg^{-1}$)	20	6.4090±2.6447	10.2630±2.4671	−4.365	0.000
有机质/($g \cdot kg^{-1}$)	20	38.9450±25.8399	68.8300±46.6593	−2.523	0.021
总氮/($g \cdot kg^{-1}$)	20	1.5544±1.0301	3.3645±1.8281	−4.039	0.001
总磷/($g \cdot kg^{-1}$)	20	0.4204±0.3600	0.6459±0.3048	−2.025	0.057

武陵源和天门山所采土样的检测结果与《土壤养分含量分级标准》比较发现:武陵源土样呈酸性(pH=5.4120±0.9387),全钾含量为中度,有机质和总氮含量为高度,总磷含量非常低;天门山土样呈微酸(pH=6.6285±0.7591),全钾含量为中度偏上,有机质和总氮含量非常高,总磷含量低。

3.2 金鞭溪和沱江水质差异

张家界地貌的典型代表金鞭溪和周边地貌凤凰县沱江的水样检测结果见

表 3-15。金鞭溪水样的酸碱度及化学需氧量、五日生化需氧量、总磷的含量均低于沱江的水样,氨氮、总氮含量高于沱江的水样。与沱江水样比较,金鞭溪水样的酸碱度 pH、总氮有极显著差异($p<0.005$),化学需氧量、五日生化需氧量有显著差异($p<0.05$),氨氮、总磷没有显著差异($p>0.05$)(表 3-15)。

表 3-15 金鞭溪和沱江水样检测结果比较

检测指标	N	金鞭溪水样	沱江水样	t	p
pH	10	6.9530±0.3591	7.6950±0.2430	-6.775	0.000
氨氮/(mg·L^{-1})	10	0.6067±0.1080	0.5684±0.1008	1.156	0.277
化学需氧量/(mg·L^{-1})	8	7.5000±3.3381	16.7500±11.1195	-2.442	0.045
五日生化需氧量/(mg·L^{-1})	9	1.0778±0.6797	3.7778±2.7612	-2.567	0.033
总氮/(mg·L^{-1})	10	2.3970±0.4698	1.7450±0.3720	4.039	0.003
总磷/(mg·L^{-1})	8	0.0200±0.0076	0.3875±0.0230	-1.967	0.090

金鞭溪和沱江所采水样 pH 均符合地表水环境质量标准,金鞭溪水样为中性(pH=6.9530±0.3591),沱江为碱性(pH=7.6950±0.2430)。金鞭溪和沱江水样氨氮含量均为Ⅲ类。金鞭溪水样化学需氧量、五日生化需氧量、总磷含量均为Ⅰ类,但金鞭溪水样总氮含量与沱江水样一样,均为Ⅴ类。沱江水样化学需氧量、五日生化需氧量、总磷的含量分别为Ⅲ类、Ⅳ类、Ⅴ类。

金鞭溪水样检测结果与 2005 年检测数据[6]比较可以发现,只有氨氮指标数值升高,由国家Ⅰ类标准变为Ⅲ类。酸碱度 pH 下降,但仍为中性,化学需氧量、五日生化需氧量、总磷的含量均下降,化学需氧量、五日生化需氧量仍为Ⅰ类,总磷由Ⅲ类变为Ⅰ类。

4 讨论

旅游与土壤和水环境相互影响问题严重制约全球旅游业的可持续发展。[6]研究张家界地貌的土壤养分及水环境质量,对张家界可持续生态文化旅游战略具有重要意义。

4.1 张家界地貌的土壤养分

武陵源土壤样品全钾、有机质、总氮、总磷含量均低于天门山,但两者的总磷含量没有显著差异。与《土壤养分含量分级标准》比较发现,武陵源土样呈酸性(pH=5.4120±0.9387),全钾含量为中度,有机质和总氮含量高,总磷含量非常低;天门山土样呈微酸性(pH=6.6285±0.7591),全钾含量为中度偏上,有机质和总氮含量非常高,总磷含量低。与2011年调查[7]相比,武陵源景区土壤有机质含量呈增加趋势,从26.51 g·kg^{-1}增加至38.9450 g·kg^{-1}。

武陵源、天门山土壤均呈酸性,可能与张家界地貌有关。张家界地貌风化溶解,形成硅酸,使土壤酸碱度降低,土壤呈酸性。另外,土壤呈酸性也可能与当地"酸雨"较多有关,减少二氧化硫等废气的排放,对保护环境、改善土壤酸碱度具有重要意义。

通过上述分析可看出,张家界地貌的土壤呈酸性,富含有机质和氮,钾含量适中,磷含量低。上述张家界地貌的土壤养分特点研究,为当地选择适宜的林木、农作物进行种植及科学施肥、环境保护提供了科学依据。

4.2 张家界地貌的水质

金鞭溪水样的酸碱度、化学需氧量、五日生化需氧量、总磷含量均低于沱江,而氨氮和总氮含量高于沱江的水样。

金鞭溪和沱江所采水样的检测结果与《地表水环境质量标准》(GB 3838—2002)比较发现,两处的酸碱度pH均符合地表水环境质量标准,但金鞭溪水样的酸碱度为中性(pH=6.9530±0.3591),沱江的酸碱度为碱性(pH=7.6950±0.2430)。金鞭溪水样的化学需氧量、五日生化需氧量、总磷的含量均为Ⅰ类,沱江水样的化学需氧量、五日生化需氧量、总磷的含量分别为Ⅲ类、Ⅳ类、Ⅴ类。金鞭溪水样的氨氮、总氮含量分别为Ⅲ类、Ⅴ类,与沱江水样的一样。

化学需氧量、五日生化需氧量、总氮、总磷和氨氮是水体中有机污染物污染程度的重要指标。金鞭溪水系污染较轻,其中的主要污染物为含氮物质(氨氮、总氮);沱江水系受到含氮物、有机物污染较为严重。

我们的数据(2018年)与杨世俊等[6]2005年的数据比较发现,金鞭溪的pH、化学需氧量、五日生化需氧量、总磷含量均下降,其中总磷由Ⅲ类变为Ⅰ类,氨氮含量增加,由Ⅰ类(2005年均值为0.1053 mg·L^{-1})变为Ⅲ类(2018年均值为0.6067 mg·L^{-1})。

两条河流的表层水样中均未检测出Chla,说明水中藻类数量极低,降低了水体富营养化的可能性。作为评估湖泊富营养化的重要指标[8],Chla能比较准确地反映藻类生物量,可用于藻类含量测定,衡量水体富营养化的程度[9]。

由上述分析可知,典型张家界地貌的水系(如金鞭溪)的酸碱度呈中性,化学需氧量、五日生化需氧量、总磷的含量均达到Ⅰ类,但氨氮、总氮含量较高,尤其周边地貌的水系(如湘西沱江)有机物污染较为严重,主要污染物为含氮物质(氨氮、总氮),应引起注意。

4.3 张家界地貌水系主要污染物评价

"超载"的张家界景区,将会对景区生态环境产生压力。[10]

本研究发现,凤凰县县内及张家界景区内无工厂,当地旅游业发达,开设了大量的宾馆酒楼食店餐馆,景区内污水排放量骤增。其排放的污水主要为刷碗洗菜水、油汤汁水、剩菜剩饭、洗涤洗浴水以及粪便尿液,此外还有各类生活垃圾,使得大量含氮物涌入河内。沱江总氮平均含量为 1.7450 ± 0.3720 mg·L^{-1},为Ⅴ类水,污染严重。金鞭溪总氮平均含量为 2.3970 ± 0.4698 mg·L^{-1},为Ⅴ类水。此外,沱江、金鞭溪的氨氮含量也均达到Ⅲ类标准。可见含氮物质是金鞭溪、沱江水系中的主要污染物。

沱江沿岸均为旅游性古典建筑,植被覆盖率极低,易造成水土流失。土壤中含有大量氮元素,流失到水中可造成水体中氮含量增加。

2018年7月,我们实地考察发现金鞭溪水流量虽然较小,但水流清澈见底,大鲵满溪皆是。通过张家界森林公园这十几年的水环境治理,除氨氮指标上升明显之外,其他各项指标都在变低,总磷含量达到国家Ⅰ类标准。藻类等旺盛生长会吸收营养盐,但是增量远大于消耗量,故两条河流中氮含量偏高。[11]

5 建言献策

武陵源、天门山、金鞭溪、湘西沱江均为旅游景区,游客数量大,旅游垃圾产生速度远超降解速度;某些偏僻角落可见大量垃圾废弃物,甚至有诸多未降解的排泄物。上述因素可能与武陵源、天门山土壤中以及金鞭溪、湘西沱江水中有机质、氮含量高有关。

武陵源土壤的有机质、总氮的含量低于天门山,可能与天门山落叶等有机肥较多、人为排泄物较多等有关。金鞭溪氨氮、总氮含量均高于沱江的含量,可能与数量快速增长的游客产生各种污染物排入金鞭溪有关。[12]

针对上述土壤和水体特点,我们建议:① 适当砍伐、更换树龄较大的林木,更换为嗜氮树种,栽植幼树苗,加快种植、砍伐更换周期,促进树木(乔木、灌木)、草本植物等对氮、有机质的吸收、利用。② 有针对性地科学种植、科学施肥,适当补充钾、磷肥料。③ 及时清扫落叶、枯死的草木植被,既可防止林火的发生,又可防止落叶、植被腐烂导致土壤有机质含量过高。④ 加强环境保护宣传,适当封山及控制游客数量,倡导文明旅游,禁止随地大小便及乱扔垃圾。⑤ 生活污水净化后排入河流。采取上述措施综合治理,对维护当地生态环境及土壤养分具有重要意义。

6　结论

张家界许多典型的地理、地质特性目前仍不明确。本研究发现,典型张家界地貌的土壤呈酸性,富含有机质和氮;水体基本为Ⅰ类标准,符合国家自然保护区级别的地表水环境质量要求。这为当地土壤改造、植物栽培、科学施肥提供了良好条件和科学依据。

同时,过度开发旅游资源会造成张家界环境污染。张家界作为旅游城市,环境问题一直以来为人们所担忧。不断发展的旅游业,会冲击当地土壤质量和水质,造成当地的水污染;土壤中的各类养分含量升高,导致当地原始生态环境遭到破坏。典型张家界地貌的水系的氨氮和总氮含量偏高,成为水体污染的主要原因,希望本研究结果能为张家界市的环境保护、生态旅游提供科学建议。

参考文献

[1] 蒋凌云,张宏,丁雅博,戚利平.砂岩特性与张家界地貌的探讨[J].兰州工业学院学报,2018,25(3):46-49.

[2] 冷志明.武陵源水体环境质量现状分析及评价[J].地理研究,2010,29(6):997-1004.

[3] 谢云,廖博儒,王小德,林夏珍.天门山国家森林公园野生花卉资源调查及其园林应用[J].安徽农业科学,2006,34(9):1855-1857.

[4] 姚玲玲.凤凰县沱江流域治理与旅游资源开发研究[D].湖南师范大学,2004.

[5] 罗庆华,康练常.张家界国家森林公园金鞭溪河段大鲵栖息地特征[J].生态学杂志,2009,28(9):1857-1861.

[6] 杨世俊,向昌国,杨旭.武陵源世界自然遗产地水环境污染分析及其对策[J].吉首大学学报(自然科学版),2007,28(3):9-102.

[7] 黄芳萍,李文芳,任浩,伍四平.张家界市土壤有机质含量调查及分析[J].山西农

业科学,2011,39(12):1294-1296.

[8] 国家环境保护总局《水和废水监测分析方法》编委会.水和废水监测分析方法[M].第4版.北京:中国环境科学出版社,2002.

[9] 孙洁梅,张哲海.应用冻融法测定湖泊水中叶绿素 a 含量[J].云南大学学报(自然科学版),2009,31(S2):497-498.

[10] 白正罡.张家界世界地质公园旅游发展研究[D].哈尔滨:哈尔滨师范大学,2017.

[11] 范玉贞.衡水湖水体质量的研究[J].江苏农业科学,2010,4:412-413.

[12] 李佩耕,吴文晖,樊玲凤.张家界国家森林公园地表水污染综合分析[J].中国环境监测,2008,24(3):83-87.

典型喀斯特地貌峰丛流域水质调查研究

1 引言

水资源同工业、经济发展及旅游业等紧密相连,本研究将以漓江水资源调查为例,实地取样并进行实验。

漓江流域是我国最早发展旅游业的地区之一,拥有2处国家AAAAA级旅游景点、13处国家AAAA级旅游景点等。2018年,桂林市接待游客数突破1亿人次大关,全市旅游总消费突破千亿元,旅游接待人数和旅游总消费双双迈上了新台阶。

自20世纪90年代开始,桂林的工业经济以传统粗放式快速发展,山区人口向城市内不断迁移,以少数民族村为例,桂林出现了许多少数民族村作为少数民族生活区和旅游景点,如"侗情水乡""刘三姐大观园"。20世纪以来,关于漓江水质调查的文献已有很多,但缺少将漓江水域上、中、下游水质进行对比的系统分析研究。

本研究以象山为主要河滩,以象山区、七星区以及阳朔县部分区域为主要采集点,对不同流域生态保护区域水质进行系统分析、整合。以客流量较大的风景区、码头、公园为重点采集点,与其他水域进行对比,意在说明旅游城市水质保护的特殊侧重点。本研究通过对漓江上、中、下游及码头和七星公园水域的实地考察,并采集不同流域水样进行科学检测对比,分析不同水域的特征以及水质状况,形成生态环境保护修复的思路与方法,获得不同河段的水质信息。同时,本研究对桂林各大旅游景区的水质调研也具有很大的实际意义,可作为漓江流域各大旅游景区水质保护的理论依据和参考。

2 研究区域与方法

2.1 研究区域

漓江全长为 214 km,流域面积为 5585 km^2。漓江流域降水资源丰富,水资源具有山地河流的特点。漓江流域多年平均降水量为 1900 mm,阳朔段两岸是世界上最典型的岩溶峰林地貌,流域降水量呈自西北向东南递减的趋势。

2.2 研究方法

参考相关研究,本研究在漓江设置 5 组采样点,分别为漓江上游、漓江中游、漓江下游、漓江码头和漓江七星公园,采样时间为 2018 年 10 月 1 日至 5 日、2019 年 2 月 8 日至 12 日。每组采样点各采集水样 3 瓶,分别为河流右段、中段、左段,使用 500 mL 纯净水瓶,采集 50 cm 水深亚表层水样封存,送去专业公司检测。

3 结果与分析

依据《中华人民共和国地表水环境质量标准》(GB 3838—2002),采用 COD、BOD、氨氮、总磷、Chla 含量、总氮评价漓江流域的水质。同时,运用图表形式整理漓江上游、漓江中游、漓江下游、漓江码头、漓江七星公园的数据,进行比较分析(图 3-19)。

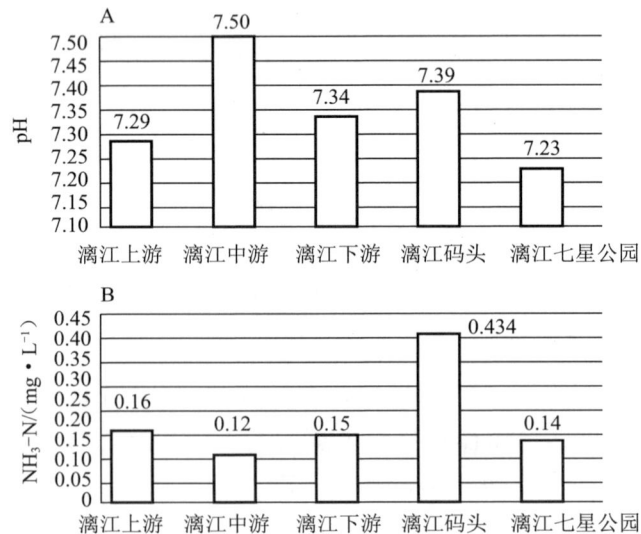

图 3-19 漓江 pH(A)、氨氮(B)、COD(C)、BOD(D)、TP(E)、Chla(F)和 TN(G)

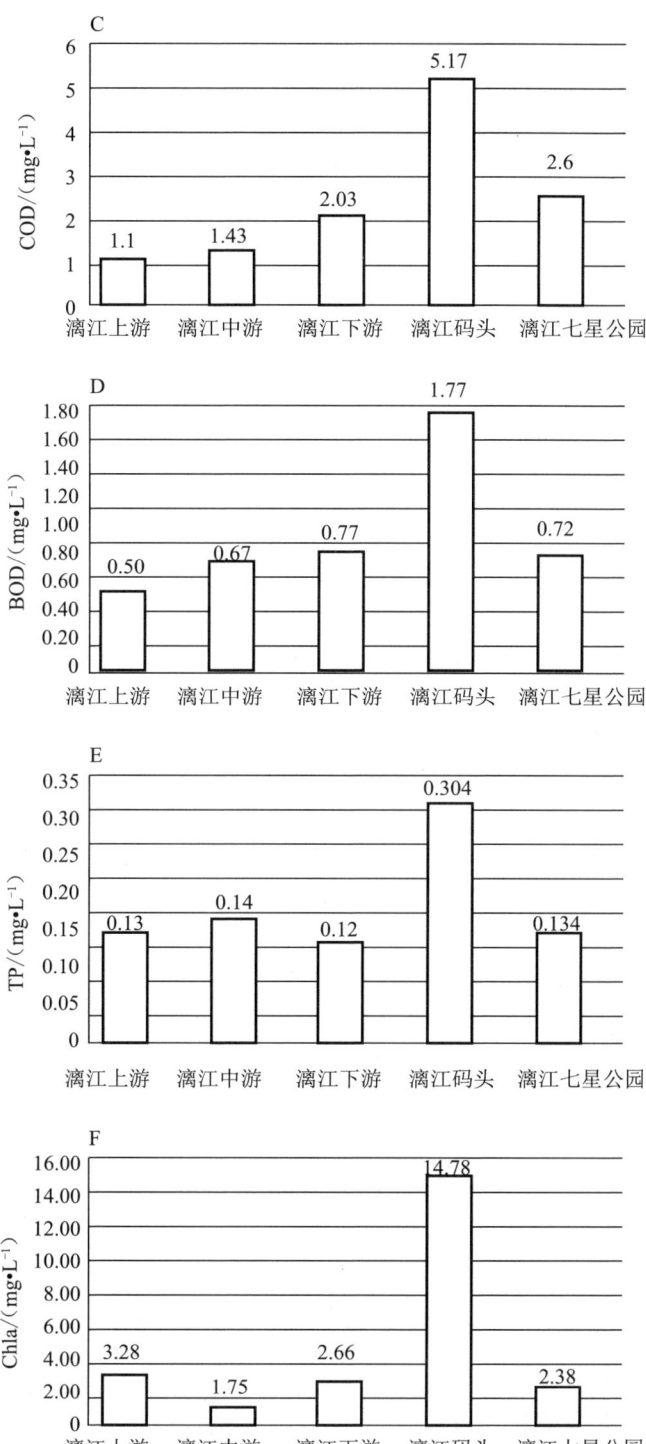

图 3-19（续） 漓江 pH（A）、氨氮（B）、COD（C）、BOD（D）、TP（E）、Chla（F）和 TN（G）

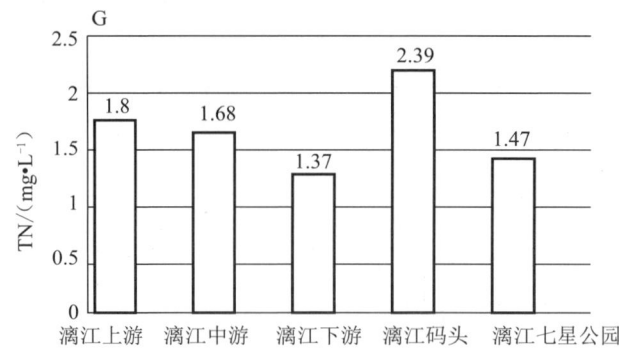

图 3-19（续） 漓江 pH（A）、氨氮（B）、COD（C）、BOD（D）、TP（E）、Chla（F）和 TN（G）

3.1 漓江上、中、下游及码头与七星公园的水质评价

以 NH_3-N 含量作为单一指标评价漓江的水质：漓江上游 NH_3-N 含量为 0.16 mg·L^{-1}（属于国家标准Ⅱ类），漓江中游 NH_3-N 含量为 0.12 mg·L^{-1}（属于国家标准Ⅰ类），漓江下游的 NH_3-N 含量为 0.15 mg·L^{-1}（属于国家标准Ⅰ类），漓江码头处 NH_3-N 含量为 0.434 mg·L^{-1}（属于国家标准Ⅱ类），七星公园的 NH_3-N 含量为 0.14 mg·L^{-1}（属于国家标准Ⅰ类）。

以 TN 含量作为单一指标评价漓江的水质：漓江上游 TN 含量为 1.8 mg·L^{-1}（属于国家标准Ⅴ类），漓江中游 TN 含量为 1.68 mg·L^{-1}（属于国家标准Ⅴ类），漓江下游 TN 含量为 1.37 mg·L^{-1}（属于国家标准Ⅳ类），漓江码头 TN 含量为 2.39 mg·L^{-1}（属于国家标准Ⅴ类以下），七星公园 TN 含量为 1.47 mg·L^{-1}L（属于国家标准Ⅳ类）。

以 TP 含量作为单一指标评价漓江的水质：漓江上游 TP 含量为 0.13 mg·L^{-1}（属于国家标准Ⅲ类），漓江中游 TP 含量为 0.14 mg·L^{-1}（属于国家标准Ⅲ类），漓江下游 TP 含量为 0.12 mg·L^{-1}（属于国家标准Ⅲ类），漓江码头 TP 含量为 0.904 mg·L^{-1}（属于国家标准Ⅴ类以下），七星公园 TP 含量为 0.134 mg·L^{-1}（属于国家标准Ⅲ类）。

以 BOD 含量作为单一指标评价漓江的水质：漓江上游 BOD 含量为 0.50 mg·L^{-1}（属于国家标准Ⅰ类），漓江中游 BOD 含量为 0.67 mg·L^{-1}（属于国家标准Ⅰ类），漓江下游 BOD 含量为 0.77 mg·L^{-1}（属于国家标准Ⅰ类），漓江码头 BOD 含量为 4.77 μg·L^{-1}（属于国家标准Ⅳ类），七星公园 BOD 含量为 0.79 mg·L^{-1}（属于国家标准Ⅰ类）。

以 COD 含量作为单一指标评价漓江的水质：漓江上游 COD 含量为 1.1 mg·L^{-1}（属于国家标准Ⅰ类），漓江中游 COD 含量为 1.43 mg·L^{-1}（属于国家标准Ⅰ类），漓江下游 COD 含量为 2.03 mg·L^{-1}（属于国家标准Ⅰ类），漓江码头 COD 含量为 5.17 mg·L^{-1}（属于国家标准Ⅰ类），七星公园 COD 含量为 2.60 mg·L^{-1}（属于国家标准Ⅰ类）。

以 Chla 含量作为单一指标评价漓江的水质：漓江上游 Chla 含量为 3.28 μg·L^{-1}，漓江中游 Chla 含量为 1.75 μg·L^{-1}，漓江下游 Chla 含量为 2.66 μg·L^{-1}，漓江码头 Chla 含量为 14.78 μg·L^{-1}，七星公园 Chla 含量为 2.38 μg·L^{-1}。

以常温下的 pH 作为单一指标评价漓江的水质：漓江上游 pH 为 7.29，漓江中游 pH 为 7.50，漓江下游 pH 为 7.34，漓江码头 pH 为 7.39，七星公园的 pH 为 7.23，均在国家标准 6~9 范围内，呈弱碱性。

整体来看，漓江水体的营养水平很高。TN 含量基本达到了Ⅴ类及以下水平；TP 含量基本位于Ⅲ类及以下水平。

单独来看，漓江水体中码头处的污染较为严重。TN 含量、TP 含量均低于国家标准Ⅴ类指标要求，严重超标。此外，NH$_3$-N 含量、BOD 含量、COD 含量、Chla 含量均在漓江码头处达到最大峰值。

3.2 漓江上、中、下游及码头与七星公园的水质差异

以 NH$_3$-N 含量作为单一标准对比分析，漓江在各河段流域氨氮含量各不相同。漓江上游氨氮含量为 0.16 mg·L^{-1}，漓江中游氨氮含量为 0.12 mg·L^{-1}，漓江下游氨氮含量为 0.15 mg·L^{-1}，七星公园氨氮含量为 0.014 mg·L^{-1}，码头氨氮含量为 0.434 mg·L^{-1}。氨氮含量为漓江码头＞漓江上游＞漓江下游＞七星公园＞漓江中游。其中漓江上游、中游、下游和七星公园处氨氮含量相差不大，均低于漓江码头氨氮含量。

以 TN 含量作为单一标准对比分析漓江各水段总氮含量为：漓江上游 1.8 mg·L^{-1}，漓江中游 1.63 mg·L^{-1}，漓江下游 1.37 mg·L^{-1}，漓江码头 2.39 mg·L^{-1}，七星公园 1.47 mg·L^{-1}。由此可得，TN 含量为漓江码头＞漓江上游＞漓江下游＞七星公园＞漓江中游，漓江码头水体富营养化程度高，水体污染严重。

以 TP 含量作为单一标准对比分析，漓江在各个水体流域的总磷含量各不相同。漓江上游总磷含量为 0.02 mg·L^{-1}，中游总磷含量为 0.1 mg·L^{-1}，下游总磷含量为 0.2 mg·L^{-1}，七星公园总磷含量为 0.3 mg·L^{-1}，码头的总磷含量为 0.4 mg·L^{-1}。码头的总磷含量最高，漓江上游的总磷含量最低。由此可得，总磷含量为码头＞七星公园＞下游＞中游＞上游。由于码头和七星公园人口集中，总磷含量高。上游水质较好，污染程度较低。故应当加以改变景区游览的方式，

减少对水质的破坏,打造更加健康的漓江景区环境。

以 COD 含量作为单一标准对比分析,漓江上游 COD 含量为 1.1 mg·L^{-1},中游为 1.43 mg·L^{-1},下游达到 2.03 mg·L^{-1},漓江码头为 5.17 mg·L^{-1},漓江七星公园为 2.60 mg·L^{-1}。COD 含量为漓江码头＞漓江七星公园＞漓江下游＞漓江中游＞漓江上游,码头富营养化程度高于其他河段,漓江上游水质相对较好,污染程度小,而中游与下游河段,COD 含量基本处于合理范围内。码头与七星公园属于漓江沿岸的中心景点,是游客流量颇为庞大、密集的地区,因此受到了自然与人为的污染较多,但七星公园与码头在 COD 数值上的差异又表现出污染程度、水体富营养化以及水质的不同。就 COD 而言,码头的富营养化程度偏大,因此对水中生物的毒害作用也较七星公园大。有机物含量的丰富,导致了码头水质遭到一定破坏,因而水质较差。七星公园虽为客流量大的景点地带,但就 COD 的数值而言与漓江的上游、中游、下游相差不大,因此水质良好。

以 BOD 作为单一指标对比分析,漓江上游 BOD 含量为 0.50 mg·L^{-1},漓江中游为 0.67 mg·L^{-1},漓江下游为 0.77 mg·L^{-1},漓江码头为 1.77 mg·L^{-1},漓江七星公园为 0.72 mg·L^{-1}。BOD 含量为漓江码头＞漓江下游＞漓江七星公园＞漓江中游＞漓江上游。初步猜测,水体污染大部分为人类活动所致,故漓江上、中、下游污染情况与海拔高度成正相关关系,码头、七星公园也为客流量颇大的景区,但根据调查结果显示,两地 BOD 含量又有较大波动,在码头 BOD 的含量高于七星公园,由此可见码头的 BOD 污染程度高于漓江上、中、下游以及七星公园地区。

以 Chla 含量作为单一标准对比分析,漓江上游含量与漓江下游差距较小,但与漓江中游含量差距较大。且在漓江码头一带含量大大增加,比起其他地区差距过大。Chla 含量从高到低呈现为漓江码头＞漓江上游＞漓江七星公园＞漓江下游＞漓江中游。

以 pH 作为单一标准对比分析,各流域河水均为弱碱性,碱性相差不大。且各处在常温下 pH 位于国家标准 6~9 范围,pH 在正常范围。pH 从高到低呈现为漓江中游＞漓江码头＞漓江下游＞漓江上游＞漓江七星公园。

4 结论

漓江全河段水体 pH 为弱碱性,以 pH 单一指标评价得出:漓江中游＞漓江码头＞漓江下游＞漓江上游＞漓江七星公园。以 COD 和 BOD 综合指标评价得出：漓江码头＞漓江七星公园＞漓江下游＞漓江中游＞漓江上游。以氨氮单一指标评价得出：漓江码头的含量虽较高但整体为Ⅰ～Ⅱ级。Chla 含量漓江码头显著高于其他 4 个采样处，漓江上游与漓江下游差距不大。以 TN 单一指标评价得出：总体含量较高，漓江下游、漓江七星公园均为Ⅳ级，漓江上游、漓江中游均为Ⅴ级，漓江码头属于Ⅴ级以下。码头总磷含量远高于其他 4 个采样处为劣Ⅴ级，其他 4 个采样处为Ⅲ级。

综上所述，漓江整体水体营养水平较高。漓江上游的各项测定值均在正常范围内。漓江中游水段水质良好，污染较轻。漓江下游的各项指标都比较平均，处于第二三名的位置。码头有机物污染物含量最多，受污染程度最大，水质受到严重破坏。

漓江上游水质良好，中、下游污染日益严重，码头水质问题突出。旅游对水质与水体的影响十分严重且日益加深，主要体现在船舶油污、垃圾污染严重。

《漓江旅游客船法定检验规定》要求旅游客船必须对污水严格净化处理后再排放。对此，漓江沿岸设置了垃圾废弃物处理站，客船靠岸后，相关工作人员将垃圾转移到化粪池经发酵后便可以废物利用。

但此方式有许多弊端：

一是游客船靠岸直接工作会影响游客的旅游体验，易引起游客的不满，对该景区旅游业的发展产生不可避免的影响；

二是工作人员在码头工作、接待游客时产生的垃圾易掉入水中，并且没有进行及时清理；

三是废物处理站多是民营企业、摊贩，基础设施简陋，未处理彻底的污水或垃圾排入水中易引起二次污染。

总体来说，旅游船只直接或间接产生的垃圾、油污对水体会产生污染，而且在旅游旺季或节假日船只产生的大量垃圾与油污，远超水体自身的自我调节能力，造成环境污染日益严重。

5 建言献策

（1）在上游要控制好浮游生物的数量，尽量避免因微藻大量繁殖而导致水质受破坏的现象，同时应加大管理力度，减少人类活动对生物造成的破坏。要禁止工业废水的随意排放，应减少在上游开设污染大的工厂，产生的废水应经过处理达标后再排放。调控河流中有机污染物的量，控制水温和水的pH，否则可能会对水质和水中生物的生长起到一定的负面影响。

（2）中游和下游：要控制轮船的驶经量，改善换水条件，增加换水量，减少污染物的排放。加强对生态环境和水质的保护。适当发展科技，提高资源利用率，开发使用新能源的交通运输工具，减少因交通而导致的环境破坏、水质下降的现象。漓江中、下游的游客流量较大，国家要加强对环保问题的监督，政府及旅游景点应制定相关政策规定，规范游客不文明行为，相关负责人要时刻关注水质变化。

（3）码头要注意保护生态安全，保护水质环境，需要对码头地区游船的排污、停放进行更加严格的管理，泊船区和航道区水质的变化对于沿岸工作、生活的商贩和居民影响极大，更有可能影响沿岸景区的用水安全，应加大水质监控力度，整改船只乱排乱放的行为。

（4）七星公园管理部门要合理安排七星公园的相关活动，并积极号召人们保护漓江水质，不随手向漓江中扔生活垃圾，提高人们对环境保护的意识。这一河段的河流自我恢复和调节能力较强，但也无法承受大量无节制的污水排放，所以政府部门需加强对企业的约束，防止其对这一河段的破坏，实现可持续发展。

总之，我们应该加大对漓江各流域水资源的管理与保护，控制好水的pH、水中浮游植物的数量，及时关注它们对水质的影响。同时要注意及时清除外来入侵的植物，保护好上游的水质，避免造成对中游、下游和其他流域的影响，尽量降低旅游活动对水资源的影响和干扰，让每个人都为环境保护贡献一分力量。

茶马古道滇藏线典型遗址生态环境调查

1　引言

茶马古道是以"茶马互市"为主要内容,以马帮为主要运输方式的一条古代商道,也是我国古代西部地区以"茶易马"或以"马换茶"为中心内容的汉、藏民族间的一种传统的贸易往来和经济联系之道[1],蕴含着丰富的自然和人文信息[2]。茶马古道也不是某几条确切的道路,而是一个庞大的交通网络。[3] 茶马古道的基本线路主要位于四川、云南、西藏自治区三省区境内,其外延可以辐射到广西、贵州、甘肃、青海、新疆维吾尔自治区,国外则可以直接到达印度、尼泊尔、锡金、不丹和东南亚的缅甸、越南和泰国,再向外围扩展可以延伸到南亚、东南亚的其他一些国家和地区。[4] 茶马古道作为一条连接内地与西藏自治区的古代交通大动脉,历经唐、宋、元、明、清朝,虽然最后历史的"地平线"消失,但其历史作用和现实意义不可低估。[1]

目前,茶马古道的研究主要集中于茶马古道的历史地位[5]、茶马古道遗产保护中的文化品牌建设[6]以及茶马古道的历史文化价值[7]。研究团队于2019年8月对茶马古道滇藏线附近的典型遗址进行了问卷调查和土样、水样分析,并依据结果对此做出评价。

2　研究区域

拉市海湿地地处云南省丽江市,位于 $100°0'\sim100°1'E$、$26°4'\sim27°0'N$,总面积约为 $65\ km^2$,平均水深约为 $4\ m$,属省级自然保护区和中国国际重要湿地。[8, 9]

洱海地处云南省大理白族自治州,位于 $100°11'23''E$、$25°46'56''N$,总面积约为 250 km², 平均水深约为 11 m, 是滇西高原最大的断陷湖泊, 属于国家级自然保护区和国家级风景名胜区。[10]

玉龙雪山地处云南省丽江市, 位于 100°0′~100°2′E、27°1′~27°4′N, 总面积为 260 km², 发育有亚欧大陆距赤道最近的冰川, 主峰扇子陡海拔 5596 m。其属于亚热带南亚季风气候, 年均降水量为 950 mm, 年均气温为 12.8 ℃。属于省级自然保护区、国家地质公园和国家重点风景名胜区。[11, 12]

大理苍山地处云南大理白族自治州, 位于 99°6′~100°1′E、25°3′~26°0′N, 总面积为 933 km², 最高峰马龙峰海拔 4122 m。属于亚热带高原季风气候, 年均气温为 15.1 ℃, 年均降水量为 1000 mm, 属于国家级自然保护区、国家重点风景名胜区和世界地质公园。[13, 14]

丽江古城地处云南省丽江市, 位于 100°13′28″E、26°52′50″N, 面积为 7.278 km²。丽江古城始建于宋末元初, 属于省级重点文物保护单位、中国历史文化名城和世界文化遗产。[15]

大理古城地处云南省大理白族自治州, 位于 100°9′45″E、25°41′26″N, 面积约为 3 km²。属于亚热带高原季风气候, 年均气温为 15.1 ℃。其建造历史可上溯至唐天宝年间, 是南诏王阁逻凤的新都, 始建于明洪武十五年。大理古城是我国古代陆上丝绸之路的必经之地, 蜀身毒道与茶马古道的枢纽, 属于全国第一批重点文物保护单位、中国第一批历史文化名城和首批国家级重点风景名胜区。[16, 17]

3 研究方法

3.1 问卷调查

研究团队前往云南茶马古道滇藏线典型遗址——拉市海、洱海、玉龙雪山、大理苍山、丽江古城和大理古城实地考察, 拍摄了一些具有研究价值的照片, 向游客实际发放并回收了约 550 份调查问卷, 调查问卷采用闭卷开放式选择题, 面对面发放并确认由游客本人填答。

**茶马古道滇藏线遗址典型区域生态环境考察
调查问卷样表**

1. 您的印象中茶马古道属于(　　　)(单选)

　　A. 国家级自然保护区　　　　　　B. 国家级生态示范区

C. 国家级风景名胜区　　　　　　　D. 全国重点文物保护单位

E. 国家 5A 级旅游景区

2. 下列不属于茶马古道滇藏线保存较好的遗址是（　　）（单选）

A. 拉市海　　　B. 沙溪古镇　　　C. 云南驿

D. 泸沽湖　　　E. 那柯里

3. 下列不属于茶马古道滇藏线主要节点城市的是（　　）（双选）

A. 楚雄　　　B. 腾冲　　　C. 丽江

D. 大理　　　E. 普洱

4. 吸引您前来游览本景区的主要因素是（　　）（单选）

A. 山水风光　　　B. 文物古迹　　　C. 民俗风情

D. 运动休闲　　　E. 历史文化

5. 您游览体验当前景区土壤养分等级大约是（　　）（单选）

A. Ⅰ类土　　　B. Ⅱ类土　　　C. Ⅲ类土　　　D. Ⅳ类土

E. Ⅴ类土

（注：Ⅰ类土→Ⅴ类土，土壤养分逐渐减少）

6. 您游览体验当前景区水质等级大约是（　　）（单选）

A. Ⅰ类水　　　B. Ⅱ类水　　　C. Ⅲ类水　　　D. Ⅳ类水

E. Ⅴ类水　F. 劣Ⅴ类水

（注：Ⅰ类水→劣Ⅴ类水，水质逐渐下降）

7. 您游览体验茶马古道滇藏线遗址土壤与周边相比（　　）（双选）

A. 重金属含量更高　　　　　　　B. 重金属含量更低

C. 重金属含量基本相同　　　　　D. 养分含量更高

E. 养分含量更低　　　　　　　　F. 养分含量基本相同

3.2　野外调查

3.2.1　水样采集

本研究在洱海及拉市海两处取得水样各 10 份，共计 20 份，每份水样采集地点相距 100 m，共设置 4 组采样点，分别为东、西、南、北 4 个方向。采样时间为 2019 年 7 月，使用 500 mL 洁净水瓶，采集 50 cm 水深亚表层水样进行分析检测。

3.2.2 土样采集

通过先前的调查,了解苍山和玉龙雪山的背景信息。选取10块样地,地形平坦,土壤均匀,规格为 5 m×5 m,采用梅花形法。使用小型铁铲进行收集,每处采取的土样量大致相同,采取的土壤为原状土壤,密封在保鲜袋内,以保持其自然状态与水分状态。

3.2.3 实验检测

3.2.3.1 水样测定

pH和温度分别采用玻璃电极法和温度计法、pH计台式(PHS-3C)在实验室测定。氨氮和总磷分别采用纳氏试剂分光光度法和钼酸铵分光光度计法,用可见光光度计(T6新悦)在实验室测定。总氮采用碱性过硫酸钾消解紫外分光光度法,用紫外可见分光光度计(T6新世纪)在实验室测定。硝酸盐采用离子色谱法,用离子色谱仪(IC-8618型)在实验室测定。化学需氧量采用重铬酸钾法在实验室测定。

3.2.3.2 土样测定

采集的土壤样品,实验室分析测其pH、碱解氮、有效磷、速效钾、有机质、Cr、Cd、Pb、As。土壤pH的测定依据NY/T 1121.2—2006,采用酸度计检测。土壤中碱解氮的测定依据LY/T 1228—2015。有效磷依据NY/T 1121.7—2014。速效钾测定依据NY/T 889—2004。Cr和Pb的测定依据NY/T 1121.6—2006、GB/T 17140—1997,采用原子吸收法。Cd和As的测定依据HJ 491—2019、NY/T 1121.6—2006,采用原子荧光法。检测在临沂市农业质量检测中心完成。

4 结果与分析

4.1 现场问卷调查结果

茶马古道属于全国重点文物保护单位,如图3-20所示,37.2%的游客认为茶马古道属于国家级自然保护区,只有18.1%的游客认为茶马古道属于全国重点文物保护单位,能看出景区在这方面对外界的宣传力度不够;泸沽湖不属于茶马古道滇藏线保存较好的遗址,38.8%的游客选对了这道题,但仍有23.1%的游客认为沙溪古镇不属于茶马古道滇藏线保存较好的遗址;楚雄和腾冲不属于茶马古道滇藏线主要节点城市,30.8%和32.0%的游客选择正确;42.9%的游客前来游览的主要因素是欣赏山水风光,只有3.4%的游客的游览目的是领略历史文化;42%的游客认为当前景区的土壤养分等级是Ⅲ类土,只有2.8%的游客认为是Ⅴ类土;33.9%的游客认为当前景区的水质等级大约是Ⅱ类水,只有0.7%的游客认为是Ⅴ类水;20.5%的游客认为茶马古道滇藏线遗址土壤与周边相比重金属含量低,18.2%的游客认为茶马古道滇藏线遗址土壤与周边相比养分含量更高。

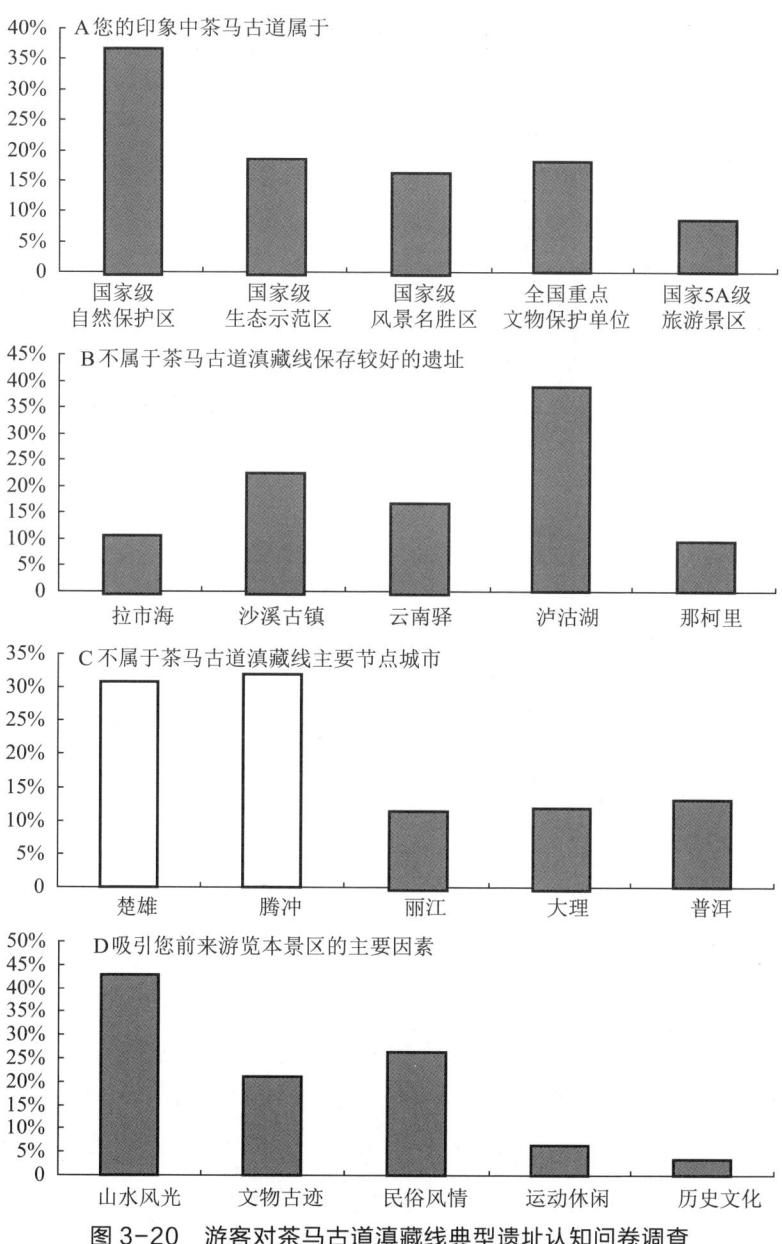

图3-20　游客对茶马古道滇藏线典型遗址认知问卷调查

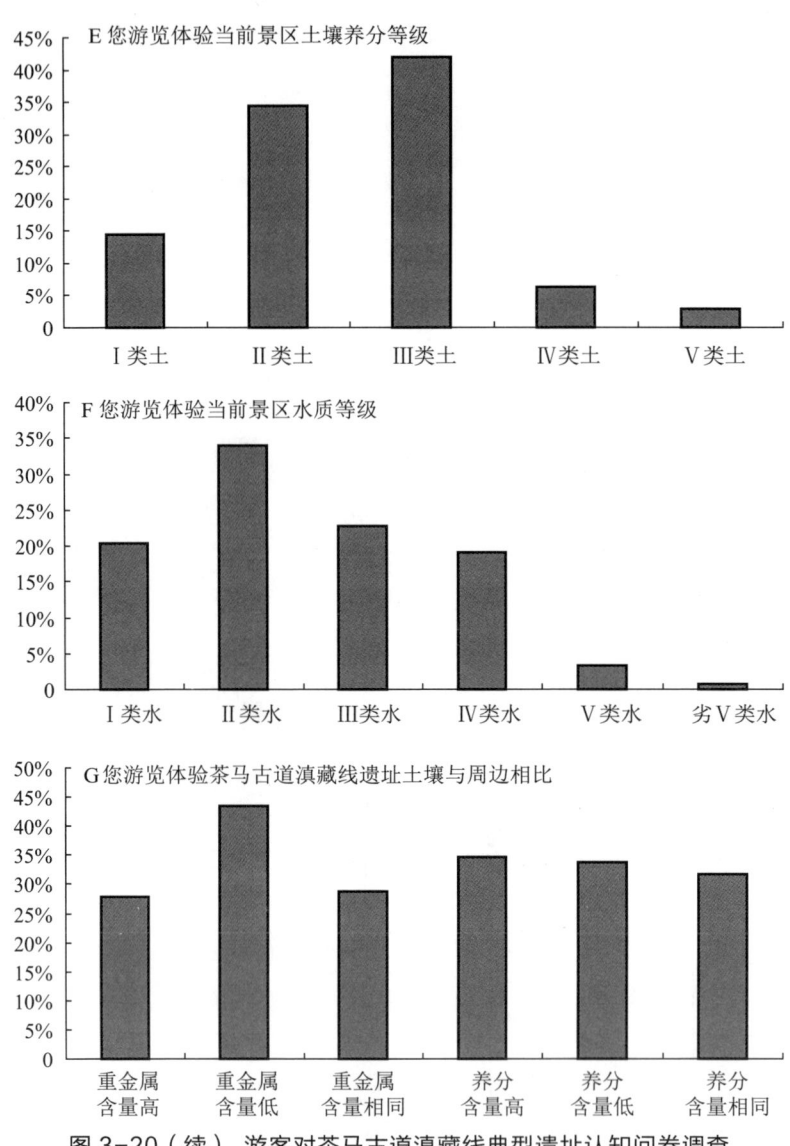

图 3-20（续） 游客对茶马古道滇藏线典型遗址认知问卷调查

4.2 野外调查结果

拉市海与洱海水质调查结果（图3-21）：以COD单一指标显示，拉海市高于洱海，拉海市水质为Ⅳ类，洱海水质为Ⅱ类至Ⅲ类。以氨氮单一指标显示，拉海市高于洱海，拉海市水质为Ⅱ类至Ⅲ类，洱海水质为Ⅰ类至Ⅱ类。以总磷单一指标显示，拉海市高于洱海，两者水质均为Ⅱ类。以总氮单一指标显示，拉海市低于洱海，拉市海和洱海水质均为Ⅰ类至Ⅲ类。整体上看，拉市海和洱海两者水体的营养水平均处于中等水平，但拉市海水体有机污染程度较洱海更重。

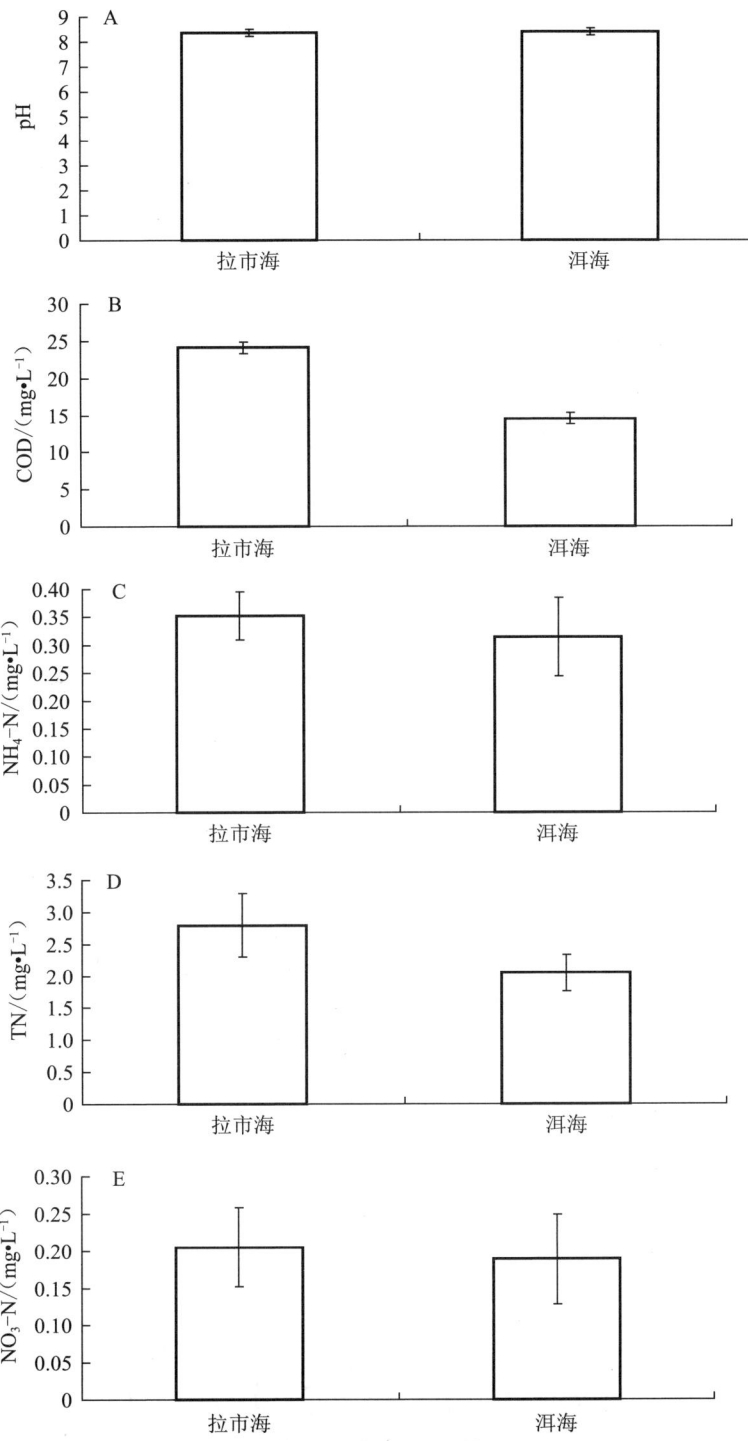

图 3-21 茶马古道滇藏线典型区域拉市海和洱海水质差异

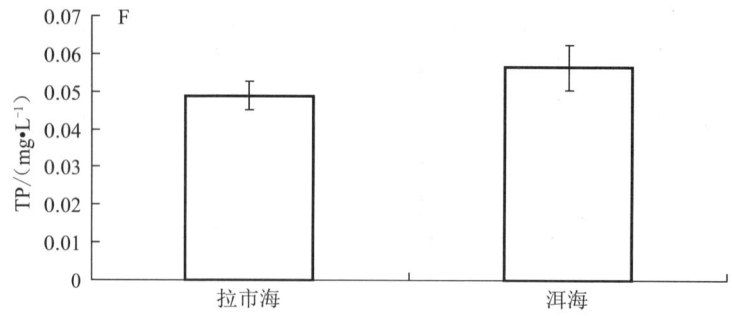

图 3-21（续） 茶马古道滇藏线典型区域拉市海和洱海水质差异

从图 3-22 可看出，苍山土壤碱解氮含量显著高于玉龙雪山，苍山土壤碱解氮均值为 566.09 mg·kg^{-1}，玉龙雪山土壤碱解氮均值为 325.22 mg·kg^{-1}，苍山和玉龙雪山土壤养分等级为 I 级。苍山土壤有效磷含量显著高于玉龙雪山，苍山土壤有效磷均值为 24.78 mg·kg^{-1}，玉龙雪山壤有效磷均值为 8.71 mg·kg^{-1}，苍山土壤养分等级为 II 级，玉龙雪山土壤养分等级为 IV 级。玉龙雪山土壤速效钾含量高于苍山，玉龙雪山土壤速效钾均值为 207.91 g·kg^{-1}，苍山土壤速效钾均值为 158.27 g·kg^{-1}，玉龙雪山土壤养分等级为 I 级，苍山土壤养分等级为 II 级。苍山土壤有机质含量显著高于玉龙雪山，苍山土壤有机质均值为 82.61 g·kg^{-1}，玉龙雪山土壤有机质均值为 58.06 g·kg^{-1}，玉龙雪山和苍山土壤养分等级为 I 级。

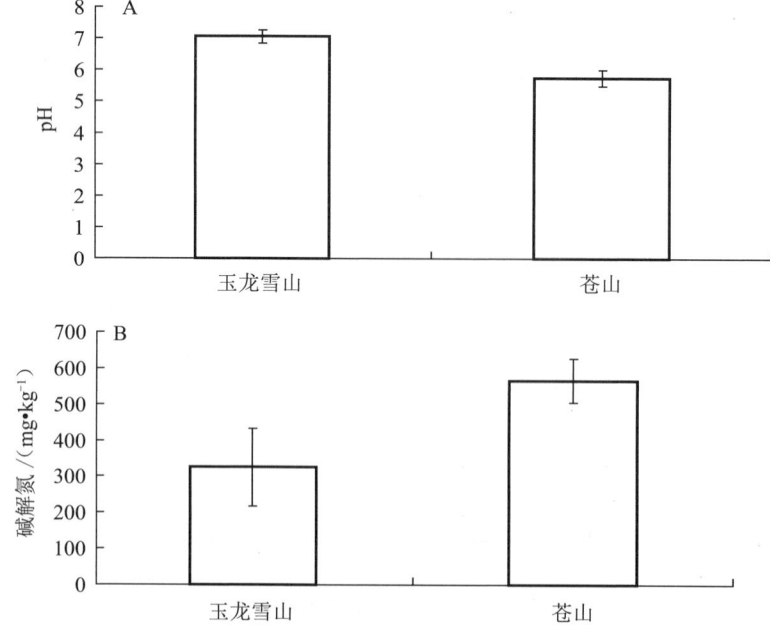

图 3-22 茶马古道滇藏线典型区域玉龙雪山和苍山土壤养分含量差异

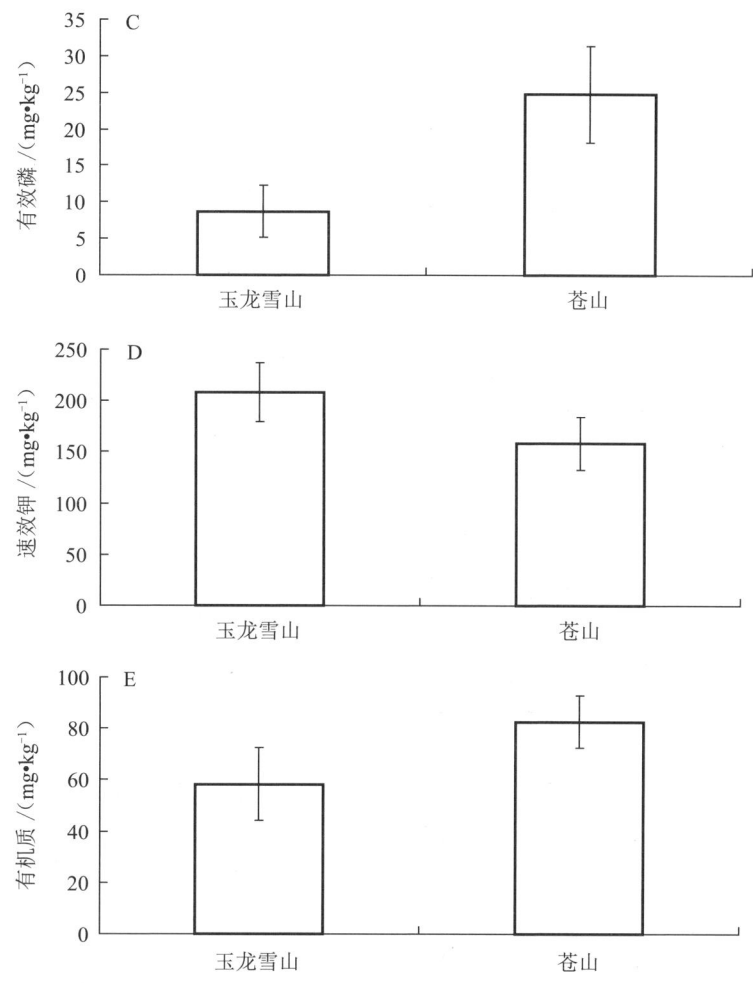

图 3-22（续） 茶马古道滇藏线典型区域玉龙雪山和苍山土壤养分含量差异

从图 3-23 可看出，玉龙雪山土壤 Cr 含量高于苍山，玉龙雪山土壤 Cr 含量均值为 101.18 mg·kg^{-1}，苍山土壤 Cr 含量均值为 50.45 mg·kg^{-1}。玉龙雪山土壤 Pb 含量高于苍山，玉龙雪山土壤 Pb 含量均值为 1.03 mg·kg^{-1}，苍山土壤 Pb 含量均值为 0.86 mg·kg^{-1}。玉龙雪山土壤 Cd 含量高于苍山，玉龙雪山土壤 Cd 含量均值为 46.66 mg·kg^{-1}，苍山土壤 Cd 含量均值为 39.20 mg·kg^{-1}。玉龙雪山土壤 As 含量高于苍山，玉龙雪山土壤 As 含量均值为 54.44 mg·kg^{-1}，苍山土壤 As 含量均值为 27.75 mg·kg^{-1}。根据《土壤环境质量 农用地土壤污染风险管控标准（试行）》（GB 15618—2018），苍山和玉龙雪山土壤 Cr 和 Pb 含量均低于限值，两者土壤 Cd 含量均高于限值，而苍山土壤 As 含量低于限值，玉龙雪山则高于限值。综合判断得出，玉龙雪山土壤重金属含量超标风险高于苍山。

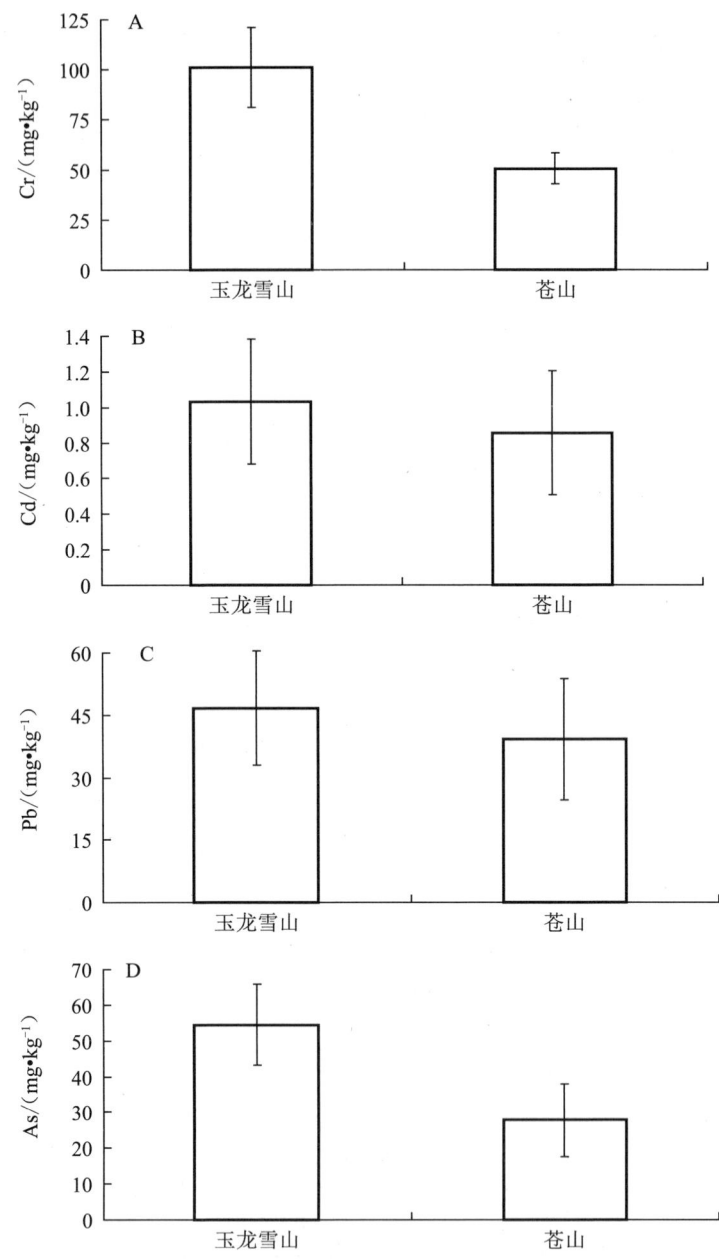

图 3-23 茶马古道滇藏线典型区域玉龙雪山和苍山土壤重金属含量差异

5 野外调查研究结论

（1）玉龙雪山土壤 pH 和速效钾含量高于大理苍山，而大理苍山土壤有机质、碱性氮和有效磷含量高于玉龙雪山。玉龙雪山土壤 Cr、Cd、Pb 和 As 含量均高于大理苍山。玉龙雪山和苍山两者土壤养分等级较高,玉龙雪山土壤重金属含量超标风险高于苍山。

(2)拉市海水体化学需氧量、总氮、氨态氮和硝态氮含量均高于洱海,洱海水体总磷高于拉市海。拉市海和洱海两者水体营养水平均处于中等水平,但拉市海水体有机污染程度较洱海更重。

6 建言献策

(1)根据拉市海与洱海水质调查研究各项指标显示,拉市海较洱海水质更为差一些。整体来看,茶马古道滇藏线典型遗址一带生态环境较差。相关部门应注意当地生态环境保护,加大环境保护宣传力度;当地居民应增强环境保护意识,从身边小事做起;当地企业加强对废水的利用与回收,尽量做到零污染。

(2)对丽江与大理两座城市的调查对比显示,丽江开发时间更为悠久,商业化也更加浓厚,两地建筑风格、人文风情有较大差别,各具特色,不影响两地的受欢迎程度。为促进两地旅游业发展,两地旅游部门应大力宣传,创新发展,同时要注重保留历史悠久的特色文化遗产、人文习俗,提高服务业质量与水平,完善基础服务设施,提高游客满意度。

(3)据茶马古道滇藏线遗址典型区域生态环境考察调查问卷统计显示,大多数人对茶马古道了解甚微,说明茶马古道存在宣传不到位等问题。对此,茶马古道滇藏线典型遗址相关部门应该重视起来。茶马古道是全国重点文物保护单位,应以文物古迹历、史文化作为茶马古道的特色和重点发展方向大力宣传,吸引更多游客前来观赏。

参考文献

[1] 格勒."茶马古道"的历史作用和现实意义初探[J].中国藏学,2002(3):59-64.
[2] 单霁翔.守护千年古道,再书世纪新篇[J].中国文化遗产,2010(4):8-15.
[3] 周重林,凌文锋.茶马古道的范围与走向[J].中国文化遗产,2010(4):35-41.
[4] 张永国.茶马古道与茶马贸易的历史与价值[J].西藏大学学报,2006,21(2):34-40.
[5] 陈保亚.茶马古道的历史地位[J].思想路线,1992(1):37-41.
[6] 李炎,艾佳."茶马古道"遗产保护中的文化品牌建设[J].中国文化遗产,2011(5):57-63.

[7] 石硕.茶马古道及其历史文化价值[J].西藏研究,2002(4):49-57.
[8] 郑骁喆,王智,张建亮.拉市海高原湿地省级自然保护区保护成效评估研究[J].林业资源管理,2018,47(1):80-89.
[9] 胡晓燕,李智宏,李露云,等.2013~2016年云南拉市海湿地冬季水鸟变化及影响因素分析[J].生态与农村环境学报,2018,34(5):419-425.
[10] 储昭升,高思佳,庞燕,等.洱海流域山水林田湖草各要素特征、存在问题及生态保护修复措施[J].环境工程技术学报,2019,9(5):507-514.
[11] 盛芝露,黄晓霞,蔡兴元,等.玉龙雪山牦牛坪景区路径沿线的植被及土壤特征分析[J].草业学报,2016,25(2):1-9.
[12] 齐翠姗,何元庆,王世金,等.玉龙雪山国家地质公园地质遗迹资源类型划分及其综合评价[J].冰川冻土,2018,40(1):186-196.
[13] 陈斌,黄青松,刘明.基于昂普理论的大理苍山世界地质公园地学旅游开发研究[J].四川地质学报,2018,38(4):694-700.
[14] 杨涛,尹志坚,李新辉.生态因子对大理苍山种子植物多样性分布格局的影响[J].西南林业大学学报(自然科学),2019,39(5):66-74.
[15] 朱杉杉,严艳,陈悦悦,等.丽江古城品牌个性对游客重游意愿的影响[J].河南科学,2019,37(7):1196-1204.
[16] 林轶,田茂露.历史文化名城旅游的游客感知价值及开发对策——以大理古城为例[J].扬州大学学报(人文社会科学版),2018,22(2):74-82.
[17] 方雅丽,包蓉.多元文化融合影响下的大理古城景观探析[J].西南林业大学学报(社会科学),2018,2(5):48-53.